住房和城乡建设部"十四五"规划教材
高等学校土木工程专业创新型人才培养系列教材

竹木结构

刘伟庆　陆伟东　肖　岩　主　编
黄东升　刘　雁　杨会峰　副主编

中国建筑工业出版社

图书在版编目（CIP）数据

竹木结构/刘伟庆，陆伟东，肖岩主编；黄东升，
刘雁，杨会峰副主编. —北京：中国建筑工业出版社，
2021.6
住房和城乡建设部"十四五"规划教材　高等学校土
木工程专业创新型人才培养系列教材
ISBN 978-7-112-26069-0

Ⅰ.①竹…　Ⅱ.①刘…　②陆…　③肖…　④黄…　⑤刘
…　⑥杨…　Ⅲ.①建筑结构-竹结构-木结构-高等学校
-教材　Ⅳ.①TU398

中国版本图书馆CIP数据核字（2021）第066116号

本书系统介绍了竹木结构的发展历史及趋势、材料性能、结构设计原则、构件及连接
设计方法、结构体系特点及设计要点、结构防火与抗震设计方法、防护构造和试验检测方
法等。根据国内外最新研究应用成果及发展趋势，本书在材料章节详细介绍了工程木和工
程竹，在连接部分借鉴欧盟标准阐述了木-钢连接设计方法，同时介绍了植筋连接设计方
法，系统介绍了竹木结构体系类型及设计原则。书中附有适量例题并给出轻型木结构工程
算例，以便读者掌握竹木结构的设计方法。

本书主要供土木工程专业本科生和研究生教学使用，也可作为有关工程技术人员的参
考用书。为了更好地支持教学，我社向采用本书作为教材的教师提供课件，有需要者可与
出版社联系，索取方式如下：建工书院 http://edu. cabplink. com，邮箱 jckj@cabp. com.
cn，电话（010）58337285。

＊　　＊　　＊

责任编辑：仕　帅　吉万旺　王　跃
责任校对：芦欣甜

住房和城乡建设部"十四五"规划教材
高等学校土木工程专业创新型人才培养系列教材
竹　木　结　构
刘伟庆　陆伟东　肖　岩　主　编
黄东升　刘　雁　杨会峰　副主编

＊

中国建筑工业出版社出版、发行（北京海淀三里河路9号）
各地新华书店、建筑书店经销
霸州市顺浩图文科技发展有限公司制版
天津安泰印刷有限公司印刷

＊

开本：787毫米×1092毫米　1/16　印张：18½　字数：456千字
2021年9月第一版　　2021年9月第一次印刷
定价：**48. 00**元（赠教师课件）
ISBN 978-7-112-26069-0
（37150）

版权所有　翻印必究

前　言

　　竹木是天然绿色建筑材料。我国竹木结构建筑历史悠久。根据对我国河姆渡遗址的考古发掘，早在河姆渡时期（5000～7000 年前）就出现了木结构建筑，其中一些木构件带有榫头和卯口；这种榫卯连接技术经过长期演化和改进一直沿用至今，成为我国传统木结构建筑的主要特征之一。我国传统木结构建筑源于上古、兴于秦汉、盛于唐宋，明清已至巅峰，成为中华文明的重要组成部分。20 世纪 50 年代，钢材、水泥等资源短缺，大多数民用建筑和部分工业建筑采用砖木混合结构。随着我国工业水平的快速提升，水泥和钢产量大幅增加，而木材资源渐趋匮乏，木结构、砖木结构逐步被钢筋混凝土结构和钢结构取代，木结构基本处于停滞状态；这一时期则是国外现代木结构快速发展的时期，胶合木、旋切板胶合木、正交胶合木等工程木新品种相继问世，建成了美国塔科马体育馆（1981）、日本大馆树海体育馆（1997）等一批现代木结构标志性工程，引领了世界现代木结构的快速发展，国内外现代木结构应用差距拉大。21 世纪以来，随着我国国民经济的快速发展，可持续发展理念逐步深入人心，人们对健康宜居的要求日益强烈，国家相继提出了绿色建筑和装配式建筑的发展战略，中国现代木结构发展迎来了一片曙光。

　　为了全面反映竹木结构领域的研究成果和发展水平，促进我国竹木结构的快速发展，中国建筑工业出版社委托南京工业大学、南京林业大学和扬州大学，在近 20 年竹木结构研究、教学和工程实践的基础上，编写了《竹木结构》教材。本教材可作为土木工程专业本科生高年级选修课教材、研究生教材或工程技术人员参考用书。

　　本书在编写过程中主要突出以下 3 个特点：

　　（1）以材料、基本构件、连接、结构体系为主线，以设计、防护、检测为辅助编排章节，内容全面且系统；

　　（2）编写过程中纳入了最新规范标准的要求，吸收了最新研究成果，适当列入了新理论、新技术和新产品；

　　（3）在竹木结构基本构件和连接两章，专门给出了算例，在竹木结构体系章节给出了大量工程案例，便于指导工程实践。

　　本书由南京工业大学刘伟庆教授和肖岩教授任主编，南京林业大学黄东升教授、扬州大学刘雁教授、南京工业大学陆伟东教授和杨会峰教授任副主编；具体编写分工为：第 1 章由刘伟庆教授编写；第 2 章由岳孔教授编写；第 3 章由黄东升教授和周爱萍教授编写；第 4、5 章由肖岩教授编写；第 6 章由杨会峰教授编写；第 7 章由刘雁教授编写；第 8 章由黄东升教授和周爱萍教授编写；第 9 章由岳孔教授、陆伟东教授编写；第 10 章由陆伟东教授、刘杏杏工程师编写；第 11 章由周爱萍教授编写。全书由南京工业大学刘伟庆教授统稿。

　　限于作者的水平和知识范围，书中难免存在谬误之处，敬请读者批评指正。

刘伟庆

2019 年 12 月

目　录

第1章 绪 论

本章要点：
竹木结构发展简史，竹木结构特点、意义和发展趋势。
学习目标：
了解竹木结构发展简史；熟悉竹木结构特点、意义和发展趋势。

改革开放以来，我国国民经济得到了快速发展，基本建设也取得了举世瞩目的成就。然而，大规模基础设施的建设消耗了大量的资源和能源，加剧了环境污染。据统计，我国二氧化碳排放达 1 亿 t/年，建筑垃圾高达数亿吨/年；建筑活动造成的噪声、灰尘、光污染以及对水资源、土地资源的浪费直接危害人们的身心健康和国家的可持续发展。因此，采用可持续发展的绿色建筑结构势在必行。

竹木是唯一天然绿色建筑材料，竹木结构被公认为绿色建筑结构。木材在生长过程中，吸收二氧化碳、释放氧气；据统计，平均每生长 1m³ 树木，可吸收 1t 二氧化碳，并释放约 727kg 氧气，木材具有突出的固碳效果。竹木生长的过程也是美化环境的过程；竹木建筑与人和谐相处，能调节室内温、湿度和二氧化碳浓度，缓解疲劳感和精神压力，符合生态宜居的发展需求。木构件采取工厂制造、现场装配化安装，完全符合装配式建筑的基本要求。因此，发展竹木结构是我国实现绿色发展、生态宜居和社会经济可持续发展的重要途径之一。

1.1 竹木结构发展简史

1.1.1 木结构发展简史

1. 中国木结构发展简史

中华文明源远流长，留下许多宝贵的文化遗产，传统木结构建筑是我国建筑文化的精髓。

上古时期，我国居住方式主要有巢居和穴居两种，且带有明显的地域特色：南方以巢居为主，北方则以穴居居多。图 1.1-1（a）展示了根据黄河流域半坡遗址考古发现还原的建筑构想图。根据对我国河姆渡遗址的考古发掘，早在河姆渡时期（5000～7000 年前），就已出现木结构建筑；遗址中发掘清理出来的构件主要有木桩、地板、柱、梁、枋等，有些构件上带有榫头和卯口；这类榫卯连接技术经过长期演化和改进一直沿用至今，成为我国传统木结构连接的特征之一。河姆渡遗址是巢居建筑的典型代表，建筑复原图见

图 1.1-1 (b)。

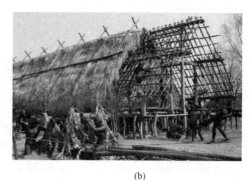

(a)　　　　　　　　　　　　　(b)

图 1.1-1　上古时期的木结构

(a) 半坡遗址建筑构想图；(b) 河姆渡遗址建筑复原图

　　春秋战国时期盛行高台建筑，建筑物以夯土台为中心，周围采用空间较小的木构建筑环抱而成，上下二至三层；采用榫卯连接，且形式多样。秦朝木结构建筑主要用于统治阶层的殿宇，而木结构建筑真正意义上的大量使用始于汉代，期间出现了斗拱和雀替，从而使得木结构建筑的结构性能得以提升，并形成了三种独具特色的结构形式：穿斗式木构架、抬梁式木构架、井干式木结构，如图 1.1-2 所示。魏晋和南北朝时期，佛教兴起，庭院式木结构应用于佛教寺庙和佛塔，逐渐由以土墙、土墩台为主承重的土木混合结构向全木构发展。

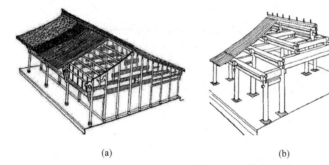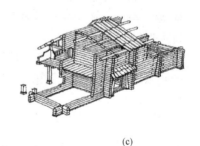

(a)　　　　　　　　　　(b)　　　　　　　　　　(c)

图 1.1-2　典型的古建木结构形式

(a) 穿斗式木构架；(b) 抬梁式木构架；(c) 井干式木构架

　　唐宋时期是中国木结构发展的鼎盛时期，这一时期的木结构建筑造型美观、结构体系清晰且构件尺寸精准；《唐六典》和《营造法式》是这一时期我国木结构建造技术的结晶。《营造法式》是北宋官方颁布的一部规范，对宫殿、寺庙、官署、府第等木构建筑的设计和施工做出了具体规定，是我国古代最为完整的建筑技术书籍，对日本、朝鲜等东亚国家的建筑产生了重要影响。同时，斗拱经过不断发展并演变成熟，成为我国传统木结构建筑的重要标志。我国现存不少这一时期的木结构建筑，如山西五台山的南禅寺大殿，重建于唐代（公元 782 年），是我国现存最早的木结构厅堂建筑；山西应县木塔（图 1.1-3）建于辽代（公元 1056 年），高达 67.31m，是世界上现存最高的古建筑木塔，历经数次 7 级以上地震和多次战火的影响而屹立不倒，堪称世界木结构典范。

　　明清时期木结构建筑技术更趋成熟，明代的《鲁班营造正式》和清代工部的《工程作法》是我国木结构建筑营造技术的代表性著作。明清建筑外观辉煌、气势雄伟，典型建筑是始建于明永乐4年（公元1406年）的北京故宫（图1.1-4），有大小宫殿七十余座，房屋九千余间，是中国古代宫廷建筑之精华，也是世界上现存规模最大、保存最为完整的木质结构古建筑之一。

图1.1-3 应县木塔　　　　　　　　　　　图1.1-4 北京故宫

中华人民共和国成立初期，钢材、水泥等资源短缺，大多数民用建筑和部分工业建筑采用砖木混合结构，即木屋架屋盖、砖墙承重。1958年统计资料显示，砖木结构建筑在当时占比达46%；当时在大跨木结构方面也做了一些尝试，如20世纪50年代初清华大学建成跨度为29.5m的木结构礼堂，采取裂环接合双铰框架结构；1954年建成的重庆市人民大礼堂，采用钢-木混合穹顶结构形式，穹顶跨度达46.3m，至今仍是重庆市地标建筑之一。20世纪80年代，随着我国大规模基本建设如火如荼地展开，木材资源严重短缺，水泥和钢产量大幅增加，木结构、砖木结构被钢筋混凝土结构和钢结构快速取代，现代木结构基本处于停滞状态。此后约20年时间内，仅有少量建筑采用木结构，如1989年建成的四川江油电厂干煤棚，屋顶采用螺栓拼接的弧形层板胶合木构件，跨度为88m；1990年建成的大型木结构建筑——北京康乐宫，其嬉水乐园的木结构顶棚跨度为60m、高24m，是当时国内最大的现代化综合室内休闲娱乐场。

2000年以后，我国实施天然林保护工程，大量进口国外优质木材资源，加上可持续发展、绿色建筑理念逐步深入人心，木结构开始复苏，并在住宅、公共建筑、园林景观和旅游建筑等领域得到应用。杭州香积寺、上海法华寺主体结构均采用胶合木建造。2009年采用轻型木结构建成了都江堰向峨小学校舍，该项目为2008年汶川地震灾后重建工程，也是国内第一所现代木结构学校建筑。2016年建成的第九届江苏省园艺博览会主展馆，主体结构采用大空间曲面的胶合木网壳结构，高9.55m、最大边长45m，该网壳通过拓扑空间优化形成受力合理、材料节省的自由曲面。2015年在常州建成的江苏省绿色建筑博览园主展馆，主体结构为胶合木框架结构，采用仿树状胶合木组合柱作为竖向受力结构，造型独特，在满足结构受力要求的同时也使得内部空间富有艺术感；2013年在苏州建成的木结构人行桥——胥虹桥（图1.1-5），采用胶合木桁架拱结构，跨度为75.7m，下拱截面高达1.2m，为当时世界最大的木结构人行桥。2015年建成的贵州榕江游泳馆（图1.1-6），采用张弦胶合木梁结构，木梁为2-170mm×1000mm曲线型双拼胶合木拱，跨度达50m。2018年建成的江苏第十届园艺博览会木结构主展馆（图1.1-7），建筑面积达 13750m²，其中凤凰阁采用桁架顶接异形木刚架结构，跨度 13.6m、高度 26m；展厅屋面采用张弦交叉木梁结构，跨度 37.8m；木拱桥连廊跨度 29.4m、宽 8.4m。

图 1.1-5　苏州胥虹桥

图 1.1-6　贵州榕江游泳馆

图 1.1-7　江苏第十届园艺博览会木结构主展馆

2. 国外木结构发展简史

日本、韩国等东亚国家的木结构建筑，主要由唐宋时期的中国引入，日本奈良的法隆寺，据传始建于 607 年，寺内的五重塔（图 1.1-8）类似于楼阁式塔，但塔内没有楼板，平面呈方形，塔高 31.5m，是日本最古老的塔，属于中国南北朝时期的建筑风格。日本在 20 世纪 70 年代引入北美轻型木结构房屋，到了 20 世纪 80 年代，胶合木结构得到了广泛应用。目前，日本木结构住宅占比达 65％以上，公共建筑中采用木结构建造的也比较多，涌现出许多大跨木结构建筑，相继建成了小国町民体育馆、丝绸之路博物展览会馆、出云穹顶、大馆树海体育馆等标志性大跨木结构建筑。1997 年建成的大馆树海体育馆坐落于日本秋田县大馆市，是迄今为止跨度最大的木结构建筑，建筑面积 23219m^2，场馆椭圆形平面长短轴分别为 178m 和 157m，竖向高度为 52m，胶合木材料为秋田杉，构件尺寸达 2-285mm×（630～1020）mm。其结构构造如图 1.1-9 所示，屋面构件在檐口处与钢筋混凝土斜杆连接，将竖向荷载和水平荷载传递到基础上。

图 1.1-8 日本法隆寺五重塔

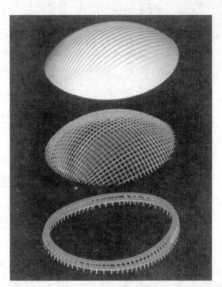

图 1.1-9 日本大馆树海体育馆结构构造

西方建筑史享有"石头史书"的盛誉。砖石结构主要用于教堂、庙宇、皇家宫廷等公共建筑，而普通民宅则以木结构为主，经历了上千年的发展历史。

西方古代木结构建筑最早可追溯至古埃及时期，以木材为墙基，上部搭建木构架，以芦苇束编墙并在外部涂抹泥巴。古希腊文明时期，一些宫殿下部采用石头砌筑的墙体，上部为带木骨架的土坯墙，后来被全砖石结构所代替，但是在一些庙宇中仍然采用了木构架，由于木材易朽易燃，古希腊人开始使用陶瓷外包木构架来对其进行保护。到了公元前 3 世纪，罗马帝国建筑技术突飞猛进，建筑风格继承了古希腊建筑的传统，创造了独特的拱券技术；同时在木结构方面形成了由两根相对而立的木料组成的人字形屋架。在当时的大型公共建筑上，除了使用拱顶和穹顶外，也开始使用木桁架，有了拉杆和压杆的认识。据记载，最早的木桁架于公元 2 世纪，被用于万神殿柱廊上，跨度为 25m，由人字形木料通过水平构件连接而成，且设有两层压杆。

中世纪时期，木桁架结构给西方建筑史带来了深远影响。木桁架结构的应用也几经发展，产生了诸多类型的建筑风格，其中最具影响力的是 13 世纪以法国主教堂为代表的哥特式建筑。到了 15 世纪，英国对原有木结构桁架进行了一次重大变革，即将托臂梁桁架与拱肋相结合，使建筑能够达到更大跨度，英国伦敦的威斯敏特大厅是目前保存最完好的托臂梁桁架结构（图 1.1-10）。15 世纪末，随着西班牙、荷兰、法国等殖民国家开始向北

图 1. 1-10　伦敦的威斯敏特大厅

美移民，发现北美大陆有丰富的森林资源，于是就地取材建造了一种与欧洲风格不一样的木结构房屋，即轻质木框架房屋，并逐步演化成轻型木结构房屋。

16～18 世纪，西欧国家的宗教建筑主要以砖石结构为主，但木结构建筑在民间却很流行，且结构形式丰富多样。法国东北部出现了特色鲜明的半木骨架建筑。18 世纪下半叶，工业革命的发展推动了新的建筑材料和技术的诞生，欧洲各国开始了大规模的城市建设，大型的公共建筑主要体现了罗马复兴、希腊复兴以及哥特复兴的风格，都以砖石结构为主。19 世纪英国乡村居民住宅以维多利亚式的半木框架结构为主。

胶合木结构最早可追溯到 1892 年，德国人赫茨注册了一系列关于胶合木的专利，1906 年注册的曲线型胶合木专利（DRP No. 197773）突破了传统的直线型胶合木构件的束缚。1942 年，间苯二酚的出现使得胶合木产业又有了新的突破，由于间苯二酚出色的防水能力，使得胶合木构件可直接应用于室外环境。1963 年，美国颁布了第一部胶合木加工制作标准（CS 253—63）。

胶合木出现后的几十年，各类工程木产品相继问世，如平行木片胶合木（PSL）、旋切板胶合木（LVL）、层叠片积木（LSL）等；其中值得一提的是正交胶合木（CLT），是现代木结构最为流行的建筑材料，可作为墙体、楼板承受竖向荷载和水平荷载，且具有良好保温隔热、隔声及防火性能。CLT 于 20 世纪 70 年代被首次提出，20 世纪 80 年代后期欧洲建立了第一家现代化 CLT 生产厂，20 世纪 90 年代第一栋 CLT 木结构房屋诞生于瑞士。

20 世纪 80 年代至今是国际上木结构发展最快的时期，在北美、欧洲及澳洲等地得到了广泛的应用，包括住宅、大型公共场馆及工业厂房等。据统计，在北美地区，80％以上的住宅为轻型木结构，涌现出了一批有影响力的现代木结构大跨建筑，最具代表性的是 1981 年建于美国华盛顿州阿纳海姆市的塔科马体育馆（图 1.1-11）。塔科马体育馆采用胶合木穹顶结构，穹顶直径 162m，距地面 45.7m，共有 414 个高度为 762mm 的弧形胶合木梁，覆盖面积达 13900m^2，最多可容纳 26000 名观众。2000 年，德国汉诺威世博会胶合木结构主题馆落成，该建筑采用胶合木曲面网格结构，实现了建筑面积达 16000m^2 的大空间。除了大跨建筑外，木结构在高层建筑领域也崭露头角：2015 年，挪威卑尔根市采用木框架-支撑结构建成了 14 层木结构公寓，采用 CLT 剪力墙结构建成了 9 层挪威科技大学学生公寓；2016 年，加拿大采用木框架-混凝土核心筒结构建成了 18 层 UBC 学生公寓（图 1.1-12）。木结构在景观桥梁乃至公路桥梁领域也有许多成功的实例，如挪威首都奥斯陆海德马克县境内的泰恩河桥，总长 125m，共 3 跨，最长跨度达 70m，其设计卡车荷载高达 60t，是世界上设计为车辆荷载满载运行的、跨度最大的木桥。

图 1.1-11 塔科马体育馆

图 1.1-12 UBC 学生公寓

1.1.2 竹结构发展简史

竹子生长快、轻质高强，力学性能优良，作为一种传统建筑材料已有数千年历史。竹材良好的力学性能及经济性能，使得竹屋成为热带居民建造房屋的首选，至今仍存在于亚洲、非洲以及美洲的乡村甚至城市中。

在竹建筑发展的漫长岁月中，许多地区逐渐形成了别具一格的建造传统，如中国云南、印度尼西亚、越南、南美厄瓜多尔、哥伦比亚、委内瑞拉等，竹建筑甚至成为当地重要的文化象征。

中国是世界上主要产竹国之一，竹材资源十分丰富。我国民间素有"宁可食无肉，不可居无竹"之说，中国人民对竹材的钟爱可略见一斑。早在新石器时代，我国黄河流域就有大片竹林分布，那里的古人就开始以竹为居了。因此，我国竹建筑历史可追溯至 6000 年前。如在湖南常德澧县东溪乡屈家岭文化的城头山古城遗址，发现有用竹做建筑材料，建筑采用编竹夹泥的建造方式；在江苏苏州草鞋山遗址、浙江河姆渡文化遗址、陕西龙岗遗址、西安半坡遗址、河南淅川下王岗新石器时代遗址、甘肃天水市渭水支流籍河北岸师赵村文化遗址、山东历城龙山文化遗址等多地都发现有竹建筑、竹制品的痕迹。

在中国南方，原竹更是当地居民最主要的建筑材料。如黎族、布朗族、怒族等南方少数民族的竹建筑民居，绵延数千年，逐渐形成了别具一格的传统民居，如我国南方的"干阑式"民居建筑。始于明代傣族竹楼，堪称我国竹建筑民居的经典，它是傣族人民因地制宜创造的、形式颇具特色的干阑式住屋，如图 1.1-13 所示。"干阑式"竹建筑，造型独特美观、通风避热，能够阻隔地面潮气对人体的不利影响，硕大的歇山式重檐屋顶不仅能体现少数民族的建筑特色，而且其独特的形式和构造对于改善室内热环境、提高竹楼居住舒适度也起着至关重要的作用，是形式与功能的完美结合。

在台湾，至今尚还保留有"竹厝"（图 1.1-14），即利用竹子和泥土搭建的房屋，厝顶用原竹、茅草等覆盖，采用原竹作为主梁承重构件，墙壁则用竹片编织再敷上泥土、石灰等，不用铁钉而只用竹钉作为榫头。竹厝冬暖夏凉，深受老百姓喜欢。

图 1.1-13　云南傣族"干阑式"竹楼

图 1.1-14　台湾的"竹厝"

清代沈日霖《粤西琐记》中记载了广东西部山区用竹建竹屋的盛况，连官衙都是竹建筑，可见当地竹屋应是鳞次栉比，蔚为壮观。四川成都还发现了商周时期的干栏式宫殿竹编建筑遗址。早在汉代，汉武帝避暑的甘泉宫，就是用原竹建造的宫殿，故又名"竹宫"。

我国第一部建筑规范丛书——宋代的《营造法式》将竹材用于建筑的方法称为"竹作"，其作业方法共有五大类，是我国重要的非物质文化遗产之一。北宋时期，在盛产竹材的湖北黄冈地区，因"价廉而工省"，竹子成了民间建造房屋的主要材料，有王禹偁的名著《黄冈竹楼记》为证。

我国古代人民不仅采用竹材建造房屋，还采用竹材建造桥梁。如著名的竹桥——安澜索桥，始建于宋代，位于都江堰鱼嘴之上，被誉为"中国古代五大桥梁"之一。桥梁的主要的结构连接件是由竹索组成的，而这些竹索则多由当地人们利用原竹进行进一步加工后的细竹篾编织而成。安澜索桥以木排石墩承托，用粗竹索横挂江面，上铺木板为桥面，两旁以竹索为栏，全长约320m，但在明末时毁于战火。

竹材在其他一些亚洲、南美洲国家同样被视为重要的建筑材料，其历史也可溯至千年以上。南美洲有一种叫瓜多竹的世界上最大的热带竹，瓜多竹是广泛采用的建筑材料。早在公元前300年的Bato时期便普遍使用一种名叫Quincha的传统竹结构，该结构采用竹作为竖向和横向构件形成基本框架，用甘蔗杆或者竹片制成薄板内附加一些竹条固定在框架两侧形成墙体，墙体外侧采用黏土、稻草起维护作用。而Bahareque作为另一种传统的房屋建造技术，在远古时代便在印第安土著人的村落中盛行，现多在哥伦比亚、委内瑞拉等国流行。墙体内部构造主要分为实心和空心两种：实心构造技术采用木条或者竹杆为竖向边框，将水平向的竹条固定在竖向边框两侧，以泥土为主要填充物；而空心构造技术采用类似的竖向边框，将压平的竹板固定在边框两侧，在竹板上涂黏土起防水保温作用。

在哥伦比亚，竹房子几百年以来一直是当地的传统建筑。竹建筑业非常发达，当地的建筑师对瓜多竹资源进行了充分的研究和利用，建造了一座又一座引人注目的原竹建筑，造型典雅的竹楼、竹亭及其他风格各异的竹建筑随处可见。很多与竹材建筑相关的创新技术都来自哥伦比亚，早在20世纪七八十年代，被称为勇敢的竹子建造者——哥伦比亚竹材大师西蒙·贝莱斯（Simón Vélez），他从修建一个悬臂的竹屋顶得到灵感，试图解决瓜多竹的中空节点问题。他尝试着在节点位置的空心竹杆中加入一定配比的水泥砂浆，并用钢螺栓穿孔加以连接（图 1.1-15），成功解决了悬臂端的受力问题，也突破了传统原竹建筑节点强度低的技术壁垒。这一类型的竹建筑多以杆系结构为主，以全新的连接系统，使竹结构更加坚固，推动了竹建筑的发展，让大跨度竹建筑、桥梁成为现实（图 1.1-16）。他设计的位于哥伦比亚首都波哥大的珍妮·加尔松桥主体结构由瓜多竹建造，桥跨度达 45.6m，充分发挥了竹材的力学性能（图 1.1-17）。他与加拿大艺术家格雷戈里·科尔伯特合作设计了坐落于墨西哥城的邹克楼中央广场的新游牧美术馆，于 2008 年竣工，占地 5130m^2，是当时世界上建筑面积最大的竹建筑。如今西蒙竹建筑技术的作品已遍布巴西、印度、德国等地。

在非洲埃塞俄比亚还有一种名叫 Sidama 竹屋的传统民居，是 Sidama 当地特有的建筑形式。该建筑是一个由纵横交错的竹片编织而成的大棚，外形酷似一棵大蒜头。棚体或自上而下一体编织成整体；或分为上下两个部分，下部呈圆柱状并沿四周加盖了锥形的上部屋顶。除了留有门洞以外，传统的 Sidama 竹屋不设任何窗户，通风和采光较差，如图 1.1-18 所示。

图 1.1-15 哥伦比亚竹建筑

图 1.1-16 哥伦比亚原竹桥

图 1.1-17 珍妮·加尔松原竹

图 1.1-18 埃塞俄比亚的 Sidama 竹民居

原竹建筑也是印尼群岛的传统建筑，形态各异的翘角竹屋（也称"船"屋）是当地独有的建筑风貌，也是当地传统文化的重要组成部分。在印度、尼泊尔和不丹流行着一种名为 Ekra 的竹房，竹房主体采用竹结构，加以传统的竹编织技术，并且在竹编织网格两侧覆盖黏土再抹上石灰作为建筑外围护结构。在泰国清迈有一座叫 PANYADEN 的环保型学校，以当地的竹子为建造材料，减少对环境的影响；在印度尼西亚巴厘岛，Ibuku 团队也一直致力于采用当地竹子建造房屋，建造的一所绿色学校受到了世界各地的广泛关注和好评，如图 1.1-19 和图 1.1-20 所示。

图 1.1-19　巴厘岛绿色学校教室　　　　　　　　图 1.1-20　巴厘岛绿色学校原竹栈

越南独特的自然环境孕育了丰富多彩的竹文化，竹子已渗入到越南民族的精神文化、生活和历史传说中。竹建筑在越南也随处可见，具有代表性的当代建筑师武重义对竹子情有独钟，被称为最会用竹子的建筑师，他通过采用泥浆浸渍竹子增强其耐久性，用烟熏竹子来抵挡虫蛀，通过热处理将竹子加工成所需形状，运用不同的组合方式克服竹子长度、粗细不同的问题等多种手段，设计了许多竹建筑并获得了众多国际奖项，其中鸟翼竹结构设计被芝加哥科学博物馆评为国际建筑奖，图 1.1-21、图 1.1-22 为胡志明市森村的社区中心。

图 1.1-21　越南鸟翼竹结构　　　　　　　　图 1.1-22　越南胡志明市森村社区中心

一些欧洲国家亦尝试使用竹材取代常规建筑材料，如 2000 年德国柏林所建造的露天剧场汉诺威展览会上的竹阁；2002 年建成的鹿特丹竹亭等。2007～2010 年中德两国政府的"德中同行"文化活动，分别在南京、重庆、上海等地，以原竹为结构材料建造了一种可拆卸式的竹结构单层会议展厅，为建筑面积约 $150m^2$ 的椭圆形建筑。

原竹结构不但具有与传统民俗风情相一致的艺术美感，而且经济实用、抗震性能优异，在哥斯达黎加有 30 座竹建筑处于 7.6 级地震中心，但未受任何损坏。同时竹子可以就地取材，大大节约了房屋建造成本。近年来，由于全球气候与环境问题日趋严重，人们对可再生材料的诉求比以往任何时候都更为迫切。1984 年在瑞士自然奇观博览会上，我国用原竹建造了一座高 38m 的全竹展览大楼。1988 年，我国又在德国毕梯海姆市恩茨河上建造了一座长 55m 的全竹两跨悬链线拱形吊桥，充分展示了竹建筑的可开拓性和艺术可塑性。

原竹建筑因竹材的耐久性差、外形不规则、防火性能差等天然缺陷，难以满足现代建筑对材料的强度、刚度和耐久性需求。此外，原竹材料的力学性能随竹种、生长环境的变化而变化。因此，原竹构件的结构力学性能难以预估，这些都限制了原竹材在现代建筑结构中的应用。

随着现代胶合技术的发展，以原竹胶合而成的竹基复合材料，受到了越来越多的重视。20 世纪 80 年代以来，胶合竹被广泛用于混凝土结构的模板、地板、汽车及集装箱底板。到 21 世纪初，国内外学者开始进行将竹基复合材料应用于竹结构建筑。但由于目前的工程竹材料制备技术还没有达到性能稳定、可控的水平，现代工程竹技术在材料制备技术、结构设计方法等方面还需要进一步开展系统研究。

1.2 竹木结构的特点和发展趋势

1.2.1 竹木结构特点

木结构历经数千年的发展和演化，逐步形成了现代木结构体系。现代木结构具有如下特点：

1) 生态环保。木材作为绿色建筑材料，其生长过程是吸收二氧化碳、释放氧气和美化环境的过程；木构件的加工制造和运输能源消耗少；木结构建筑保温隔热效果好、能源消耗低；木结构建筑的拆除回收利用率高，对环境影响小。因此，现代木结构在全生命周期都体现出生态环保的特征。

2) 健康宜居。木材可以吸收阳光中的紫外线、反射红外线，使人视觉上感到温馨、沉静和舒畅。木材的导热系数适中，正好符合人类活动的需要，给人触觉上感到最温暖。声波作用到木材表面，柔和的中低频声波被反射，刺耳的高频声波被木材本身的振动吸收，还有一部分被透过，令人听觉上和谐悦耳。当周围环境湿度发生变化时，木材能够吸收或放出水分，起到调节室内湿度的作用。木材还能散发出芬多精等微量元素，具有杀菌、镇静神经、提神等功效，能改善室内空气品质。木结构建筑给人以健康宜居的环境。

3) 装配化程度高。现代木结构采用工程木建造；工程木构件工厂加工，自动化程度和生产效率高，产品质量优，对环境影响小；材料利用率高，材质均匀、强度设计指标高；成品规格灵活、尺寸稳定性好；采取现场装配化安装，节省劳动力资源，提高建造进度，完全符合装配式建筑的发展要求。

4) 结构体系丰富。经过长期的发展和演化，逐步形成井干式木结构、轻型木结构、木框架结构、木框架-剪力墙结构、木框架-支撑结构、CLT 剪力墙结构、木框架-混凝土核心筒结构及大跨框架结构等结构体系，可以满足低层、多层、大跨到高层现代木结构的建设需要，结构体系清晰，技术经济性好。

5) 抗震性能好。历次地震灾害表明，木结构建筑表现出良好的抗震能力。这是因为：木结构房屋本身质量相对较轻，结构受到的地震作用相对较小；木结构体系，尤其是轻型木结构，结构冗余度大，结构具有良好的变形和耗能能力。

竹结构具有生态环保、材料物理力学性能好等特点，在竹材资源丰富的地区具有广阔的应用前景。但在绿色生态结构体系、工程竹产品、材料强度设计指标、结构防护、构件连接、结构-功能-装饰一体化构件等方面，还需持续提高。

1.2.2 竹木结构的发展趋势

大力发展竹木结构，符合可持续发展的基本国策、装配式建筑的发展战略以及人民群众对生态宜居的现实需求。竹木结构领域的发展趋势是：

1. 培育优质速生树种

我国自 2016 年起全面停止天然林商业性采伐，今后相当长一段时间内木结构的发展将基本依赖木材进口，俄罗斯、北美、新西兰、欧洲等地结构材资源丰富，近期可以满足我国木结构发展的需要。但是，结构材作为一种大宗建筑材料，从可持续发展的角度看，国产化是大规模推广应用现代木结构的物质基础。可以从三方面来考虑：一是将我国以提高森林覆盖率为主的"绿化理念"提升到大面积种植高附加值的"经济林"，实现绿化与结构材的完美统一。二是加大国产优质速生树种的培育力度，培育出适合我国地理气候特点、材质优、生长周期短、抗病虫、树干挺拔的优质结构树种。三是改天然林的"全面禁伐"为"有序采伐"，提高森林资源的利用率，确保森林资源的可持续发展。

2. 发展多层建筑和大跨建筑

据统计，北美木结构住宅占比达 80%，日本木结构住宅占比达 65%，低层轻型木结构住宅仍将占据主导地位。而我国的基本国情是地少人多，加上采用多层木结构建筑的历史悠久，技术成熟度较高，今后多层木结构建筑将成为重要发展方向。大跨建筑采用木结构建造，给人以强烈的视觉震撼、柔和的声学效果；结构-装修一体化，降低了建筑造价；采用木结构建造大跨游泳馆，可以有效抵御消毒水汽的侵蚀。因此，木结构在大跨体育建筑、展览建筑、工业建筑中有重要的应用前景。

3. 采用组合构件和混合结构

采取钢-木/竹组合、FRP-木/竹组合等方式，可以显著提高竹木构件的承载力、降低变形、减少蠕变，能满足高层和大跨木结构建筑"高承载、低变形"的需要。多高层木结构建筑，首层采用混凝土结构，有利于提高结构耐久性；多高层木结构建筑采用钢筋混凝土剪力墙和核心筒，既有利于建筑防火，又提供结构强大的抗侧力体系；大跨竹木结构建筑采取钢-木/竹混合结构体系，可以大幅度降低结构造价。

4. 突出"绿色建筑和装配式建筑"发展理念

木材、竹材是绿色建筑材料，竹木结构属于可持续发展的建筑结构；竹木结构建筑的设计与运行维护都应充分贯彻"绿色建筑"理念。现代木结构从加工制造、施工安装到运行维护的各个环节，都要充分体现"装配式建筑"理念。

综上所述，竹木结构具有诸多优点和特色，能够适应国家对绿色建筑和装配式建筑的重大需求，随着我国竹木结构在材料培育、体系创新和产业化配套等方面的不断发展和完善，今后在我国房屋建筑和桥梁领域具有很大的发展空间，是未来结构体系的重要组成部分。

本章小结

本章内容主要阐述了竹木结构发展简史，竹木结构特点和发展趋势。希望通过本章内容的学习，可对现代竹木结构的发展历程和发展趋势有一个大致的了解。

思考与练习题

1-1　简述竹木结构的特点。

1-2　试述竹木结构的发展趋势。

第 2 章 木 材

本章要点及学习目标

本章要点：

本章重点讨论了结构用木材的物理力学性能、影响木材力学性能的主要因素和木材分级基本知识，以及常见的工程木的生产工艺和性能。

学习目标：

了解结构用木材的种类和构造，常见工程木生产工艺和性能；掌握影响木材物理力学性能的因素和木材分级及其在工程木生产中的应用。

目前全世界森林总面积为 30 多亿公顷，占全球总面积的 27%。全球森林资源的分布很不均匀，其中俄罗斯、美国、加拿大和巴西等国的森林面积占了一半以上。从森林蓄积量方面来看，全球总量大约为 3864 亿 m^3，其中欧洲（含俄罗斯）和南美洲各占 1/3；从国家占有量来比较，排在前位的为俄罗斯、巴西、澳大利亚、新西兰、巴布亚新几内亚以及加拿大和美国等。

我国木材资源的分布不平衡，木材主产区有东北、西南和中南、华东南部地区。2013年的第八次森林资源清查结果显示，我国森林面积为 2.08 亿公顷，森林蓄积量为 151.37亿 m^3，仅次于俄罗斯、巴西、加拿大和美国，居世界第五位。但我国人均消费水平很低，不到发达国家人均 1.16m^3 消费水平的五分之一。从林业结构上看，我国成熟林生长量少，每年仅为 1.1 亿 m^3（占年森林生长量的 26%），真正能采伐的用材林生长量不足 1亿 m^3，而且小径材较多，占蓄积量的 70% 以上，品种较为单一。

为了保护森林资源，我国政府从 1997 年开始，每年以 500 万 m^3 的幅度调减木材产量，1997 年我国木材生产量是 6395 万 m^3，到 2000 年已调减到 4700 万 m^3；目前我国已对包括林木主产区在内的 18 个省区启动了天然林保护工程，天然林已全面禁伐。目前，我国的木材消费主要来源是进口、国产速生木材和木材循环利用。其中，进口木材已成为我国用材最重要的来源，我国已经成为世界最大的木材进口国。2016 年我国进口木材资源 28476.1 万 m^3，占木材资源年消耗总量的 50.65%；国内速生木材的贡献度已超三分之一，更加高效地利用国内速生木材作为结构用材，是解决资源供给、发展我国木结构的重要课题。

2.1 木材的种类

2.1.1 结构用木材树种

结构用木材分为针叶材和阔叶材两大类。一般而言，针叶树树干长挺通直、纹理平直，材质较为均匀，木质较为轻软而易于机械加工，干燥时不易发生开裂、扭曲等缺陷，并具有一定的天然耐腐能力等特点，是较为理想的结构用木材树种；阔叶树树干通直部分较短，材质较硬重，机械加工难度较大，干缩湿胀变形较大，在保存、加工和使用过程中易发生翘曲、开裂等缺陷。因此，木结构中主要承重构件宜采用针叶材，重要的木制连接件应采用细密、直纹、无节并无其他天然和加工缺陷且耐腐的硬质阔叶材。

1. 针叶材

针叶树树叶细长如针，又称为软材。目前国产针叶材主要有红松、白松、马尾松、云杉、柏木等，进口针叶材主要有花旗松、铁杉、南方松、樟子松、赤松等。据调查，国内大多胶合木制造厂商所用木材多进口北美、俄罗斯和欧洲，其中以加拿大、美国、瑞典居多，如花旗松、南方松、樟子松、铁杉、欧洲赤松、云杉、S-P-F、新西兰辐射松等。下面对这几类常用木材分别加以介绍。

1）花旗松：又称黄杉、海岸黄杉、俄勒冈松和道格拉斯松，蓄积量约占北美针叶材总量的五分之一。花旗松强度高，浅玫瑰色泽，尺寸稳定性较好，干燥处理后不易出现翘曲变形、开裂等现象。花旗松生长轮明显，轮间较密；早材过渡到晚材急变，早材带宽，粉红浅色，晚材窄，色深，径面年轮线条纹明显。心边材区别明显，心材比例大，一般为红褐色，边材呈白色到淡黄色。

2）南方松：又称南方黄松，是包含长叶松、短叶松、火炬松和湿地松四类的组合树种。这四个树种外观、性能相近，在结构上可通用。南方松木材心材黄白色，边材红褐色；早晚材急变，年轮清晰可见，早材黄白色，晚材红褐色，晚材带较宽。

3）铁杉：是一种包括西部铁杉、加州红冷杉、北美冷杉、壮丽冷杉、太平洋银冷杉和白冷杉在内的组合树种。这六种树种区别较为明显，但都有颜色浅、纹路清晰的特点，尤其是结构性能类似，因而在工程中可通用。铁杉产量约占美国西部树种的 22%，在资源、强度和用途等方面，仅次于花旗松。铁杉木材颜色为乳白至草棕色，心边材区分不明显；在木材树节处和年轮间的过渡区内，常略显淡紫色；木材间或有纤细、深灰或黑色条纹可见。

4）云杉：又称欧洲云杉，广泛分布于欧洲（仅除丹麦和荷兰以外），主要分布于德国、挪威、瑞典、英国，包括西加云杉和恩氏云杉。该组别木材呈均匀白色，或淡黄色或淡红色，稍有光泽，心边材区别不明显。生长轮清晰可见，晚材较早材色深，木材纹理通直，有松脂气味。

2. 阔叶材

阔叶树树叶阔大，又称硬材。阔叶树木材比重较大，强度高，建筑上常用作尺寸较小的构件及装饰材料。常用树种主要有榆木、水曲柳、柞木、榉木、槐木、桦木、椿木等。

2.1.2 木结构用木材种类

木结构中的构件主要可分为天然木材和工程木等两大类。

1. 天然木材

结构用天然木材可分为原木、方木或板材（可统称为锯材）和规格材三类。规格材也属于锯材，但它们在木结构设计标准中强度的确定方法不同，因此应予以区分。

原木是指树干除去枝杈和树皮后的圆木。树干在生长过程中其直径自根部至梢部逐渐变小，呈平缓的圆锥体，有天然的斜率。原木径级以梢部直径计，一般梢径为 80～200mm，长度为 4～8m。

梢径在 200mm 以上的原木，一般被机械加工锯剖成方木或板材。截面宽度大于 3 倍厚度的锯材称为板材，不足 3 倍的称为方木。板材厚度一般在 15～80mm 范围内，方木边长一般为 60～240mm。

规格材是按照规定的树种或树种组合和规格尺寸生产加工，并已进行强度分等的结构用商品材。规格材表面一般已进行刨切加工，可直接使用，无须再次进行截面尺寸的锯解，而仅对其长度进行切断或加长，否则将影响其强度分等和设计强度的取值。国外规格材尺寸多为模数化，以北美为例，其厚度多为 19mm、25mm、38mm、45mm，宽度多为 89mm、140mm、184mm、235mm、286mm，长度多为 3050mm、3660mm、4270mm、6100mm。目前，规格材主要应用于轻型木结构。

2. 工程木

天然木材的截面尺寸和长度受树木生长的限制而可能无法满足工程的需要，树干为直线型，无法将其整体弯曲，同时，天然木材多含有木节、斜纹、开裂、腐朽等影响木材强度的天然缺陷，因此使木结构构件形式和承载力受到很大限制；木材又是珍贵的自然资源，提高木材利用率是节约资源的关键。因此，使用工程木成为能够解决上述问题的有效措施。

工程木是随着加工技术的进步，产生的新型构件，包括多种结构用木制产品，在建筑上广泛用作结构材料，取代传统的实体木材。工程木由通过刨、削、切等机械加工制成的规格材、单板、单板条、刨片等木制构成单元，根据结构需要进行设计，借助结构用胶粘剂的黏结作用，压制成具有一定形状的、产品力学性能稳定、设计有保证的结构用木制材料。建筑上常用的工程木主要有：层板胶合木、旋切板胶合木、定向刨花板、结构胶合板、正交胶合木、重组木、木制工字梁和平行木片胶合木等。这些工程木的详细情况，将在 2.6 节进行介绍。

2.2　木材的构造

2.2.1　宏观构造

木材在顺纹和横纹方向的物理力学性能有显著差异，即使横纹方向，其径向和弦向也有差别，属于各向异性材料。因此，研究木材的物理力学性能需从三个切面进行了解，这三个切面分别是横切面（垂直于树轴的切面）、径切面（通过树轴的纵切面）和弦切面（平行树轴的纵切面）。木材的构造分为宏观和微观两个层面。木材的宏观构造是指用肉眼或借助放大镜所能观察到的构造特征，木材的宏观构造见图 2.2-1。

从横切面上（图 2.2-1）可以看到，树木是由树皮、韧皮部、木质部（包括心材和边材）和髓心构成。树皮是树木生长的保护层，一般无使用价值，只有少数树种（如黄菠萝、栓皮栎）的树皮可用作保温隔热材料。木质部是树皮和髓心之间的部分，是建筑上使用木材的主要部分。木质部靠近树皮的部分颜色较浅，水分较多，易翘曲，称为边材；靠近髓心的部分颜色较深，水分较少，不易翘曲，称为心材。边材在立木时期，具有生理功

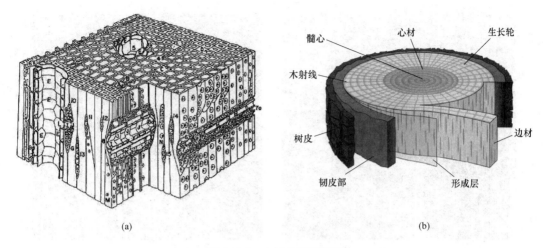

图 2.2-1　木材的宏观构造
(a) 三视图；(b) 组织构成

能，易被腐蚀和虫蛀。心材无生理活性，材质较硬，密度较大，渗透性差，耐久性、耐腐蚀性均比边材好。

在木质部的横切面上，有深浅相间的同心环称为年轮，一般针叶树的年轮比阔叶树明显。在同一年轮里，冬春两季生长的木质，颜色较浅，木质较松软，强度低，称为早材；夏秋两季生长的木质，颜色较深，木质较硬，强度高，称为晚材。对于同一树种，年轮越密，分布越均匀，材质越好；晚材所占比例越高，木材强度越高。树干的中心称为髓心，是最早生成的木质部分，其材质松软，强度低，易腐朽。从髓心向外的辐射线称为木射线，木射线是木质部中连接较弱的部分，木材干燥时易沿木射线开裂。

2.2.2　微观构造

木材的微观构造是指在显微镜下所能观察到的木材构造。在显微镜下可以看到木材是由无数管状细胞紧密结合而成，这些管状细胞绝大部分纵向排列，少数横向排列。每个细胞由细胞壁和细胞腔组成，细胞壁是由细纤维组成，各细纤维间有微小的空隙，能吸附和渗透水分，且细纤维的纵向连接比横向牢固，所以宏观表现为木材沿不同方向力学性能不同，即木材的各向异性性质。另外，木材的细胞壁越厚，细胞腔就越小，细胞就越致密，宏观表现为木材的表观密度和强度也越大，但同时，细胞壁吸附水分的能力也很强，宏观表现为湿胀干缩性也越大。

1. 木材的细胞组成

针叶树的微观构造简单并排列规则，因此其材质较为均匀，主要由纵向管胞、木射线、薄壁组织和树脂道组成。纵向管胞占总体积的 90% 以上，是决定针叶树材物理力学性能的主要因素；木射线仅占总体积的 7% 左右，且较细且不明显；某些树种在管胞间还有树脂道，用来储藏树脂，如马尾松；管胞形状细长，两端呈尖削形，平均长度为 3~5mm，是其宽度的 75~200 倍。早材管胞壁薄腔大，略呈正方形，晚材管胞壁厚约为早材的 2 倍，腔小呈矩形，见图 2.2-2 (a)。

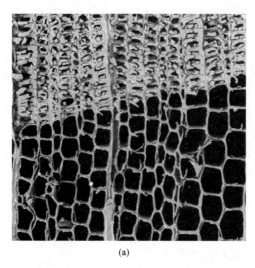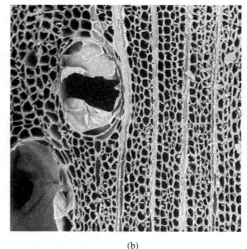

(a)　　　　　　　　　　　　　　　　　(b)

图 2.2-2　木材的微观构造

(a) 针叶材横切面（杉木）；(b) 阔叶材横切面（桉木）

阔叶树材的微观构造较复杂，主要有木纤维、导管、管胞、木射线和胞壁组织等组成。阔叶材木纤维是一种厚壁细胞，占总体积的 50% 左右，是决定木材物理力学性能的主要组织；导管是纵向一连串细胞组成的管状结构，约占总体积的 20%；木射线很发达，粗大而明显，约占总体积的 17%，见图 2.2-2 (b)。

2. 细胞壁构造

木材细胞壁上有纹孔，是纵向细胞及横向木射线细胞水分和养分传送的通道，也是木材干燥和防护药剂处理过程中水分和药剂的渗透通道，见图 2.2-3。

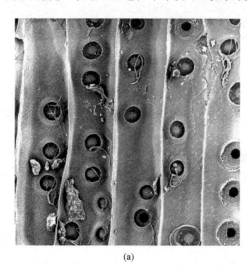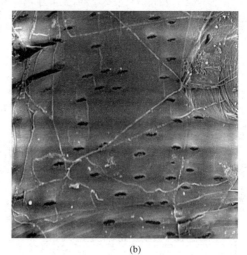

(a)　　　　　　　　　　　　　　　　　(b)

图 2.2-3　细胞壁构造

(a) 针叶材径切面（杉木）；(b) 阔叶材径切面（桉木）

木材细胞壁主要由纤维素、木质素和半纤维素三种成分构成，其中，纤维素以分子链集成束和排列有序的微纤丝状态存在于细胞壁中，主要起骨架物质作用，相当于钢筋混凝土复合材料中的钢筋，在针叶材中的含量约为53%。纤维素的化学性能稳定，不溶于水和有机溶剂，弱碱对它几乎不起反应，这是木材本身化学稳定性强的主要因素。

木质素是在木材细胞分化的最后阶段木质化过程中形成，渗透在细胞壁的骨架物质和基体物质之中，可使细胞壁硬化，又称结壳物质或硬固物质，相当于钢筋混凝土复合材料中的混凝土。半纤维素以无定型形状态渗透在纤维骨架物质之中，起基体黏结作用，也称基体物质，相当于钢筋混凝土复合材料中的箍筋。针叶材中的木质素含量约为26%～29%，半纤维素含量约为23%～25%。它们的化学稳定性较低。阔叶材中半纤维素含量较高，纤维素和木质素含量较少。

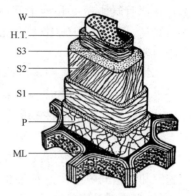

图2.2-4　显微镜下管胞
壁分层结构模式

ML—胞间层；P—初生壁；S1—次生壁外层；S2—次生壁中层；S3—次生壁内层；H.T.—螺线加厚；W—瘤层

木材细胞壁各层的化学组成不同，据此可分为胞间层（ML）、初生壁（P）和次生壁（S）三层，见图2.2-4。

1）胞间层：厚度甚薄，是两个相邻细胞中间的一层，为两个细胞共有。实际上，通常将胞间层和相邻细胞的初生壁合在一起，成为复合胞间层。该层主要由木质素和果胶物质组成，纤维素含量很少，因此高度木质化，基本各向同性。

2）初生壁：细胞增大期间形成的壁层。初生壁形成初期，主要由纤维素构成，随着细胞增大速度的降缓，逐渐沉积其他物质，因此木质化后的细胞，初生壁木质素浓度高。初生壁壁层薄，一般为细胞厚度的1%左右。当细胞生长时，微纤丝呈网状沉积，从而限制细胞的侧面生长，细胞只能伸长，随着细胞的逐渐拉伸，微纤丝方向略微调整趋于与细胞长轴方向平行，但总体上微纤丝呈无定向的网状结构。

3）次生壁：在细胞停止增大后形成，此时细胞增大结束，壁层厚度迅速增加，直至内部原生质停止活动，次生壁停止沉积，细胞腔变为中空。次生壁在木材细胞壁厚度中占比最大，约为95%或以上，主要由纤维素和半纤维素组成，后期含有木质素，高度各向异性。次生壁微纤丝整齐地排列呈一定方向，根据其夹角的不同，又分为S1、S2和S3三层。S1层微纤丝呈"S"或"Z"形交叉缠绕，并与细胞长轴方向呈50°夹角，其厚度一般为细胞壁厚度的10%～22%；S2层是次生壁中最厚的一层，一般为细胞壁厚度的70%～90%，微纤丝排列与细胞长轴呈10°～30°或更小；S3层一般只占细胞壁厚度的2%～8%，其微纤丝与细胞长轴呈60°～90°夹角排列。

可见，木材是中空的细胞组成的蜂窝状结构，而细胞壁则主要由与其纵轴有较小夹角的微细纤维组成，这两个特点决定了木材的一系列特性。

2.3　木材的物理力学性能

2.3.1　木材的物理性能

1. 密度

　　密度指单位体积内所含物质的重量，单位为"g/cm^3"或"kg/m^3"。木材是由木材实质、水分及空气组成的多孔性材料，其中空气对木材重量的影响可以忽略不计，但木材中水分的含量与木材密度有密切关系。因此对应着木材的不同水分状态，常用的木材密度有气干密度和绝干密度，其中放在大气环境中自然干燥至水分平衡状态时的木材密度，称为气干材密度；在干燥箱内干燥至绝干（含水率为0）的木材密度，称为全干材密度。

　　木材的密度因树种而定，相差很大，如轻木密度为$0.12g/cm^3$，而愈疮木的密度高达$1.3g/cm^3$。一般常用的工业用材密度在$0.3\sim0.8g/cm^3$范围内。针叶材的早晚材密度差异也甚大，如落叶松早材密度为$0.36g/cm^3$，晚材密度达$1.04g/cm^3$。

　　2. 含水率

　　木材中存在的水分可以分为自由水和结合水（或吸着水）两类。自由水存在于木材的细胞腔和细胞间隙中，为液态水；结合水（吸着水）存在于细胞壁中，与细胞壁无定形区（由纤维素非结晶区、半纤维素和木质素组成）中的羟基形成氢键结合。木材中的水分含量通常用含水率来表示，即水分重量占木材绝干重量的百分率。

　　1）木材含水率的变化

　　根据木材含水率的差异，可分为生材、湿材、气干材、窑干材和绝干材。其中，伐倒后的木材，含水量随季节而异，一般冬季较多，达80%～100%，且心边材差异甚大（3∶1），称为生材，如云杉，边材含水率为110%，心材含水率为33%。浸入水中，被水充分饱和之木材，含水率高于生材，称为湿材；气干材为长期置于大气中的木材，木材内水分与大气相对湿度平衡，其大小取决于周围环境的相对湿度，平均值各地略有不同；窑干材为经过人工干燥的木材，其含水率一般在6%～12%范围内，具体根据使用要求确定；当木材置于（103±2）℃的干燥箱中达到0%含水率的木材称为绝干材，常用于木材物理力学性能检测，实际生产较少使用。

　　2）木材的纤维饱和点

　　在木材的吸湿过程中，水分首先以结合水的状态吸附于木材细胞壁的微纤维间，达到其饱和状态后，才以游离水的状态存在于细胞腔中。解吸过程则相反，首先是游离水蒸发，然后是处于饱和状态的结合水开始逐步蒸发。对于生材来说，细胞腔和细胞壁中都含有水分，当把生材放在相对湿度为100%的环境中，细胞腔中的自由水慢慢蒸发，当细胞腔中不含自由水，而细胞壁中结合水的量处于饱和状态，此时的状态为纤维饱和点，即木材中不包含自由水，且吸着水达到最大状态时的含水率，称为木材的纤维饱和点。在空气温度约为20℃、相对湿度为100%时，大多数木材的纤维饱和点含水率平均为30%，大致在23%～33%范围内波动。

　　大量的试验研究表明，木材纤维饱和点是木材属性改变的转折点。当木材的含水率大于纤维饱和点时，其强度、体积、导电性能等均保持不变；当含水率低于纤维饱和点时，其强度、体积和导电性能均随之变化。含水率低，强度高、体积缩小、导电性能降低；反之则强度降低、体积增大、导电性能增强。

　　3）木材的吸湿性

　　木材的吸湿和解吸统称为木材的吸湿性。当空气中的蒸汽压力大于木材表面水分蒸汽压力时，木材自外吸收水分的现象，称为吸湿；当空气中的蒸汽压力小于木材表面水分蒸汽压力时，木材向外蒸发水分的现象，称为解吸。当外界的温湿度条件发生变化时，木材能相应地从外界吸收水分或向外界释放水分，当吸收水分和散失水分的速度相等，即吸湿速度等于解吸速度时，木材与外界达到一个新的水分平衡状态，木材在平衡状态时的含水率称为该温湿度条件下的平衡含水率。

4）木材等温吸附及吸着滞后

等温吸附体现的是一定温度条件下平衡含水率和相对湿度之间的关系，为"S"形曲线。以相对湿度为横坐标，木材的平衡含水率为纵坐标得到的曲线称为水分吸着（或解吸）等温线，见图 2.3-1。

在一定的大气条件下，吸湿时的平衡含水率总比解吸时低，即在相同的温湿度条件下，由吸着过程达到的木材的平衡含水率低于由解吸过程达到的平衡含水率，这种现象称为吸湿滞后。

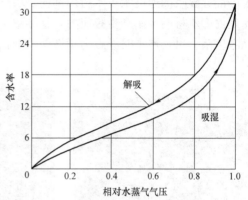

图 2.3-1　木材的等温吸附及吸湿滞后

5）结构用木材对含水率的要求

含水率除了对木材强度有影响外，干缩、湿胀还会导致木材开裂，同时含水率又是是否发生木材腐朽的重要因素。研究表明，木腐菌的生存条件为木材含水率在 $18\%\sim120\%$ 之间，而在 $30\%\sim60\%$ 范围内时，最适宜木腐菌繁殖生长，木材最易遭受侵蚀，因此，结构用木材须严格控制其含水率。

根据相关标准规范的规定，木结构构件制作时的含水率应满足下列要求：原木、方木构件的含水率不应大于 25%；板材和规格材不应大于 20%；受拉构件的连接板不应大于 18%；层板胶合木的层板不应大于 15%。

3. 干缩湿胀性

当木材的含水率在纤维饱和点以下时，由于水分进出木材细胞壁非结晶区，引起非结晶区收缩或湿胀，导致细胞壁尺寸变化，最终木材整体尺寸变化，称为干缩湿胀，见图 2.3-2。

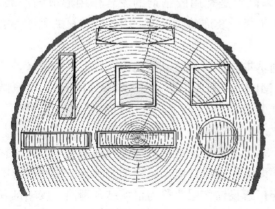

图 2.3-2　木材的干缩湿胀

在干缩湿胀过程中，木材细胞腔的尺寸几乎不变。这由木材细胞壁次生壁上三个壁层的微纤丝取向所决定。木材细胞壁中层 S2 层的微纤丝方向与细胞长轴几乎平行（夹角一般小于 30°），而细胞壁外层 S1 层和细胞壁内层 S3 层的微纤丝取向与细胞长轴接近垂直，从而限制了 S2 层向内膨胀及向外的过度膨胀。由于 S2 层比其他壁层厚得多（一般厚度占胞壁总厚度的 70% 以上），所以它的微纤丝取向对干缩湿胀起到决定性作用。由于它的微纤丝取向与细胞长轴接近平行，所以吸着水分时横向膨胀几乎随着含水率呈比例增长，而纵向尺寸变化不大。

木材的干缩率和湿胀率可以用尺寸（体积）变化与原尺寸（体积）的百分率表示。对于大多数的树种来说，顺纹方向干缩率一般为 0.1%～0.3%，而径向干缩率和弦向干缩率的范围分别为 3%～6% 和 6%～12%，这是木材经常会产生开裂的主要原因。由于木材轴向干缩率通常可以忽略不计，这个特征保证了木材作为建筑材料的可能性。

当木材尺寸较大时，常会发生木材表层部分和外界环境发生水分交换的速度，大大快于木材内部和表层部分的水分交换速度。以外界环境湿度低于木材平衡含水率为例，木材表层部分解吸的速度快于木材内部向表层迁移的速度，此时表层部分由于失水而收缩，但受到内部木材的抑制产生拉应力，易导致木材表层的开裂。木材开裂不仅影响其外观，还易滋生菌、虫，严重时导致力学性能的降低，带来结构安全隐患，常见的工程木的开裂见图 2.3-3。

| (a) | (b) | (c) |

图 2.3-3　工程木中的开裂

(a) 原木横纹开裂（环裂和径裂）；(b) 原木顺纹开裂；(c) 胶合木胶层开裂

4. 其他性能

1）黏结性能

目前，全部使用木质材料的产品约 70% 以上是利用胶粘剂的胶合作用形成的产品，如胶合木、胶合板、纤维板、刨花板、细木工板、装饰贴面板等。因此，木材的黏结性能在木质材料的利用方面具有重要地位。

由于木材为亲水性材料，木材用胶粘剂基本均为亲水性胶粘剂，在竹木结构领域，常用到的胶粘剂主要有三聚氰胺-脲醛树脂（MUF）、间苯二酚-酚醛树脂（PFR）、聚氨酯（PUR）等；当木材需要与金属、纤维增强复合材料（FRP）等进行黏结时，常用环氧树脂。

木材之所以具有可黏结性，可通过以下几个主要理论进行解释：胶粘剂分子与被粘接物分子在界面层上相互吸附产生胶接作用，即吸附理论；液态胶粘剂充满被粘接物表面的缝隙或凹陷处，固化后在界面区产生啮合连接或投锚作用，称为机械结合理论；胶粘剂和被粘物分子通过相互扩散而形成牢固的连接，称为扩散理论；静电理论认为在胶接接头中存在双电层，胶接力主要来自双电层的静电引力；胶粘剂与被粘接物分子间产生化学反应而获得高强度的主价键结合，称为化学键理论。

　　一般情况下，木材中所含抽提物多为憎水性油类物质，在黏结前需要通过高温干燥、药剂浸泡等方法去除，以提高其黏结性能；刨削过的木材长时间放置，木材内部的小分子物质和空气中的惰性分子会聚集在木材表面，从而带来黏结不良的后果。

　　2）环境学特性

　　木材的环境学特性主要包括木材的视觉、触觉、声学、调湿和生物体调节特性，以及室内环境调节特性。木材的视觉特性主要包含木材颜色、木纹和木节；木材的触觉主要包括木材表面的冷暖感、粗滑感、软硬感；木材的声学性质指木材对声的吸收、反射和透射；木材的调湿特性就是依靠木材自身的吸湿和解吸作用，直接缓和室内空间湿度变化的能力；木材的生物体调节特性主要是指木材率与视觉心理量、稳静感和舒畅感之间的关系，研究结果表明，随木材率增加，温暖感的下限值逐渐上升，而冷感逐渐减少，当木材率低于 43%，温暖感的上限随木材率的上升而增加，但当木材率高于 43% 时反而会下降，稳静感的下限值随木材率上升而提高，但其上限值与木材率无明显关系，随木材率上升，舒畅感下限逐渐升高。

2.3.2　木材的力学性能

　　木材形成，即树木的生长，主要包括高生长和直径向生长，其中，前者是顶端分生组织或原分生组织的分生活动的结果；后者是形成层（即侧分生组织，位于树皮和木质部之间的组织）细胞向平周方向分裂的结果。形成层原始细胞向内形成次生木质部，向外形成韧皮部，实现树木直径的不断增大。正是由于木材生长的本质，导致木材力学性能具有高度的各向异性。因此，木材的拉伸和压缩强度均为顺纹最大，横纹最小。当荷载与纤维方向间的夹角由小到大变化时，木材的力学性能将有规律地降低。

　　1. 抗拉性能

　　木材顺纹拉伸破坏主要是纵向撕裂和微纤丝之间的剪切，其破坏断面通常呈锯齿状、细裂片状或针状撕裂。其断面形状的不规则程度，取决于木材顺拉强度和顺剪强度之比值。木材被顺纹拉断前无明显的塑性变形，其应力-应变几乎为线性关系，破坏属于脆性。

　　顺纹抗拉强度是木材所有强度中最高的，约为顺纹抗压强度的 2 倍，横纹抗压强度的 12～40 倍，顺纹抗剪强度的 10～16 倍。以鱼鳞云杉清样木材为例，其顺纹抗拉极限强度平均可达 100.9MPa，弹性模量平均为 13.8GPa；径向和弦向抗拉强度为 2.5MPa。但在实际使用中，木材的各种缺陷（木节、裂缝、斜纹、虫蛀等）对顺纹抗拉强度的影响很大。同时由于木材横纹抗拉强度极低，在木结构中应尽量避免木材横纹受拉。

　　2. 抗压性能

　　1）顺纹抗压性能

　　木材的顺纹抗压性能主要包括顺纹抗压强度和顺纹抗压弹性模量。木材顺纹压缩破坏的宏观状态肉眼见到的最初现象是横跨侧面的细线条，随着作用力加大，变形随之增加，材面上开始出现皱褶，破坏是由于木材细胞壁失稳造成的，而非纤维的断裂，表现出明显的塑性变形特征。应力在抗压极限强度的 20%～30% 之前，应力、应变基本呈线性关系，之后为非线性关系，变形量不断增大。

　　木材的顺纹抗压强度较高，顺纹受压时缺陷区的应力集中一旦超出一定水平，木材产生塑性变形而发生应力重分布，从而缓解了应力集中造成的危害。这是受拉和受压对缺陷的敏感程度不同的主要原因。另一方面,木材中的某些裂缝、空隙会因受压而密实,这类缺陷的不利影响较受拉情况也小得多。

我国木材的顺纹抗压强度平均值为 45MPa,木材的顺纹抗压强度一般是其横纹抗压强度的 5～15 倍,约为顺纹抗拉强度的 50%。以鱼鳞云杉为例,其平均抗压强度约为 42.4MPa,弹性模量与其顺纹受拉基本相同。

2) 横纹抗压性能

木材的横纹抗压性能主要包括横纹抗压强度和横纹抗压弹性模量。木材横纹抗压强度指垂直于纤维方向,给试件全部加压面施加载荷时的强度。按照受压面积占构件全面积的比例,木材的横纹抗压又可分为全表面承压和局部承压。

全表面横纹承压时,受力初期变形与承压应力基本呈线性关系,这是细胞壁的弹性压缩阶段,承压应力达到一定数值后,变形急剧增大,曲线出现一拐点,称为比例极限,是细胞壁因失稳而开始被压扁所致。细胞壁被压扁后,承压应力又可继续增加,变形又开始缓慢增长,因此又出现一个拐点,称为硬化点。过硬化点后的木材压缩变形已很大。工程中不允许出现过大的变形,通常取比例极限作为承压强度指标。

木材的斜纹承压强度随着承压应力的作用方向与木材纹理的夹角 α 不同而变化。α 为 0°时为顺纹承压强度 f_c;α 为 90°时为横纹承压强度 f_{c90};α 介于中间时,可通过标准规范的公式进行计算。

木材的局部承压比例极限应力高于全表面承压比例极限应力。同时,局部承压应用范围较广,如枕木、榫卯节点中的榫头等。

3. 抗弯性能

木材的抗弯性能主要包括抗弯强度和抗弯弹性模量两个指标,是木材最重要的力学参数。前者常用以确定木材的容许应力,后者常用以计算构件在荷载下的变形。

木材受弯时,上部为顺纹受压,下部为顺纹受拉,在中和轴处存在剪切力。破坏时,首先是受压区达到强度极限,但并不立即破坏,随着外力的增大,将产生大量塑性变形,而当受拉区内许多纤维达到强度极限时,则因纤维本身及纤维间连接的断裂而破坏。由于抗弯强度的容易测试以及在实际应用上的重要性,所以在材质判定中使用最多。木材抗弯强度介于顺纹抗拉强度和顺纹抗压强度之间,各树种的平均值约为 90MPa,鱼鳞云杉的抗弯强度约为 75.5MPa。径向和弦向抗弯强度间的差异主要表现在针叶树材上,弦向比径向高 10%～12%;阔叶树材两个方向上差异一般不明显。但在实际使用中,木材的各种缺陷对其抗弯强度影响很大。

木材抗弯弹性模量代表木材的弹性,是木材在比例极限内抵抗弯曲变形的能力。常见的针叶树材中,顺纹抗弯弹性模量最大的为落叶松 14.5GPa,最小的为云杉 6.2GPa,鱼鳞云杉为 10.3GPa;阔叶树材中最大的为蚬木 21.1GPa,最小的为兰考泡桐 4.2GPa。

4. 顺纹剪切性能

木材顺纹剪切的破坏特点是木材纤维在平行于纹理的方向发生相对滑移。弦切面的剪切破坏(剪切面平行于生长轮)常出现于早材部分,在早材和晚材交界处滑移,破坏表面较光滑,但略有起伏,带有细丝状木毛。径切面剪切破坏(剪切面垂直于年轮),其表面较粗糙,不均匀且无明显木毛。木材顺纹剪切破坏只是剪切面内纤维间的连接被破坏,绝大部分纤维本身并不破坏。木材顺纹剪切破坏具有明显的脆性特征。

木材顺纹抗剪强度较小，平均只有顺纹抗压强度的 10%～30%。阔叶树材的顺纹抗剪强度平均比针叶树材高出 1/2。针叶树材径面和弦面抗剪强度基本相同；阔叶树材弦面的抗剪强度较径面高出 10%～30%，木射线越发达，差异越明显。以鱼鳞云杉为例，其顺纹抗剪强度约为 6.5MPa（弦切面）和 6.2MPa（径切面）。

木材的顺纹切剪破坏表现在沿剪切面两侧木材的相对错动。若木材在该剪切面上恰好有开裂、斜纹、髓心等缺陷，会严重影响其抗剪承载力。因此工程中须正确选材，防止因用材不当造成过早破坏。

5. 握钉力

木材握钉力的大小取决于钉杆表面与木材纤维之间的摩擦力。钉子钉入木材后，对接触的木材产生机械挤压作用，因此钉拔出时钉杆表面与周围的木材存在摩擦力，在达到摩擦力极限强度前握钉力主要是静摩擦力，随着加载荷载的增大而增大，这个过程中钉杆相对木材位置保持不变，握钉力达到极限值时静摩擦力达到了最大值，继续加载之后随着相对位移的增大其主要握钉力由静摩擦力转变为动摩擦力，此时握钉力强度值为动摩擦系数的函数，与拔钉速度相关。

6. 销槽承压强度

螺栓连接是木结构连接中最常见的连接方式，螺栓连接的承载力很大程度上取决于木材的销槽承压强度。欧洲标准 EN 383 和美国标准 ASTM D5764 详细地给出了测定木材销槽承压强度的 2 种试验方法。通过该两种方法可以得到荷载作用下的荷载-位移曲线，将通过荷载-位移曲线上某点对应的销槽承压荷载 F_e 与直径 d 和构件厚度 t 乘积的比值 F_e/dt 定义为木材的销槽承压强度。

由于对于同一试验结果，不同的销槽承压荷载 F_e 判定方法，会得到不同的木材销槽承压强度 f_h。欧洲标准 EN 383 给出了木材销槽承压强度的评定方法：通过试验，绘出销槽承压荷载-位移曲线（图 2.3-4），确定极限荷载 F_{max}，从而得出 $f_h=\dfrac{F_{max}}{dt}$。美国标准 ASTM D5764 则采用 5% 螺栓直径偏移法进行，5% 螺栓直径偏移法指试验得到的荷载-位移曲线上与初始线性阶段平行的直线沿水平方向移动 $0.05d$ 的位移，该斜线与曲线的交点对应的荷载定义为销槽承压屈服荷载 $F_{e5\%}$，最终得到 $f_h=\dfrac{F_{e5\%}}{dt}$。

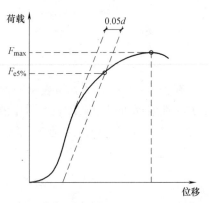

图 2.3-4 销槽承压荷载-位移曲线

木材顺纹的销槽承压强度一般约为 0.9 倍的木材顺纹抗压强度，木材横纹的销槽承压强度一般约为 0.4 倍的木材顺纹抗压强度。

7. 蠕变性能

在恒定的应力下，木材随时间而变形持续增加的现象，称为蠕变。由蠕变产生的附加变形效应将影响结构的总体变形，造成强度损失，导致整体结构失稳或承载力下降，甚至破坏。

木材在某一恒定应力水平下的蠕变过程通常有三个阶段，其中，第一阶段持续时间很短，称为暂态阶段，这一阶段应变增加，但应变速率很快衰减，趋于稳定；第二阶段，应变缓慢地以恒定速率缓慢增长，这一稳态阶段持续时间较长，延续时间的长短主要和应力水平有关；第三阶段，材料由于损伤的累积而接近破坏，最终导致材料蠕变断裂。如果应力水平较低，可能会不出现第三阶段。如果应力水平接近材料极限强度，可缩短第二阶段而很快进入第三阶段。

木材的变形主要由瞬间可恢复弹性变形、随着时间无限延长可逐渐恢复的延迟弹性变形和最终不可恢复的黏性变形三部分组成，这三部分变形的特性见表 2.3-1。

| 描述木材蠕变的物理力学模型 | | 表 2.3-1 |

物理模型	说明
	弹性固体
	黏性液体
	开尔文模型
	四因素勃格模型

在表 2.3-1 中，用弹簧表示的弹性固体可用来代表木材中的弹性变形部分，用黏壶表示的黏性液体可以用来代表木材中的黏性变形部分，弹性固体和黏性液体并联的开尔文模型可用材表示木材中的延迟弹性变形部分，木材的总变形可用四因素伯格模型（式2.3-1）来表示。

$$\varepsilon = \varepsilon_e + \varepsilon_{de} + \varepsilon_v = \frac{\sigma_0}{E_e} + \frac{\sigma_0}{E_{de}}(1 - e^{-t/\tau}) + \frac{\sigma_0}{\eta_v}t \qquad (2.3\text{-}1)$$

式中：ε 为总变形；$\varepsilon_e = \sigma_0/E_e$、$\varepsilon_{de} = \sigma_0(1 - e^{-t/\tau})/E_{de}$ 和 $\varepsilon_v = \sigma_0 t/\eta_v$ 分别为弹性、黏弹性和黏性变形；E_{de} 为黏弹性模量，反映材料承载过程中抵抗延迟弹性变形的能力；E_e 为弹性模量，反映材料承载过程中抵抗弹性变形的能力；η_v 和 η_{de} 分别为黏性系数和延迟黏性系数，反应的是材料承载过程中产生黏性流动的难易程度；τ 为延迟时间，$\tau = \eta_{de}/E_{de}$。

木材的蠕变变形与应力水平、树种、荷载模式、环境温度、环境湿度等参数有关。通过对国产速生杨木的弯曲蠕变试验，表明室内条件下，应力水平为30%时，其初始弹性变形为2.22mm，持荷60天时总变形达到4.45mm，120天时为5.46mm。通过温度20℃、湿度65%的恒温、恒湿条件下花旗松层板胶合木的弯曲蠕变试验研究，应力水平分别为30%和50%时，其初始变形分别为12.36mm和18.52mm，持荷10天后，总变形分别为14.33mm和21.87mm，30天后总变形分别达到15.10mm和23.08mm，60天后总变形分别为15.32mm和23.70mm。

因此，美国、英国、欧洲、日本和澳大利亚木结构设计规范关于构件长期变形的计算方法都是考虑蠕变的影响，把构件的瞬时挠度通过蠕变效应系数来放大，只是各国规范在系数的取值和具体处理上稍有差别。

2.4 影响结构用木材强度的主要因素

2.4.1 密度

木材密度是单位体积内木材细胞壁物质的数量，是决定木材力学性能的物质基础，木材的力学性能随木材密度的增大而增高。木材的弹性模量值随木材密度的增大而线性增高；剪切弹性模量也受密度影响，但相关系数较低。密度对木材顺纹拉伸强度几乎没有影响，这是由于木材的顺纹拉伸强度主要取决于具有共价键的纤维素链状分子的强度，与细胞壁物质的多少关系较小。牛林（J. A. Newlin）和威尔逊的研究表明，木材密度与各种力学性质之间的关系在数学上可用 n 次抛物线方程式（2.4-1）表示：

$$\sigma = a\gamma^n + b \qquad (2.4\text{-}1)$$

式中：σ 为强度值；a 和 b 为试验常数；n 为曲线斜率；γ 为密度。

2.4.2 含水率

木材的强度受含水率影响很大。当木材的含水率在纤维饱和点以上变化时，对木材的力学性能几乎没有影响。当含水率在纤维饱和点以下变化时，随着含水率的降低，吸着水减少，细胞壁趋于紧密，密度增大，木材强度增大；反之，木材强度减小（图2.4-1）。

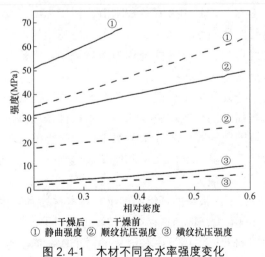

图 2.4-1　木材不同含水率强度变化

含水率对木材各种强度的影响程度是不同的，对顺纹抗压强度和抗弯强度影响较大，对顺纹抗剪强度影响较小，对顺纹抗拉强度影响最小。含水率对抗压强度的影响比抗拉强度大得多，其差别在于木材破坏的原因不同。木材顺纹压缩破坏主要原因是微纤丝和胶着纤维素骨架的物质相对滑移，造成剪切破坏。顺纹抗压强度决定于胶着纤维素骨架物质的强度，这类物质在水的作用下，部分被软化，在较小的应力下就会流动而产生变形，纤维素骨架在变形中易褶皱失稳。木材顺纹拉伸破坏的主要原因是微纤丝自身的撕裂，其次是微纤丝之间的滑移。顺纹抗拉强度决定于纤维素本身的强度，其次是胶着物的强度。而纤维素分子本身在纵向受水分的影响，远比胶着物质小，因此含水率对顺纹抗压强度影响远大于顺纹抗拉强度。

测定木材力学性能时，通常规定以木材含水率为12%（称木材的标准含水率）时的强度作为标准值，其他含水率时的强度按下式换算：

$$f_{12} = f_w[1 + \alpha(W - 12)] \tag{2.4-2}$$

式中：f_{12}、f_w 分别为含水率为12%和 W 时的木材强度；α 为调整系数，对应不同受力状态的取值见表2.4-1。

木材含水率调整系数　　　　　　　　　　　　　表 2.4-1

受力性质	α	树种
顺纹抗剪强度	0.03	一切树种
顺纹抗拉强度	0.015	一切树种
顺纹抗压强度	0.05	一切树种
抗弯强度	0.04	一切树种
抗弯弹性模量	0.015	阔叶树材
顺纹抗压弹性模量	0.012	一切树种
横纹全部和局部承压强度	0.045	一切树种

2.4.3　缺陷

天然木材的组织并不均匀，其中夹有各种木节；树干纵向纤维也并不是完全平直，常有弯曲走向，从而使木材产生斜纹；在风等作用下可能造成树干的各种裂纹，在微生物和昆虫侵袭下会导致木材腐朽和虫蛀。这些统称为木材缺陷，它们在很大程度上影响了木材的强度。木材的主要缺陷见图2.4-2。

木节影响了木材的均匀性和力学性能。木节对木材顺纹抗拉强度影响最大，对顺纹抗压强度影响最小，对抗弯强度的影响取决于木节在木构件截面高度上的位置，在受拉侧影响最大，在受压侧高度范围内影响较小。木节对木材力学性能影响的程度还与木节的种类有关，除此之外，影响因素还有木节的大小和密集程度等。一般来说，活节的影响较小，死节的影响较大，漏节的影响最大。

斜纹导致锯解出来的方木、板材的纤维不连续，对木材的力学性能有较大影响。相比之下，天然斜纹对原木的影响不大，特别是存在扭转纹理的树干，以原木形式使用较为合理。

树木在生长过程中遇到大风作用，一些树木的树干横截面上会可见轮裂和径裂，这些树木伐倒后和保存过程中因不适当的干燥方法，可导致这些裂纹进一步扩展。

腐朽菌侵蚀木材，菌丝分泌酵素，破坏木材细胞壁引起木材腐朽。白腐菌侵蚀造成的腐朽破坏了木质素，剩下纤维，使木材呈现白色斑点，木材变的松软如海绵；褐腐菌侵蚀

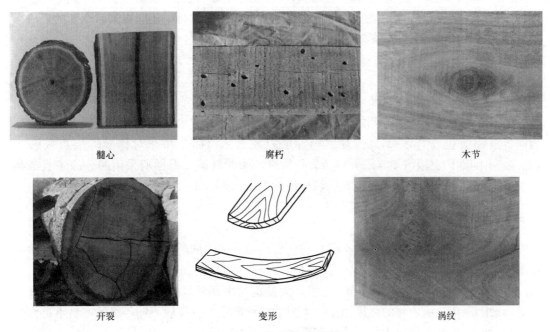

髓心   腐朽   木节

开裂   变形   涡纹

图 2.4-2 木材的主要缺陷

木材中的纤维素,使其仅剩下木质素,木材呈现红褐色,木材表面有纵横交错的裂隙。因此,腐朽对木材力学性能有不利影响。

2.4.4 环境条件

温度升高,木材的强度和弹性模量会降低。研究表明,当温度自 25℃升至 50℃时,针叶树木材的抗拉强度下降 10%～15%,抗压强度下降 20%～24%。当木材长期处于 60～100℃的温度条件下,其水分和一些挥发物质将蒸发,木材变为暗褐色。温度超过 140～160℃,会使木材中构成细胞壁基体物质的半纤维素、木质素这两类非结晶型高聚物发生玻璃化转变,从而使木材软化,塑性增大,力学强度下降速率明显增大。温度和含水率对木材力学性能影响规律见图 2.4-3。

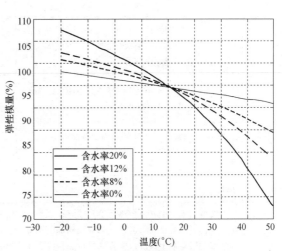

图 2.4-3 温度-含水率对木材力学强度的影响（来自 Sulzberger, 1953）

2.4.5 荷载持续时间

木材是一种黏弹性材料,因此荷载持续时间对其变形和强度有很大影响。我国木结构设计标准考虑荷载持续时间的影响系数不论何种受力形式均取 0.72,这是因为有荷载持续时间影响的荷载主要是恒荷载和部分可变荷载。但设计标准还规定，当结构作用全部为恒荷载时，还应再乘以 0.8 的折减系数。因此总的荷载持续时间影响系数为 0.576。

2.5　木材的分级

对木材的力学性能进行测定与定级，主要是为原木、方木（含板材）和胶合木（主要为同等组合层板胶合木 TC_T、对称异等层板胶合木 TC_{YD} 和非对称异等层板胶合木 TC_{YF}）不同部位层板组坯需求，以最大化构件的力学性能。根据所采用的分级工具或类型的不同，主要有人工目测分级和机械分级两类。

2.5.1　目测分级

目测分级是根据每根木材上实际存在的肉眼可见缺陷的严重程度将其分为若干级。我国木结构设计标准将原木、方木（含板材）材质等级由高到低划分为 I_a、II_a 和 III_a 三级；将规格材分为 I_c、II_c……VII_c 七级，质量也是由高到低排列，并规定了每一个级别的目测缺陷限值。而木材的强度由这些木材的树种确定，分级后不同等级的木材不再作强度取值调整，但对各等级木材可用的范围进行了规定。

表 2.5-1～表 2.5-3 分别规定了承重结构原木、方木和板材的材质标准。

承重结构原木材质标准　　　　表 2.5-1

项次	缺陷名称		材质等级		
			I_a	II_a	III_a
1	腐朽		不允许	不允许	不允许
2	木节	在构件任一面任何 150mm 长度上沿周长所有木节尺寸的总和,不应大于所测部位原木周长的	1/4	1/3	不限
		每个木节的最大尺寸,不应大于所测部位原木周长的	1/10 在连接部位为 1/12	1/6	1/6
3	扭纹:小头 1m 材长上倾斜高度不应大于		80mm	120mm	150mm
4	髓心		应避开受剪面	不限	不限
5	虫蛀		允许有表面虫沟,不应有虫眼		

注：1. 对于死节（包括松软节和腐朽节），除按一般木节测量外，必要时尚应按缺孔验算；对死节应采取树脂固着处理；若死节有腐朽迹象，则应经局部防腐处理后使用；

2. 木节尺寸按垂直于构件长度方向测量，直径小于 10mm 的活节不计；

3. 对于原木的裂缝，可通过调整其方位（使裂缝尽量垂直于构件的受剪面）予以使用。

承重结构方木材质标准　　　　表 2.5-2

项次	缺陷名称	材质等级		
		I_a	II_a	III_a
1	腐朽	不允许	不允许	不允许

续表

项次	缺陷名称	材质等级		
		I_a	II_a	III_a
2	木节:在构件任一面任何 150mm 长度上所有木节尺寸的总和,不应大于所在面宽的	1/3 在连接部位为 1/4	2/5	1/2
3	斜纹	50mm	80mm	120mm
4	髓心	应避开受剪面	不限	不限
5	裂缝	在连接部位的受剪面上	不允许	不允许	不允许
		在连接部位的受剪面附近,其裂缝深度(当有对面裂缝时,裂缝深度用两者之和)不应大于材宽的	1/4	1/3	不限
6	虫蛀	允许有表面虫沟,不应有虫眼		

注:1. 对于死节(包括松软节和腐朽节),除按一般木节测量外,必要时尚应按缺孔验算;对死节应采取树脂固着处理;若死节有腐朽迹象,则应经局部防腐处理后使用;
2. 木节尺寸按垂直于构件长度方向测量;木节表现为条状时,在条状的一面不计,直径小于 10mm 的活节不计。

承重结构板材材质标准　　　　　　　　　　　　　表 2.5-3

项次	缺陷名称	材质等级		
		I_a	II_a	III_a
1	腐朽	不允许	不允许	不允许
2	木节:在构件任一面任何 150mm 长度上所有木节尺寸的总和,不应大于所在面宽的	1/4 在连接部位为 1/5	1/3	2/5
3	斜纹:任何 1m 材长上平均倾斜高度,不应大于	50mm	80mm	120mm
4	髓心	不允许	不允许	不允许
5	裂缝:在连接部位的受剪面及其附近	不允许	不允许	不允许
6	虫蛀	允许有表面虫沟,不应有虫眼		

注:对于死节(包括松软节和腐朽节),除按一般木节测量外,必要时尚应按缺孔验算;对死节应采取树脂固着处理;若死节有腐朽迹象,则应经局部防腐处理后使用。

表 2.5-4 和表 2.5-5 列出了各级原木、方木和规格材的使用范围。

各级承重方木原木(板材)应用范围　　　　　　表 2.5-4

项次	主要用途	最低材质等级
1	受拉或拉弯构件	I_a
2	受弯或压弯构件	II_a
3	受压构件及次要受弯构件	III_a

轻型木结构用各级规格材应用范围　　　　　　　表 2.5-5

项次	主要用途	最低材质等级
1	用于对强度、刚度和外观均有较高要求的构件	I_c
2		II_c
3	用于对强度、刚度有较高要求,对外观有一般要求的构件	III_c

项次	主要用途	最低材质等级
4	用于对强度、刚度有较高要求,对外观无要求的构件	IV_c
5	用于墙骨	V_c
6	除上述用途外的构件	VI_c
7		VII_c

根据现行国家标准《结构用集成材》GB/T 26899—2011 的规定,目测分级层板分为 I_d、II_d、III_d 和 IV_d 四类,其不同等级的质量要求见表 2.5-6。

经目测分级的层板,一般用作对称异等组合层板胶合木的最外层层板和外层层板,非对称异等组合层板胶合木抗拉侧最外层层板、外层层板以及同等组合层板胶合木的层板。对于非纵向接长的层板,进行抗弯弹性模量的抽样检测,对纵向接长的层板,进行抗弯强度或抗拉强度的抽样检测,并分别达到相应的等级(具体参照现行国家标准《结构用集成材》GB/T 26899—2011 中 4.2.5.2 条),才可使用。

不同等级层板外观质量要求   表 2.5-6

项目		要求			
		I	II	III	IV
死节、孔洞	集中节径比(%)	≤20	≤30	≤40	≤50
	宽面材边节径比(%)	≤17	≤25	≤33	≤50
斜纹倾斜比		≤1/16	≤1/14	≤1/12	≤1/8
平均年轮宽度(辐射松除外)(mm)		≤6			
变色、涡纹		不明显			
裂纹		不明显		裂纹宽度极小,长度≤50mm	
弯曲变形	弓弯	每米长度矢高≤5mm			
	侧弯	每米长度矢高≤4mm			
	翘曲	每米长度范围内板材宽度方向上每25mm 不超过1mm			
髓心部分(辐射松)	板材宽度≤190mm	不许有从髓心到半径50mm 以内的年轮木材		板材窄面上髓心长度小于材长的1/4	
	板材宽度>190mm	从板材边的宽度方向上的1/3 范围内,不许有从髓心到半径50mm 以内的年轮木材			
其他缺陷		极轻微		轻微	

2.5.2 机械分级

按照某种非破损的检测方法,采用分等机测定结构木材的某一物理指标,按该指标的大小来确定木材的等级,或最终能以木材的特征强度确定其等级。前者称机械评级木材,要求弹性模量的 5%分位值不低于平均值的 75%;后者称机械应力等级木材,要求弹性模量的 5%分位值不低于平均值的 82%。目前主要用于规格材和层板胶合木的层板分级。目前国外规格材机械分级采用的非破损检测方法大致有弯曲法、振动法、波速和 γ 射线等方法。有些已作为专用设备，在结构木材生产线上使用。

　　机械分级层板的外观允许缺陷首先满足表 2.5-7 的要求，同时其力学性能应满足现行国家标准《结构用集成材》GB/T 26899—2011 中规定的相应要求。机械分级层板的各等级非纵向接长层板用作对称异等层板胶合木的最外层和外层层板、非对称异等组合层板胶合木抗拉侧的最外层和外层层板，以及同等组合层板胶合木的层板时，通过抽样检测抗弯弹性模量和抗弯强度（或抗拉强度）等参数，并满足现行国家标准《结构用集成材》GB/T 26899—2011 中 4.2.6.2 的要求，才可使用。

机械分级层板外观允许缺陷　　　　　　　　　　　表 2.5-7

项目	要求
开裂	不显著的微小裂纹
变色、逆向纹理	不显著
MSR 层板两端质量	在机械分等无法测定的两端部位的节子、孔洞等缺陷的相对节径比要小于层板中部(机械分级机测定的部位)相应的缺陷的相对节径比,或者相对节径比小于下列数值。 异等组合层板胶合木的最外层、外层层板:17% 异等组合层板胶合木的中间层层板:25% 异等组合层板胶合木的内层用层板:33% 同等层板胶合木:17%

2.6　工程木

2.6.1　层板胶合木

　　层板胶合木，又称结构用集成材，是一种根据木材强度分级，将三层或三层以上的厚度不大于 45mm（硬松木或硬质阔叶材时，不大于 35mm）的木质层板沿顺纹方向叠层胶合而成的工程木，常用作结构承重梁和柱。层板胶合木的最大特点是经过层板的分离并重新组合，能够将一些导致强度降低的缺陷进行分散，从而提高构件的强度。典型的层板胶合木见图 2.6-1。

图 2.6-1　层板胶合木

1. 常用尺寸

理论上，采用层板胶合木的生产工艺，可以制备出任何尺寸的构件。但是考虑到工业化生产的要求以及对木材资源的充分利用，世界上生产胶合木的国家或地区，对于常用的层板胶合木，都有标准的截面尺寸：

1）在欧洲，标准截面宽度有 42、56、66、90、115、140、165、190、215 和 240mm 等；高度为 180mm 至 2050mm，中间级差为 45mm。更大的高度可通过不同方法得到，高度可达 3m。

2）在美国，标准截面宽度一般在 63～273mm 之间，常用的截面宽度为 79、89、130、139 和 171mm 五种规格。

3）在加拿大，标准截面宽度为 80、130、175、225、275 和 315mm 等，根据工程要求，可以增加到 365、425、465 和 515mm。

2. 制备工艺

胶合木结构构件设计时，应根据构件的主要用途和部位，按表 2.6-1 的要求选用相应的材质等级。

胶合木的生产过程中，在胶合加压工序，目前除了少量高频热压机有应用外，一般都在室温条件下完成，因此要求所采用的胶粘剂具有在中低温条件下（15℃以上）固化的性能。常用的胶粘剂有间苯二酚-酚醛树脂（PRF）、聚氨酯（PUR）、三聚氰胺-脲醛树脂（MUF）等。对胶粘剂的选择，主要由木材与胶粘剂的适应性、胶合木产品最终使用环境等因素来确定。

层板胶合木的生产过程由以下基本步骤组成。其流程见图 2.6-2。

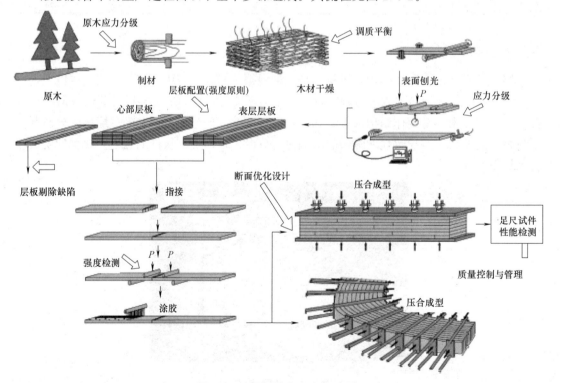

图 2.6-2　层板胶合木生产过程

第一步：将窑干处理后的锯材进行应力分级；

第二步：根据构件设计尺寸，对分级后的锯材进行指接接长；

第三步：将指接后层板的宽面刨光，并立即涂布胶粘剂，涂胶后的层板按构件的规格形状叠合，并进行加压成型以及养护；

第四步：当胶层达到规定的固化强度后，对胶合木进行刨光、修补等加工；

第五步：根据需要，对构件进行开槽、钻孔、预制榫头或卯口，或安装连接件等。

3. 种类

各种不同材质等级的层板在胶合木截面上、中、下位置的配置方式成为截面组坯，以充分利用高品质木材的性能优势。由此可划分为普通、同等组坯和异等组坯三类层板胶合木。

对于普通层板胶合木，根据用途不同，可分为受拉或拉弯构件、受压构件、上弦或拱、截面高度不大于 500mm 的受弯构件、高度大于 500mm 的受弯构件以及侧立腹板工字梁等用途，规定了各自沿截面高度各层层板应有的材质等级，见表 2.6-1。这类胶合木的强度设计指标等同于层板所用木材树种，但需考虑截面尺寸的影响。

胶合木构件的木材材质等级 表 2.6-1

项次	主要用途	材质等级
1	受弯或拉弯构件	I_b
2	受压构件(不包括桁架上弦和拱)	III_b
3	桁架上弦或拱,高度不大于500mm的胶合木梁: (1)构件上、下边缘各 0.1h 区域,且不少于两层层板; (2)其余部分	II_b III_b
4	高度大于500的胶合木梁: (1)梁的受拉边缘 0.1h 区域,且不少于两层层板; (2)距受拉边缘 0.1h～0.2h 区域; (3)受压边缘 0.1h 区域,且不少于两层层板; (4)其余部分	I_b II_b II_b III_b
5	侧立腹板工字梁: (1)受拉翼缘板; (2)受压翼缘板; (3)腹板	I_b II_b III_b

注：h 为构件截面高度。

同等组坯层板胶合木截面上各层层板由同一材质等级的目测分级或机械分级的层板胶合木而成。它们适用于轴心受力构件或层板侧立受弯构件，如不考虑经济性，亦可用作一般受弯构件。这类层板胶合木根据所用层板的材质等级不同，可由不同的胶合木强度等级。

异等组坯层板胶合木分为对称异等和非对称异等组坯胶合木两类。对于层板宽面承载的受弯构件，为充分利用高品质的木材，胶合木上、中、下层板可采用不同材质等级的目测分级或机械分级的层板，材质等级配置可在中和轴上、下对称，也可不对称。前者称为对称异等组坯，后者称为非对称异等组坯。非对称异等组坯胶合木具有不同的正负抗弯承载力。对于对称异等组坯的层板胶合木，欧洲标准 EN1194 要求同一等级层板区不小于截面高度的 1/6 或两层的较大者。内层层板的抗拉强度不小于表层层板抗拉强度的 75%，该标准列出了该类层板胶合木有 GL24C、GL28C、GL32C 和 GL36C 四个等级。我国国家标准《木结构设计标准》GB 50005—2017 将对称异等组坯层板胶合木划分为 $TC_{YD}24$、$TC_{YD}28$、$TC_{YD}32$、$TC_{YD}36$ 和 $TC_{YD}40$ 共计五个等级，将非对称异等组坯层板胶合木划分为 $TC_{YF}23$、$TC_{YF}27$、$TC_{YF}31$、$TC_{YF}34$ 和 $TC_{YF}38$ 共计五个等级。

4. 力学性能

由目测或机械分级层板制作的层板胶合木的力学性能，如强度、弹性模量等，虽与组成它们的层板木材力学性能有密切关系，但又有不同，特别是异等组坯的层板胶合木，它们是由不同强度、不同弹性模量、不同缺陷水准的层板组成的截面，且随截面高度不同，各质量不同的层板所占的比例也有差别。因此，要确定各类层板胶合木的力学性能是较复杂的工作。现在可根据这些因素，如采用换算截面、分层验算等方法作为计算和模拟分析，但最终仍需根据足尺试件试验结果来确定其力学性能。

以欧洲标准 EN1194 为例，对于同等组坯的胶合木，当截面高度超过 600mm 和宽度超过 150mm 的受拉、受弯构件，层板指接的拉、弯强度能满足式（2.6-1）和式（2.6-2）中任一要求时，可根据表 2.6-2 中列出的回归公式来计算它们的力学指标：

$$f_{t.j.k} = 5 + f_{t.0.l.k} \tag{2.6-1}$$

$$f_{m.j.k} = 8 + 1.4 f_{t.0.l.k} \tag{2.6-2}$$

式中：$f_{t.j.k}$、$f_{m.j.k}$ 分别为指接层板的抗拉和抗弯强度特征值。

若对截面高度小于 600mm 或宽度小于 150mm 的胶合木进行试验，应按式（2.6-3）作强度修正才能与表 2.6-2 一致。

$$R_{size} = \frac{b^{0.05}}{150} \times \frac{h^{0.1}}{600} \tag{2.6-3}$$

式中：$f_{t.j.k}$、$f_{m.j.k}$ 分别为指接层板的抗拉和抗弯强度特征值。

对于仅有两种不同材质层板制作的异等对称组坯胶合木，且其配置能满足表 2.6-1 的规定，仍可用表 2.6-2 估计其强度，但应按照下列规定计算：

抗弯强度 $f_{m.g.k}$，弹性模量 $E_{0.g.mean}$、$E_{0.g.0.5}$ 应用表层层板的抗拉强度与弹性模量；表中其他性能一律用内层层板的相应物理量计算。

对于组坯不符合上述规定的对称异等或非对称异等组坯胶合木，其力学性能一般通过试验方法得到。

层板胶合木与层板力学指标间的关系（MPa） 表 2.6-2

性能	相关关系
抗弯强度 $f_{m.g.k}$	$= 7 + 1.15 f_{t.0.l.k}$
抗拉强度 $f_{t.0.g.k}$	$= 5 + 0.8 f_{t.0.l.k}$
$f_{t.90.g.k}$	$= 0.2 + 0.015 f_{t.0.l.k}$
抗压强度 $f_{c.0.g.k}$	$= 7.2 f_{t.0.l.k}^{0.45}$
$f_{c.90.g.k}$	$= 0.7 f_{t.0.l.k}^{0.45}$
剪切强度 $f_{v.g.k}$	$= 0.32 f_{t.0.l.k}^{0.8}$
弹性模量 $E_{0.g.mean}$	$= 1.05 E_{0.l.mean}$
$E_{0.g.0.5}$	$= 0.85 E_{0.l.mean}$
$E_{90.g.mean}$	$= 0.035 E_{0.l.mean}$
密度 $\rho_{g.k}$	$= 1.10 \rho_{l.k}$

注：表中各强度符号的下角标 l 为层板，g 为胶合木，k 为强度标准值，m、t、c 分别为弯曲、拉和压的强度，0、90 分别为顺纹和横纹。

2.6.2　旋切板胶合木

旋切板胶合木又称单板层积材，是由 2.0～5.5mm 厚单板沿木材顺纹理方向、将高质量单板置于表层组坯胶合而成的木质材料，成品厚度一般为 18～75mm，宽度 63～1200mm，长度不受限制，含水率约为 10%，具有性能均匀、稳定和规格尺寸灵活多变的特点，旋切板胶合木不仅保留了木材的天然性质，还具有许多锯材所没有的特性。

旋切板胶合木由多层单板顺纹方向层积胶合而成，其生产工艺流程为：原木→剥皮→旋切→干燥→单板拼接、组坯→涂胶→铺装、预压→热压→裁剪→分等、入库。经干燥的单板的含水率在 5% 左右，常用的胶粘剂有脲醛胶、酚醛胶和间苯二酚-酚醛胶等，涂胶量约为 220～250g/m² ；在旋切板胶合木的制造中，单板接长是最为重要的工序之一，单板纵向接长一般有对接、搭接、斜接和指接四种形式，其中指接适合厚单板，现有工艺多采用斜接，通过采用单板斜接磨削机组的斜接长度一般为单板厚度的 8～10 倍，质量较为理想。

组成旋切板胶合木的单板越薄，层数越多，木材缺陷及纵向接缝的分散性约好，旋切板胶合木的强度越高，变异性越小。因此，旋切板胶合木的质量和密度均匀；其层压结构减少了翘曲变形和扭转等缺陷；适于旋切板胶合木生产的原料范围广，可以使用各种不同树种和质量的木材，生产成本低，其制造方法使得产品的尺寸精确，易于施工和现场安装。

根据用途旋切板胶合木可分为非结构用与结构用旋切板胶合木两种。其中非结构用旋切板胶合木主要用于家具及室内装饰装修等非承载用板材，适合在室内干燥环境下使用。结构用旋切板胶合木具有较好的结构稳定性和耐久性，多应用于制作工程结构的各种承重构件，如梁、柱等，预制工字格栅的上、下翼缘也多采用这类产品。结构用旋切板胶合木见图 2.6-3。

图 2.6-3　旋切板胶合木

2.6.3　木基结构板材

木基结构板材主要包括结构胶合板和定向刨花板两种。

定向刨花板多以速生丰产小径材、间伐材、木芯等为原料，通过专用设备加工成长40～70mm、宽 5～20mm、厚 0.3～0.7mm 的单元，经干燥、施胶，再经定向铺装后热压成型的一种结构板材。定向刨花板表层木材单元的长度方向与成品板材的长度方向一致。成品板材的厚度为 9.5～28.5mm，板面尺寸一般为 1220mm×2440mm。

结构胶合板由数层旋切或刨切的单板按一定规则组坯经胶合而成。单板的厚度一般在 1.5～5.5mm 范围内。胶合板中心层两侧对称位置上的单板其木纹和厚度一致，且由相同树种或物理性能相似的树种木材制成，相邻单板的木纹相互垂直，表层单板的木纹方向应与成品板材长度方向一致。结构胶合板的总厚度为 5～30mm，板面尺寸一般为 1220mm×2440mm。

由于在生产中木材纤维破坏少，木基结构板较多保留了木材的天然特性，具有抗弯强度高、线膨胀系数小、握钉力强、尺寸稳定性较好等优点，常用作轻型木结构中的墙面、楼面和屋面的覆面板，不仅起围护作用，更重要的是在结构抗侧力系统中用作主要的承重构件。

2.6.4　正交胶合木

由三层及以上实木规格材或结构复合板材垂直正交组坯，采用结构胶粘剂压制而成的构件，称为正交胶合木，又称交叉层积材（图 2.6-4）。

图 2.6-4　正交胶合木

在国际上，正交胶合木的尺寸通常由制造商决定，常见的宽度有 0.6、1.2、2.4 和 3.0m 等，厚度可达 508mm，长度可达 18m，在国内，正交胶合木最大尺寸达到 3.5m 宽、500mm 厚、24m 长。

正交胶合木具有良好的尺寸稳定性，其线干缩湿胀系数约为 0.02%，尺寸稳定性是实木和胶合木横纹方向尺寸稳定性的 12 倍。正交胶合木能够根据建筑设计，在工厂预制成含门窗洞口的楼面板、墙面板和屋面板。同时，其正交结构也使得正交胶合木在主方向和次方向上均具有相似的力学性能，在平面内和平面外都具有较高的强度和阻止连接件劈裂的性能，主要用作结构的墙板和楼板。

2.6.5　重组木

重组木的原料多为木材加工剩余物、小径级劣质木材、间伐材等。早些年，我国的重组木用原材料采用碾压工艺，形成了纵向松散交错相连，但横向不断裂的网布状木束；目前，我国科研人员提出了将原木旋切成厚单板，再对其进行纤维化处理，分离成粗细均匀的木纤维束交织而成的纤维化木束单板单元。木质单元经过干燥、铺装、施胶、预压和热压等制备成重组木。与天然木材比较，重组木的优势要包括以下几点：

1）保留了天然木材的优良性能的同时，在加工过程中可以剔除天然木材的大部分缺陷，避免由于木材本身缺陷所造成的使用限制。

2）能充分利用小径木、间伐材等劣质材料，并且可以利用木材的加工剩余物，使林业生产能够实现良性循环，提高木材的综合利用。

3）原材料的生产工艺设备简单，只需进行碾压处理，且碾压机需要的运作动力较小。

4）强度大，开裂与弯曲现象少，材质比较均匀，长度和宽度不受限制。

2.6.6 木制工字梁

木制工字梁就是用旋切板胶合木（图 2.6-5a）或指接锯材（图 2.6-5b）作翼缘，用定向刨花板或者胶合板作腹板，并通过木材用胶粘剂胶结生产出横截面为"工"字形结构的组合型材。其实凡是具有翼缘和腹板的"工"字形的托梁都可叫作工字梁。

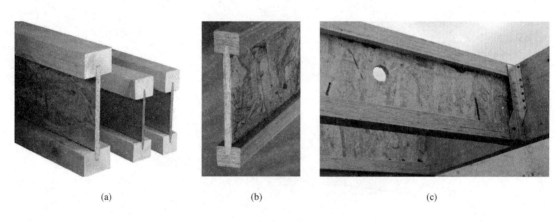

(a)   (b)   (c)

图 2.6-5 木制工字梁
（a）翼缘为指接锯材；（b）翼缘为旋切板胶合木；（c）木制工字梁腹板开孔

木制工字梁的工字型是根据力学性能的要求设计的，做到用料最省、力学强度最大，使之符合建筑上对结构构件的要求。木制工字梁的长度可达 12m，可根据跨度和承载力来挑选工字梁的高度，常用的高度有 241、302、356 和 406mm 等。木制工字梁不仅可用于建筑地板和顶棚支承，也可在小跨度建筑中用作承重梁。此外，施工时可以在较薄的腹板上开孔（图 2.6-5c），这就使得采暖通风、空调管道和电气布线的钻孔变得更加容易，因此给居室装饰提供了更好的设计构想，同时也节省材料。

2.6.7 平行木片胶合木

由长 610～2440mm 的木质单板条等原材料依次经过含水率调整、胶粘剂涂布和同向顺纹组坯，再经过热压形成的结构板材，称为平行木片胶合木，又称单板条层积材。平行木片胶合木力学性能优异，与旋切板胶合木性能相似，能够用作结构承重梁和柱。

随着科学技术水平的不断发展，在不断深入了解木材的宏微观构造的基础上，系列高性能工程木产品将越来越多的涌现，如力学性能与钢材相当的超级木材、透明木材、可编辑木制品等，通过材料的创新，不断推动木结构的发展。

本章小结

本章介绍了我国木材资源分布特点、结构用木材的种类、宏观/微观构造、木材的物理力学性能及其影响因素、木材分级及在工程木中的应用。

思考与练习题

2-1 影响结构木材强度的因素有哪些?

2-2 胶合木结构中，TC 和 TB 分别表示什么? TC_{YD} 中的 YD 和 TC_{YF} 中的 YF 分别表示什么?

第3章　结构用竹材

本章要点及学习目标

本章要点：

本章介绍了竹材主要特性、分布情况、种类；结构用竹材的宏观、微观构造；结构用竹材的物理、力学性能及影响因素；工程竹的制造工艺、力学性能、工程应用。

学习目标：

了解竹材的概貌，结构用竹材的主要特点，工程竹的力学性能与工程应用情况。

世界上竹子超过 70 个属 1600 种，竹林面积达 1400 万公顷，竹资源分布很不均衡，主要分布于地球的北纬 46°至南纬 47°之间的热带、亚热带和暖温带地区，即所谓的三大竹区——亚太竹区、非洲竹区、美洲竹区，主要集中分布于南、北回归线之间的亚洲、非洲、拉丁美洲（简称亚非拉）等一些国家。欧洲没有天然分布的竹种，北美原产的竹子只有几种。近百年来，一些欧洲国家和美国、加拿大等从亚非拉的一些产竹国家引种了大量竹种。亚太地区是世界上最大的产竹区，占世界竹资源的 70%左右，该区竹子 50 多属，900 多种，其中有经济价值的有 100 多种，主要产竹国家有中国、印度、缅甸、泰国、孟加拉、柬埔寨、越南、日本、印度尼西亚、马来西亚、菲律宾等。其中以中国和日本在竹子种植、经营管理方面较为成熟。美洲竹区总计 18 个属，270 多种竹子，竹林面积约为 160 万公顷，主要集中分布在该区域的东部。美洲竹区大型竹种较少，小型低矮竹种较多，总体经济价值较低，主要的乡土竹种分布在拉丁美洲，而北美洲地区的竹种资源十分匮乏。美洲地区只有少数竹种被开发利用，其中使用最广泛、最成熟的是瓜多竹。瓜多竹具有出色的力学性能，美洲建筑师较早就开始对瓜多竹进行研究，根据以往建筑施工的经验，将瓜多竹用作建筑的结构材料，例如墨西哥、哥伦比亚、秘鲁、厄瓜多尔及哥斯达黎加。非洲竹区的竹子分布范围较小，竹类贫乏，竹种较少，但在马达加斯加地区竹种资源十分丰富。非洲从其他地区引入的竹种也较少，竹子种植、经营管理体系尚未成熟，对竹子的开发及利用比较落后，远不及亚洲地区。长期的隔离生长以及地理条件的不同，使各大竹区繁衍着自己所独有的乡土竹种，很难找到完全相同的竹种分布。目前世界竹子中工业化利用价值最高、性能最优良、集中成片分布是毛竹，约 90%分布在中国，我国在建筑中使用最多的是毛竹。印度尼西亚使用较多的是马来甜龙竹、凤尾竹等，除此之外巨龙竹、黄竹、俯竹等也常用于建筑中。

中国是世界上最主要的竹产地，无论是竹子的种类、面积、蓄积量及竹材、竹产品的产量都雄居世界首位，竹子种类已知有 39 属，500 余种，竹林总面积约 700 万公顷。我国产竹以珠江流域和长江流域最多，目前主要分布在福建、江西、浙江、湖南、广东、四川、广西、安徽、湖北、重庆 10 省（自治区、直辖市），竹林面积占全国的 93.7%，其中，福建、江西和浙江 3 省的竹林面积占全国的一半。中国是世界上面积最广、资源最多、竹材利用率和利用水平最高的国家。

　　竹子是世界上生长速度最快的植物，具有强度高、韧性好、耐磨损、纹理通直、色泽高雅等多种优点，它有很多形象生动的绰号，如"植物钢筋""奇幻草""村民之友""绿色金矿"等。竹子作为结构材料和装饰材料都具有良好的前景，但在建筑中的潜力还未被充分挖掘，竹材的诸多优越性长期未能被广泛重视。近年来，随着气候变化和世界各地的现代化问题使人们重新关注生物质建筑材料，随着人类使用竹材的专业知识的日渐完善，及木材资源的持续短缺，使得竹子较树木的很多优势越来越明显，如竹材生长速度快，人们常用"雨后春笋"来形容竹子的生长，一夜可生长 1 米左右，东南亚地区的竹子甚至一星期能长 10 余米，其长势之迅猛，被称为植物界的冠军，三年即可成材。而达到同样建筑指标要求的木材，通常需要 25～50 年。根据哥斯达黎加人的计算，每年只需 70 公顷的竹林就可建造竹房屋 1000 座。如果以木材为原料，需要砍伐 600 公顷天然林。将竹林与树林对环境的影响进行对比，竹林可多释放 35% 的氧气，多吸收二氧化碳高达 4 倍；空气相对湿度可增加 5% 左右。同时竹林具有很强的负离子释放能力，每立方厘米负离子含量达 15 万～20 万个。竹林的减噪作用也不可忽视，据研究，竹林通过对声波的漫反射、吸收、阻碍等作用，40m 宽的竹林带可减少噪声 10～15dB。竹子根系非常发达，可形成上密下疏多孔隙的网络状结构，相互连锁的根茎系统在控制水土流失方面能发挥巨大的作用，每公顷竹林可蓄水约 1000t。因此，竹子具有净化空气、调节气候、减少噪声、保持水土、涵养水源、防风固沙等多种功能。同时，竹子的比强度、比刚度高于木材、低碳钢等常见建筑材料，这些优势使得竹子作为现代建筑结构材料替代品的理念在世界范围内得到了越来越多的关注，人们逐渐树立"以竹胜木"的新思维。随着社会的发展和技术的进步，竹产业与竹贸易大大促进了竹子在建筑业、造纸业和竹材加工业等行业内的广泛应用。据国际竹藤中心的统计，全世界每年生产的竹材，用于建筑材料的占 30%～40%，竹制品占 15%，造纸占 20%～25%，其他方面占 15%～30%。

3.1　结构用竹材的种类和构造

3.1.1　结构用竹材的种类

　　竹子在植物物种鉴定中被认定为巨型禾本植物，属于禾本科的竹亚科，系多年生禾本科常绿植物。竹是多年生木质化植物，竹叶呈狭披针形，茎为木质，有些种类的竹笋可以食用。与典型的禾本植物相比，竹子的生长模式主要有两点不同：其一，竹子会长出枝条，从这个角度来说它更像树木，而非禾本植物，竹子每年都会长出新的枝条，同时叶鞘脱落；其二，竹子具有木质化过程，竹材在达到最大高度几年之后，会逐渐木质化和硅酸化，直至传导纤维阻塞，最后竹材会达到类似木材的密实度，这时它就成为一种适宜的建筑材料。竹子外层因含有大量的硅酸盐，故它很坚硬，而且可以抵抗恶劣天气或虫害。竹子的木质化过程从外部开始逐渐向内扩散。因此，竹子因细胞结构具有木质化的特征而与木材极为相似，但与木材不同，竹材外层是最坚硬的部分，而中心是最柔软的部分，这提高了竹材作为建筑材料的稳定性。

竹子的地下茎是竹类植物在土中横向生长的茎部,有明显的分节,节上生根,节侧有芽。芽可萌发出新的地下茎或发笋出土成竹,是养分和水分输导、存贮、生长竹秆和繁殖更新的主要器官。根据竹子地下茎的形态特征,可分为下列三大类型:散生型(单轴型)、丛生型(合轴型)和混合型(复轴型)。

1. 散生型(图3.1-1)

散生竹的根茎细又长,在地下横向蔓延(称为竹鞭)。根茎的每一节都会发芽,芽体均匀分布。一些芽体会发育成新的地下茎,在土壤中蔓延生长,有的芽发育成笋,出土长成竹秆,稀疏散生,逐渐发展为成片竹林。长江流域至黄河流域为散生竹区,毛竹(楠竹)、刚竹、淡竹、佳竹、金竹、水竹等为散生型。中国是世界散生竹的分布中心,目前利用最多的还是散生竹中的毛竹,其他小径竹多数用于造纸、人造板材,还有很多观赏价值极高的竹种用于造园。

2. 丛生型(图3.1-2)

图3.1-1　散生型

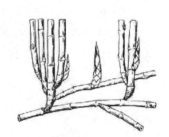

图3.1-2　丛生型

地下茎不是横走地下的细长竹鞭,而是粗大短缩的根茎,节密,根上可以生芽并发育成新的茎,顶芽出土成笋,长成竹秆,状似烟斗的秆基。除少数竹种(如梨竹、泡竹等的地下茎可以在土中横行1m左右)外,这种类型的地下茎不能在地下作长距离的蔓延生长,顶芽出笋长成的新竹一般都靠近老秆,形成密集丛生的竹丛,秆基则堆集成群,状若推轮,具有这样繁殖特性的竹子称为丛生竹。北回归线以南的云南、广西、广东、福建、台湾等地为丛生竹区,如撑篙竹、慈竹、凤凰竹、硬头黄竹、青皮竹、车筒竹、粉箪竹等。丛生竹的防护作用大于用材功效,分布区域性极强,且繁殖较易,适合于见缝插针栽植,不与农争地。该类竹林在造纸、笋用、生活用品、生态诸方面具有其他竹林不可及的优越性。

3. 混合型(图3.1-3)

混合型兼有单轴型和复轴型地下茎的特点。既有在地下横向生长的竹鞭,并从鞭抽笋芽长竹;又可以从秆基芽眼萌发成笋,长出竹秆。复轴型竹子也称混生竹,如茶秆竹属、苦竹属、箸竹、箭竹属等竹种,南岭山脉两侧为两大类型竹种分布的混合区。

中国的散生竹与日本、朝鲜的竹类植物属于同一区系,不仅属同,有些竹种也相同;而南方

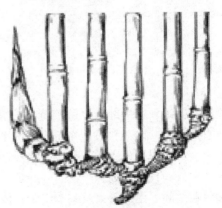

图3.1-3　混合型

的丛生竹则属东南亚竹类植物区系。在竹林中，毛竹林占近70%，杂竹林占约30%。毛竹（楠竹、江南竹、孟宗竹）学名为"Phyllostachysedulis"，英文"名 Moso Bamboo"，为禾本科竹亚科刚竹属，属单轴散生型，竿大型，高可达20m以上，胸径达20cm，中部节间长可达40cm，基部节间较短。毛竹为最常见的建筑用竹材，也是我国分布最广、用途最多、材质最好的竹种，东起台湾，西起云南，南自广东和广西中部，北至江苏、安徽北部和河南南部均有分布。毛竹及其制品是本书主要的讲述对象。

3.1.2　结构用竹材的构造

1. 宏观结构

竹杆常为圆筒形，极少为四角形，由节间和节（节隔）连接而成，节间常中空，少数实心，节隔由箨环和杆环构成。每节上分枝。叶有两种，一为茎生叶，俗称箨叶；另一为营养叶，披针形，大小随品种而异。竹花由鳞被、雄蕊和雌蕊组成。果实多为颖果。竹类的一生中，大部分时间为营养生长阶段，一旦开花结果后全部株丛即枯死而完成一个生命周期。因此，竹类植物主要由根茎（竹根）、长节茎或空心茎（竹茎）、枝叶三部分组成。根据其物种所属的种类不同，其外观和习性会有所差异。竹根横生于地下，为地下茎，也就是竹鞭；竹茎是直立于地上部分的茎秆，称为地上茎，俗称竹竿；竹枝叶是从竿茎节上生出竹枝，枝又生出分枝，叶生长在分枝上，总称枝叶。

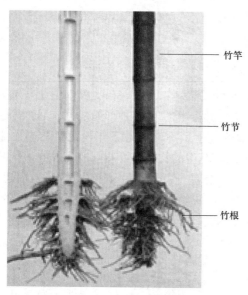

竹材是指竹子的竹竿（茎秆）部分（图3.1-4），是一种中空的纤维性茎秆，也是竹材利用价值最高的部分。竹竿外表光滑、坚硬，内部柔韧，由竹节、竹段和刚性节隔组成，竹节、竹段由节隔相连，节隔由基本薄壁组织和维管束交织而成，起着加强竹杆机械强度和横向输导的作用。由此形成一个由基部向上逐渐递减的圆锥形空心结构，该中空节状结构对其刚度和稳定性起着重要作用，因空心圆截面杆的抗弯强度比同样截面积的实心杆要大。同时，竹子根部最粗，竹下粗上细、竹节下短上长的独特生长方式，使得竹子在自重作用下每个截面压应力近似相等，即近似为等应力压杆，所以竹材的构造是大自然的结晶。竹竿外围实体部分称为

图 3.1-4　竹材剖面图

竹壁，竹壁横截面（图 3.1-5）表明了形状规则、组织致密的纤维厚壁细胞和多孔的薄壁细胞基体。竹壁从外向内包括竹青、竹肉（也称竹壁中部）、竹黄三个部分，是竹材的主要部分。竹青是竹壁的外侧部分，组织紧密，表面光滑，外表常附有一层蜡质，表层细胞常含有叶绿素，所以幼年竹竿常呈绿色，老竹竿或采伐过久的竹竿，因叶绿色变化或破坏，而呈黄色；竹肉（竹壁中部）位于竹青和竹黄之间，由维管束及基本组织构成；竹黄在竹壁内侧，组织疏松，质地脆弱，黏结性差，呈黄色。工业上主要利用竹材的维管束及基本组织部分。除少量的维管束提供较高的

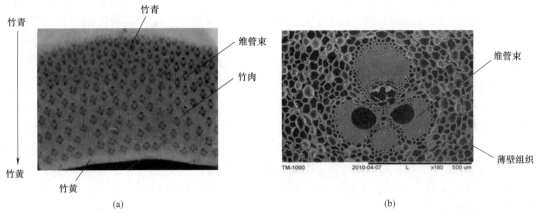

图 3.1-5 竹材细观构造
（a）竹壁横截面；（b）维管束（毛竹）

强度外，竹材的其他性质与木材相近。不过，竹材薄壁细胞的尺寸稳定性好，可以利用竹材开发高强度产品。

2. 微观结构

利用透射电子显微镜观察可以发现，竹纤维为初生胞壁和次生胞壁的层状结构。各层纤维素中都有按照螺旋方式排布的纤维素微原纤（MFC）构成的结晶部分。竹纤维的这种空心、多层螺旋结构具有其天然的合理性，结晶纤维素在初生胞壁上呈无序排列，在次生胞壁上沿纤维纵向平行排列，这种交织网状的结构是竹纤维强度高的重要原因。竹纤维的复杂精细结构提高了竹子的综合刚度与结构的稳定性。

1）化学组分

从化学组成看，竹材主要由纤维素、半纤维素和木质素组成，它们是各向异性和非均匀体。一般来讲，竹材主要由 40%～60% 的纤维素、16%～33% 的木质素和 14%～25% 的半纤维素组成，还有约 10% 的水分和一定数量的提取物。竹材中的提取物主要有糖类、淀粉、蛋白质等，因含多甘露聚糖较多，而易遭受虫害；竹材的灰分中含有多种元素，其中有钙、磷、钾、硅等，因竹龄不同，成分会有波动，竹材中因含有硅成分，所以其硬度较大，一般竹青中含硅质细胞较多，其含量富于竹黄部分，竹黄因含有大量的淀粉和果胶质，因而易吸水膨胀，生霉和虫蛀。

竹材化学成分是影响竹材性质和利用的重要因素，它赋予竹材一定的力学性能和其他性质。纤维素是碳氢化合物，是竹材的基本成分。竹材的力学性能和吸湿性能主要来自纤维素。纤维素是筛格和层状晶格组织，呈各向异性。竹纤维为中空的管状，纤维壁是由多层与纤维轴成不同角度的微纤维层构成，这种层状螺旋结构大大增强了其抗拉性能。竹材木质素的强度比纤维弱，含量较稳定，其耐酸碱的性能较强，能提供刚度并改善耐久性。半纤维素比纤维素内聚合程度要低得多，在木质化前起基体作用。

与木材相比，竹材中纤维素、半纤维素和木质素的分布具有极大的不均匀性，不同竹种、同种竹子的不同部位、不同生长地及不同生长阶段的竹材，其纤维素、半纤维素及木质素含量均有变化。例如，在竹竿横截面上沿径向，纤维素由外至内逐渐减少，而木质素由外向内逐渐增多。竹龄和胸径对竹子的化学成分也有影响，例如，木质素含量随竹龄的增加而提高，纤维素含量随竹龄的增加而减少，3 年生的竹子纤维素含量基本趋于稳定；纤维素组织比量随竹子胸径增加而减少，纤维素含量与胸径存在一定的负相关性。竹材的纤维长度与木材纤维相比，较针叶材短，较阔叶材长，多在 15～20mm 之间，也因竹种、竹龄、竹竿的不同部位存在极显著差异。竹青部分厚壁细胞（竹纤维）占 60%～70%，对竹材的力学性能贡献最大，使竹材具有较高的强度和刚度。竹纤维组织所占比例较多，竹壁中部和竹竿中部的纤维较长，基部和梢部的纤维直径较小，竹壁中部的纤维直径较大，两侧纤维直径较小，纤维腔径也有类似变化，纤维平均长度随品种而异。竹竿部位纤维比例：上部＞中部＞下部。竹竿因靠下部的纤维比例没上部的多，力学性能较低；此外，竹节部位纤维量也少，细胞形状不如竹节间的规则，且呈扭结状、扁状，竹节处的薄壁细胞的空腔也较大较多，因此，竹节处的力学性能只有竹材的 50% 左右。

2）组织结构

竹材的组织结构对其物理力学性质影响显著。我国竹种类繁多，基本组织构造大体相同，竹材都由节和轴向节间细胞组成，无横向射线细胞。但不同部位细胞大小、形状、维管束密度、纤维含量各不相同。竹材的主要微观构造包括：表皮层、皮层、皮下层；基本薄壁组织；维管束组织及髓环组织。表皮层、皮层和皮下层都属于表皮系统，是竹青最外沿至开始出现维管束纤维帽的界线处之内的细胞组织，其主要功能为保护竹材内部组织不受外界环境影响。基本薄壁组织和髓环组织统称为基本系统，主要分布在维管束系统之间，环绕维管束，其作用相当于填充物，是构成维管束内外的营养组织。维管束系统由包藏在基本薄壁组织中的维管束群组成，维管束是输导组织与机械组织的复合体，主要有向上输导水分和无机盐的木质部与向下输导光合作用产物的韧皮部两个部分，通常包含纤维、导管、筛管及伴胞等细胞。图 3.1-5 为竹材细观构造，沿竹竿纵向平行分布的维管束强度高、刚度大，是竹材的主要承载组分。宏观上，竹材是由起承载力作用的维管束厚壁纤维细胞嵌在起连接、传载作用的薄壁细胞组成的天然纤维增强复合材料。增强体是维管束，基体是薄壁细胞。

竹材的组织沿着纵向和径向的分布是不均匀的，维管束构造、薄壁组织细胞和维管束在断面上的分布有很大的不同，而且不同的竹种、不同的年龄、不同的地域竹材组织差异显著，因此，造成竹材的力学性能差异很大。

维管束是竹材的输导组织与强固组织的综合体。通过维管束中的筛管与导管下连鞭根，上接枝叶，沟通整个植物体，并输送营养。维管束在结构上可分为纤维、木质化的导管、筛管和细胞腔等。单个维管束的横截面积一般为 0.1～0.5mm^2。竹竿自下部至上部的竹材中，单个维管束的横截面积逐渐减小；竹壁自竹青至竹黄单个维管束的横截面积逐渐增大。但是，在单位面积的竹材中，维管束所占的总面积，则自竹青至竹黄是逐渐降低的。竹材中纤维细胞是一种梭形厚壁细胞，导管细胞是一种竖向排列的长形圆柱细胞，它们是组成维管束的主要成分。

维管束散布在竹壁的基本组织中，竹材中的基本组织为一些多角形或网状薄壁细胞，这些细胞直径较大，细胞壁很薄，薄壁随竹竿年龄增大而逐渐加厚。薄壁组织在竹子生活中主要起着储存养分和水分的作用，在结构上起连接厚壁细胞、传载作用。薄壁组织比较疏松，起缓冲作用，以刚柔相济来增强竹竿弹性。竹材内约 50% 为薄壁组织，40% 为纤维组织，10% 为输导组织。

3）竹材与木材的构造对比

由于竹竿在发育成熟后会发生木质化过程，因此竹材在建筑中用途与木材相似。不过，两者之间存在一些基本差异，树木由内向外生长，心材密度一般较大，材质较硬；而竹子由外向内生长，表层竹青部分最硬，强度最高。同时，在竹材中，木素是纤维、薄壁细胞、导管细胞的主要组成成分，这与木材不同，木材中薄壁细胞一般不含木素。竹材中大多数轴向细胞都含有木素，它使得竹材具有很强的拉伸强度。从某种意义上来说，竹材是一种更稳定的建筑材料。竹材与木材的构造主要区别有：

（1）竹材周围为表皮系统，中柱体为基本组织，在基本组织中有许多维管束，在横截面上呈不规则的分布。

（2）竹材中没有横向的射线组织，也就是无木射线和髓心，竿茎具有竹节、中空，节间有节隔，而木材有木射线和髓心，但无节和节隔。

（3）竹材各种细胞的排列与竿基平行，无横向细胞排列，其构造较木材简单，而且纵向排列规则，这给加工带来好处，木材则不同，同时由于竹材的纤维都具有相同的走向，没有交叉纤维，它很容易断裂。

（4）竹子属单子叶植物，仅具有维管束和薄壁细胞，但维管束内没有形成层，所以竹材在完成高度生长后也就不存在直径生长。

竹材的上述构造特征，使竹材的力学性能一致性较木材更好，强度更高。竹材的缺点是壁厚有限的中空筒状且几何不规则，但经过工业化制造的工程竹材，性能与工程木类似甚至更优，是一种良好的可再生建筑材料，可以作为木材的替代品建造竹结构建筑。

3.2 结构用竹材的物理力学性能

我国以毛竹分布最为广泛，也是作为建筑材料的主要竹种。因此，目前有关毛竹的研究最为系统。故以毛竹为例，其主要的物理力学性能可以归纳如下。

3.2.1 结构用竹材的物理性能

1. 密度

密度是竹材极为重要的物理性质，竹材的密度在很大程度上决定着竹材的力学性质。相同竹种的竹材，密度大，力学强度则大；密度小，力学强度则小。密度主要取决于纤维含量、纤维直径及细胞壁厚度，密度随纤维含量增加而增加。竹材的密度和竹竿部位、竹龄和竹种等因素有关，竹竿壁外侧的密度大，竹竿壁内侧的密度小；密度一般随竹龄的增长而提高；竹子生长越快，维管束密度越低，竹材的密度也就越低，反之，密度越大。丛生竹的密度大于散生竹的密度。竹竿上部密度大，基部密度小的主要原因是：竹竿上部的维管束密度较大，导管孔径较细，所以密度较大；竹竿下部的维管束较疏，导管孔径较粗，密度较小。竹材年龄不同其密度不同，毛竹的密度，幼材最小，一至四年生的逐渐提高，五至八年生的稳定在较高的水平上，八年以上有所降低。其原因是：竹材细胞壁及内含物是随着年龄的增长而逐渐充实和变化的。

根据竹材含水率状况的不同，可分为基本密度、生材密度、气干密度、绝干密度等。密度计算公式如下：

1) 基本密度 ρ_Y

$$\rho_Y = \frac{m_0}{V_{\max}}\tag{3.2-1}$$

式中　ρ_Y——竹材的基本密度（g/cm^3）；

m_0——竹材绝干时的质量（g）；

$V_{\max}$——竹材饱和水分时的体积（cm^3）。

2) 生材密度 ρ_G

$$\rho_G = \frac{m_{\max}}{V_{\max}}\tag{3.2-2}$$

式中　ρ_G——竹材生材密度（g/cm^3）；

$m_{\max}$——竹材生材质量（g）；

$V_{\max}$——竹材饱和水分时的体积（cm^3）。

3) 气干密度 ρ_w

$$\rho_w = \frac{m_w}{V_w}\tag{3.2-3}$$

式中　ρ_w——竹材的气干密度（g/cm^3）；

m_w——竹材气干时的质量（g）；

V_w——竹材气干时的体积（cm^3）。

4) 绝干密度 ρ_0

$$\rho_0 = \frac{m_0}{V_0}\tag{3.2-4}$$

式中　ρ_0——竹材的绝干密度（g/cm^3）；

m_0——竹材绝干时的质量（g）；

V_0——竹材绝干时的体积（cm^3）。

毛竹的基本密度因不同部位会有差异，大致在 $0.6\sim0.7$g/cm^3 之间。

2. 含水率

竹材含水率定义为竹材所含水的质量与竹材的干质量之比（干质量是在103℃的温度下烘干获得，含水率可用百分数表达）。

1) 纤维饱和点

按竹材中水分的存在状态不同可分为：①吸着水（存在于竹材细胞壁中的结合水）；②化学水（存在于竹材胞壁化学成分中的水分）；③自由水（存在于竹材细胞腔中的水分）。竹材在运输及储存过程中易受到环境中空气湿度影响。当湿竹材放置在空气中干燥时，首先蒸发自由水，当自由水蒸发完毕，而吸着水尚在饱和状态时，称为纤维饱和点。此时的含水率称为纤维饱和点含水率。纤维饱和点含水率等于吸着水的最大量。竹材纤维饱和点含水率为35%～40%，纤维饱和点含水率对竹材物理力学性质影响很大。试验研究表明，竹材的纤维饱和点是其强度变化的转折点。当竹材的含水率在纤维饱和点以下时，其力学强度随含水率的增加而降低，反之，竹材的力学强度基本维持恒定值。当竹材的含水率大于纤维饱和点含水率时，其组织内的毛细管中的自由水基本不会影响其强度与弹性模量。而当含水率在纤维饱和点以下时，竹材将发生湿润和干缩，那么内聚力和刚性也将有所增减。

2）平衡含水率

竹材具有吸湿性，随着周围环境不断改变含水率。由于水分向内扩散等于其向外移动，因此周围环境中任何温度与湿度的组合，竹材必将会有与其相应的含水状态。在一定空气状态（温度、相对湿度）下竹材最后达到的吸湿或稳定含水率叫平衡含水率。然而由于气候条件经常变动，竹材难得处于含水率平衡状态。含水率的高低和变动幅度、速度几乎对竹材所有的技术性能都有着影响，甚至竹构件内外不同的含水率梯度亦产生影响。所以竹构件的使用必然要关注其含水率。毛竹材的含水率与竹龄、部位及采伐季节密切相关。一般而言，随着竹龄的增加，毛竹材的含水率将逐渐降低。竹秆从基部至梢部，其含水率逐渐降低。新鲜毛竹材中的竹青含水率为 36.7% 左右，而竹壁中部和内侧的竹黄的含水率高达 102.8% 和 105.4%。不同采伐季节的竹材含水率也存在很大的差异。所以使用竹构件之前必须要进行烘干处理。

3. 干缩性

新鲜竹材经过天然或人工干燥后，逐渐失去水分，竹材的径、弦、纵向的尺寸和体积等产生干缩的现象称为干缩性。竹材的干缩率比木材小，但竹材的干缩率在不同方向有着显著的差别。毛竹的弦向（毛竹横截面沿着圆的切线方向）干缩率最大，径向（毛竹横截面沿着圆的半径方向）次之，纵向（毛竹的生长方向）干缩率最小。竹龄与毛竹的干缩性有非常密切的关系，一般而言，竹龄越大，弦向、径向和纵向的干缩率越小。据测算，当含水率低于 25% 时，干缩率的变异较大，若高于 25% 时，其变异较小。例如，四年生毛竹竹材含水率为 40% 时，弦向干缩率为 45%，径向为 3%，纵向仅为 0.32%。弦向干缩率，又以竹青最大，竹肉（竹壁）次之，竹黄最小；纵向收缩中，竹青部分很小，竹黄部分较大。毛竹竹龄越小，竹材的弦向收缩率和径向收缩率越大，纵向收缩率与竹龄无关。

竹材干缩的主要原因是维管束中导管失水后发生收缩。维管束含量越多收缩越大，一般竹青部位维管束分布密集，竹黄部位维管束分布稀疏，所以前者比后者收缩率大，导致竹材开裂。

3.2.2 结构用竹材的力学性能

竹材良好的力学性能来自经过天然择优劣汰而形成的优化组织结构，其力学行为和破坏形式与人工纤维增强复合材料相似，呈各向异性。竹材作为天然的生物质复合材料，与木材相比，竹材组织结构简单，维管束和竹竿平行排列，抗拉强度约为针叶树木材的 4 倍，为阔叶树木材的 2 倍。抗压强度比木材高 10% 左右。抗劈性能高，适合于弯曲加工。

竹材力学性质主要为顺纹抗拉强度和弹性模量、顺纹抗压强度和弹性模量与顺纹剪切强度，以及顺纹抗弯强度和弹性模量等。就强度和成本而言，竹子被认为是自然界中效能最高的材料。竹子不仅体轻、性能稳定，而且弹性和韧性很高，特别是抗拉强度和抗压强度高，顺纹抗拉强度达 170MPa，顺纹抗压强度达 80MPa。尤其是刚竹，其顺纹抗拉强度最高竟达 280MPa，几乎相当于同样截面尺寸普通钢材的一半。但竹材的比强度和比刚度高于木材和普通钢铁，与玻璃钢接近，比抗拉强度是钢的 2.5 倍左右。在建筑结构材料中尤其是空间桁架，竹竿可以代替木材和金属使用。竹材的力学性质与其含水率、竹龄、竹竿部位、生长条件和竹种等密切相关。表 3.2-1 比较了竹材、木材与钢材的顺纹抗拉、抗压强度。

竹材、木材、钢材的强度比较   表 3.2-1

名称	竹材		木材		钢材			
	毛竹	刚竹	杉木	红松	软钢	半软钢	半硬钢	硬钢
顺纹抗拉(MPa)	197	286	78	99	382~430	444~500	520~600	>730
顺纹抗压(MPa)	65	55	40	33				

1. 顺纹抗拉性能

竹材标准的清材顺纹小试件具有很高的抗拉强度，以毛竹为例，其顺纹抗拉极限强度平均值可达 155MPa，弹性模量平均值为 13000MPa。在顺纹单轴拉力下，竹材受拉破坏现象及应力-应变关系与木材类似，原竹顺纹受拉应力-应变曲线基本满足线性增长关系。竹材拉断前没有明显的塑性变形，破坏具有突发性，属于脆性破坏。

2. 顺纹抗压性能

对顺纹受压清样小试件进行加载，试验结果显示，在 0.4~0.5 倍极限压力时，受压试件竹纤维开始出现弯曲变形；随着荷载的增大，试件变形逐渐明显，直至试件完全失稳或压溃。原竹试件顺纹抗压的应力-应变曲线开始呈线性关系，随后呈明显的非线性关系。原竹抗压破坏变形明显，具有明显预兆，表现为塑性破坏。以毛竹为例，顺纹抗压极限强度平均值可达 83MPa，约为抗拉强度的 50%~60%，弹性模量平均值为 9400MPa。

3.3　影响结构用竹材力学性能的主要因素

3.3.1　竹竿部位对力学性质的影响

竹竿不同部位，竹材力学强度变异较大。在同一竹竿上，上部竹材比下部竹材的力学强度大；因竹材上部维管束密度比下部密，故竹材上部的力学强度比下部的大。毛竹竹竿的各项强度，都是随着竹竿高度的增加而增大，1~3m 较为显著，3~7m 变化不大，见表 3.3-1。

从试验还可以看出，竹节对竹材力学强度影响很大，毛竹节部的抗拉强度约比节间的低 25%，而其他各项强度均比节间略高。节间强度低的原因，主要是节部维管束弯曲错杂，受力不均而容易损坏。

毛竹竹竿部位对竹材性质的影响   表 3.3-1

名称	基部 1~2m	中部 3~4m	上部 5~6m
维管束密度(个/cm^2)	158	239	267
顺纹抗压强度(MPa)	42	54	57
顺纹抗拉强度(MPa)	142	188	205
顺纹抗剪强度(MPa)	12.4	12.2	13.5
顺纹抗劈力(MPa)	2.2	2.4	2.5

3.3.2　竹龄对力学性质的影响

一般植物生长都是依靠其顶端中的分生组织，而竹子除了顶端外，其每一节都有分生组织，这是竹子生长速度快的重要原因。竹子的性能受到竹龄的影响，纤维素含量随竹龄增加而减少，总体上随着竹龄的增加，竹子的抗压性能、抗弯性能、抗剪性能以及抗拉性能都在逐渐增强，在 3 年之后竹子力学性能逐渐趋于稳定，竹龄为 4～6 年的竹子力学性能较好。当竹龄过小时，组织幼嫩，其细胞内的维管束较少，纤维强度低，力学性能较差；随着竹龄增加，组织充实，抗压和抗拉强度不断提高；当竹龄过大时，细胞中纤维含量减少，导致竹子脆性大、韧性较差，力学性能降低，见表 3.3-2。不同竹种达到稳定的年限不一样，如毛竹需生长至 5～6 年；而淡竹、撑篙竹则仅生长至 2 年以上即趋于稳定。

不同竹龄的不同地方毛竹的力学性能（MPa）   表 3.3-2

竹材年龄		1～2a	3～4a	5～6a	7～8a	9～10a	平均值
江西大茅山	顺纹抗拉	139	189	191	190	176	177
	顺纹抗压	49	60	62	67	65	61
江苏宜兴	顺纹抗拉	189	213	201	205	189	200
	顺纹抗压	67	73	74	73	71	71
浙江石门	顺纹抗拉	167	195	198	188	173	185
	顺纹抗压	55	58	65	66	59	61

3.3.3 立地条件对力学性质的影响

一般来说，毛竹所处的立地条件越好，竹子获得更多的养分及更充分的光合作用，竹子直径越粗大，组织将越疏松，所以力学强度较低；在较差的立地条件上，竹材虽生长差，但是竹材组织致密，力学强度较高。

3.3.4 含水率对力学性质的影响

竹材的力学强度随含水率的增高而降低。但是，当竹材处于绝干状况时，因质地变脆，强度反而下降。毛竹竹材的顺纹抗压、顺纹抗拉及弹性模量等，都随着竹材含水率（该含水率低于竹材饱和含水率时）的提高而下降。所以，在进行力学试验时应将竹材含水率调整到一定范围，才便于研究比较。

3.4 工程竹

原竹壁薄中空，尺寸不均匀，力学性能不均衡，不能满足现代建筑结构对构件的几何构型、材料性质的一致性要求，从而严重制约了竹结构建筑的发展空间。因此，原竹不能像混凝土、钢材等结构材一样广泛用于现代建筑结构。为克服原竹材料在建筑结构中的缺陷，同时最大程度发挥竹材在建筑行业中的优势，现代竹结构建筑成为我国建筑工业新的发展方向。现代竹结构的主要核心是通过一定的物理、力学和化学等手段，将竹子的各种单元形式（竹条、竹篾、竹单板、竹碎料、竹纤维等）加工组合成能够满足现代工程、结构和环境等方面用途的竹基材料，统称为工程竹，然后采用现代设计理论对工程竹结构单元进行设计。简而言之，现代竹结构主要采用现代胶合技术使空心圆竹成为基于竹纤维的复合材料，采用类似现代木结构的设计和施工方法。因工程竹是在工业化生产中对原竹进行了筛选、分类后的重新组合，剔除了原材料中的缺陷，故工程竹的力学性能比原材料均匀、一致,其强度、刚度均超过常用的结构木材。采用先进胶合技术制造的工程竹无毒、无游离甲醛,是一种理想的绿色建筑结构材料。工程竹建造的房屋结构自重轻,抗震性能好,适合装配式施工,尤其适用于快速建设与标准化生产。

我国竹材工业利用研究起步于 20 世纪 70 年代后期,在 20 世纪 80 年代发展最为迅速,是我国竹材制品从传统的手工制作到现代化工业生产的重大转折和发展时期。特别在竹材加工、机械设备、加工工艺和竹材干燥防护技术方面取得了突破性的发展,能将竹子这类径级相对较小,又中空壁薄有节的竿材加工成各种类型和规格的工业化竹产品,在建筑、家具、装饰、包装和车辆等方面得到了广泛的应用。20 世纪 90 年代竹材利用研究向纵深发展,主要在精细加工、胶粘剂、防护处理技术及专用加工设备等方面发展十分迅速,竹材现代加工利用技术走向了成熟,并达到了国际领先水平。

目前,我国针对竹材的研究主要集中于竹材制造工艺、竹木重组及竹塑复合等领域,先后开发了竹编胶合板、竹材集成材、竹材层积材、竹材重组材、竹材复合板等多种竹质工程材料和装饰材料,产品品种已系列化和标准化。本章所介绍的现代竹结构都是以胶合竹材作为主要承重结构的形式。目前能够用于建筑领域的常见的工程用胶合竹,根据对竹材的处理和加工工艺的不同有多种形式,大致可以分为三类:胶合竹、竹集成材以及重组竹,参见图 3.4-1~图 3.4-3。

图 3.4-1   胶合竹板材

图 3.4-2   竹集成材

图 3.4-3   重组竹

3.4.1   工程竹简介

1. 胶合竹

结构用胶合竹材与结构用胶合木有些类似,根据结构设计需要将前期通过热压加工好的竹胶合板材裁为需要的尺寸,并通过专用的指接机接长,然后涂胶组坯在常温下压制成结构构件。现代竹结构主要使用竹胶合材和竹材人造板。竹胶合板材以原竹为材料,通过一系列机械和化学加工工序形成各种不同几何形状的结构单元,再在一定的温度和压力下,利用化学胶粘剂或材料自身的结合力,压制而成的板状材料。板材不仅保持了竹材的物理、力学性能,同时还具有变形小、硬度大、强度高、耐磨损等优点。此外,竹材经过水热反应后能有效地防止虫蛀和腐蚀。竹材人造板主要包括:胶合竹材、竹碎料板、竹层积材板、竹纤维板和各种竹质板以及竹基装饰板或复合板等。在竹材人造板发展初期,主要应用于家具制造、室内装饰、集装箱和车厢的底板、建筑模板等。目前为止,竹材人造板在建筑领域中的应用只停留在建筑模板的范围,上述人造板产品中,竹胶合板和竹材层积板力学性能较好,易于工业化生产,有条件开发成为建筑结构用材。由于竹碎料板、竹基复合板在结构中强度低,一般不做承重构件,所以该类用途不在本章的论述范围之内。本章主要论述可以用来做承重构件的竹胶合板，该类竹胶合板又可分为薄片胶合竹和厚片胶合竹，厚片胶合竹也可以称为竹层积材。

1）薄片竹胶板

薄片胶合竹板可以采用小径级的竹材为原料，基本单元为竹纤维化竹单板。竹纤维化单板的制作过程与其他人造板基本单元的制备不同，它是将剖分后的竹筒去内节，然后通过纤维分离技术形成由交织竹束构成的网状结构的竹束帘，厚度约为 2mm，该竹束帘上包含竹青、竹肉和竹黄三部分，且在竹束帘的上下表面分别包含有蜡质层和硅质层脱落的竹青层和竹黄层，这样不仅保存了竹青层的高强度和高模量，还保存了竹黄层的耐水性能好等优点，竹材的利用率高达 90％～95％。制作工艺包括：首先，需要将原竹截成 2550mm 长的竹筒，对竹筒进行剖分去内节；对其进行疏解，形成竹束帘；对竹帘进行干燥处理，其含水率干燥至 12％左右；将竹帘浸入胶池，浸渍酚醛胶，浸胶量一般为 200g/m² 左右；再对竹帘进行烘干；对竹帘进行顺纹组坯，组坯层数根据产品要求及竹帘厚度确定。此外，非常重要的是每层竹帘的竹片束（即竹纤维）方向根据设计需要而定，一般为 80％的竹帘为纵向，20％为横向。以上工艺结束之后，将坯料送入热压机进行热压，热压温度为 140℃，热压时间 1.5min/mm，热压压力 3.5MPa。薄片胶合竹最早出现的是竹席胶合板，这种板以人工或机器削成的约 2mm 厚的竹篾纵横交叉编织的竹席为结构单元，通过施加尿醛树脂或酚醛树脂后，采用热压胶合工艺成板。竹篾胶合板由于工艺较复杂、成本较高以及板材表面状况不理想等因素影响了推广应用。在竹篾胶合板的基础上，采用浸渍酚醛树脂的长、短竹帘交叉组坯热压而成的一种结构板材，也称为竹帘胶合板。

2）厚片竹胶板

厚片竹胶板对于加工质量比薄片竹胶板要高，因而价格较贵但经过处理耐候性也较好。一般要求以大径级的毛竹为原料，基本单元是矩形竹片。其生产加工工艺：首先，选用 3～5 年生长竹材，将竹材切削成厚度约为 5mm，宽度约 20mm，长度 50～100mm 的竹片；然后对竹片进行高温薰煮，温度为 83～93℃，如果需要可在此阶段加入用少量防腐剂五氯化硼 0.5％，薰煮 20～30min；用普通木材干燥工艺对竹片恒温烘干，将其放置在 63～73℃的环境下烘干至含水率低于 12％；为提高室外的耐候性可将干燥后的竹片置于真空碳化炉中进行高压碳化，温度 125～175℃；然后对其精确干铣，达到拼接要求，去除毛边，飞边等；用防火剂进行表面涂敷，并涂上胶层；以上工艺结束之后，将材料组坯后送入热压机进行热压，热压温度为 140℃。如此热压成型的竹胶板厚度一般不超过 35mm。

2. 竹集成材

竹集成材和上述（冷热压）胶合竹类似，只是其采用热压成型后的厚片胶合竹板或竹条进行刨光，去除多余毛边、飞角；如果需要长度较大的构件再用专用指接机进行指接；之后进行二次热压，常温状态，热压时间 45～60min，热压压力 3.5MPa。

3. 重组竹

重组竹，俗称重竹，是将原竹剖篾、干燥（或碳化），再碾压成竹丝束，浸胶后热压而成的一种定向竹基复合材料。重组竹对原料的尺寸要求不高，可以采用小径级的杂竹为主要原料，其基本单元为不规则的竹篾。在一些示范性项目中也用作梁和柱。其优点是可以利用小径竹。并且，与其他胶合竹产品 25％～30％的利用率相比，重组竹的原料利用率可达到80%。然而，其密度却远远高于木或其他类型的竹建材。其加工工艺：首先，将原竹锯成规格长度；由于原竹天然长成的外形不规则，且其本身表面含有蜡质层，不利于胶合，所以为保证胶合强度，将胶结性能差的竹青竹黄去除；取其优质部分进行疏解，即软化后进行纵向辗压形成长度相同、相互交错关联并保持纤维原有排列方式的疏松网状纤维束；将竹丝束放在碳化炉中进行碳化，用0.3MPa左右压力的蒸气处理60～90min，使竹材中的淀粉、蛋白质分解，使蛀虫及霉菌失去营养来源，同时杀死虫卵及真菌，增强产品耐久性；然后进行低温干燥，将其置于80℃的环境下烘干至水分含量低于11%；对其进行浸胶，含胶量为8%～15%；然后将浸胶后的竹丝束在30～45℃温度下烘干3～5h，使其含水率达12%左右；最后一道工序为热压处理，将浸胶干燥后的竹丝束压实装入固定尺寸的铸铁模中，一般模具尺寸为110mm×160mm×1860mm，装模后即在热压机上进行热压固化，一般热压温度为110～160℃，压力为50～100MPa，热压固化时间一般为24h。加热可使竹材软化，并在高压下使竹材小单元密实，同时使胶粘剂充分固化。重组竹型材的外形轮廓依模具而定，通常压制成方材，也可直接压制成一定断面形状的柱状规格。其形状需要进行剖分锯解，加工利用。

这里需要强调的是竹材的选材要求，要求粗、直，壁厚7～9mm，竹龄4～6年。竹龄小于4年时，其细胞内含物的积累尚少，纤维间的微孔径较大，纤维强度尚未完全形成，在干燥后易引起变形，制成品干缩湿胀系数大，几何变形也大，故不宜选用；竹龄大于7年时，在干燥后，硬度过大，强度开始降低，对刀具损伤也大，故也不宜大量选用。故竹龄4～6年的为最佳。以上工程竹的选材都要求竹龄为4～6年。

3.4.2　工程竹的物理力学性能

工程竹是由竹纤维、木质素、胶粘剂等复合而成的各向异性复合材料。竹材的种类、竹龄、部位、产地、胶粘剂、加工工艺等因素都会影响其力学性能，这决定了工程竹微观结构的复杂性、力学性能的变异性和离散性。但工程竹因经过一系列的加工处理，含水率控制得比较好，基本控制在12%以内，所以发生变形、翘曲的现象很少。密度因不同的加工处理方式有所变化，但一般大于木材的密度，重组竹会超过1000kg/m³。同时受到原材料竹材的制约，工程竹与木材类似也会发生蠕变现象。试验表明：工程竹板材的横向蠕变大于纵向，湿态下的蠕变大于干态。虽工程竹在生产过程中，由于加温加压的时间比较长，使得最终其含水率维持在较低的水平，但是对含水率仍有要求，工程竹纵、横向的力学性能随含水率的增加而下降。因此，工程竹应用于现代结构，需要对这种材料的物理力学性质、本构关系、破坏准则、损伤失效机理、蠕变特性等作系统深入的研究。目前工程竹用于现代结构尚处于示范阶段，已有不少学者对工程竹的顺纹抗拉、抗压、抗剪及梁的受弯、柱的受压展开了一些研究，得到了以下一些结论：工程竹顺纹抗拉是比较完美的线性关系，是脆性破坏，抗拉强度远高于顺纹抗压强度；而顺纹受压表现出显著的非线性，在比例极限之前，应力-应变关系为线性关系，应力超过比例极限，两者的关系即进入非线性阶段，比例极限强度大约只有极限强度的三分之一。故工程竹的一系列问题还需要进行系统的研究。

上述三种工程竹与常见结构用木材的力学性能比较见表3.4-1。从表可知：重组竹与胶合竹的力学性能都远高于木材；竹集成材的力学性能略高于木材，但已能满足一般承重构件的需求。总的来说，工程竹和木材相比力学性能更好，更适合用于受力构件。

从表 3.4-1 还可以看出，三种工程竹的密度不同，重组竹密度最大，厚片胶合竹和竹集成材的密度最小，这主要与板材的单元形态和制备工艺有关。重组竹是将竹材经过疏解，形成藕断丝连的单元，经过浸胶热压而成的，其压缩比较大、纤维含量较大，所以密度较大。厚片胶合竹和竹集成材的单元为竹片，加工中要经过粗刨、精刨去除竹青和竹黄后，形成表面光洁的矩形竹片，在胶合过程中，其压缩比较小，板材的密度基本与单元的密度相当。

从表 3.4-1 还可以看出，三种竹材的力学强度差异较大，薄片胶合竹各项力学性能均较好，竹集成材的各项力学强度较小，重组竹比强度和比模量相对其他两种工程竹较小，因其密度较大。

三种竹材与木材的力学性能比较　　　　　　　　　　表 3.4-1

材料	弹性模量 （MPa）	顺纹抗拉强度 （MPa）	顺纹抗压强度 （MPa）	密度 （kg/m³）
薄片胶合竹	—	200～250	80～120	800～850
厚片胶合竹或竹集成材	10000～12000	120～150	50～60	＜800
重组竹	12000～13000	200～260	80～130	1100～1200
云杉	—	85～90	35～40	400～450
落叶松	—	120～130	45～53	500～550

重组竹在制备过程中将靠近竹青的 2～4mm 的 A 级竹篾分离，供附加值更高的竹席或竹窗帘用，将剩下的竹片通过压丝机碾压成宽度为 1.5～4mm 的竹束，再经过浸胶胶合而成。竹青的去除有效地改善了竹束表面的胶结性能，但也降低了竹材的力学性能。在制作的过程中，重组竹压缩比较大，单位面积的有效承载单元较多，因而重组竹具有较好的力学性能。但是重组竹的密度较大，比强度和比模量较小，主要原因是竹束的制备过程中将 A 级竹篾分离出去，降低了材料的强度。此外，竹束采用碾压法疏解，很难将竹材疏解完整，在碾压辊经过处竹片形成裂纹，在碾压辊没经过处，竹片还保持整体块状结构，在浸胶时，胶粘剂很难均匀渗透，在竹束的表面和裂纹处，有胶粘剂分布，而保持整体块状结构处，无胶粘剂分布，整体得不到有效的增强。此外，工程竹的力学性能还与所采用的竹种有关。比如，以本身强度较高的慈竹为原料的薄片胶合竹，因为慈竹的拉伸强度大于毛竹的拉伸强度，所加工的胶合竹强度较高。同时工程竹的力学性能与加工工艺有很大的关系，如竹单元的加工精度、胶粘剂的强度、组坯工艺、压制工艺等都会影响其各项参数。

3.4.3　应用领域

二十多年来，我国的竹材加工工业正迅速发展，各种用途和类型的竹材制品被开发和生产，目前工程竹主要还是应用于家居、包装、车厢底板、建筑装饰材料、生活饰品等，在建筑上的应用也越来越多。竹材的天然纹理，朴素自然，采用较先进的竹材加工技术获得的板材，装饰性较好。其表面耐磨、抗压，变形小，有较好的力学性能，广泛用于工程装饰中，获得了理想的效果。目前竹产品多数用于墙面、地面、吊顶装饰及室内外建筑装饰材料，如欧洲目前在建国际机场——西班牙马德里新国际机场，机场候机厅、航空站、卫星站，全部天花板使用竹材，防火等级为M1级（图3.4-4），创下了全球竹制品防火等级的最高标准；上海时代金融中心、上海世博会等国内外知名工程都采用了竹制品作为装饰材料。作为结构承重构件，近年来，工程竹结构体系被作为示范工程应用于桥梁、校舍、村镇住宅、别墅、办公楼等（图3.4-5～图3.4-7）。示范工程在已有科研成果的基础上参照木结构设计规范，完成设计与施工。

图3.4-4　马德里新国际机场工程竹防火顶板　　　图3.4-5　四川毕马威安康工程竹社区中心

图3.4-6　福建邵武集成竹示范房　　　图3.4-7　南京白马基地三层集成竹示范房

　　用得比较多的是工程竹作为梁柱构件，竹胶板作为板材应用于楼盖、屋盖和墙体结构。工程竹应用于建筑和桥梁结构还有很多问题需要人们去深入研究。如经研究发现工程竹梁在结构服役期间，将主要处于非线性工作状态。目前，工程竹在结构中的应用还处于尝试阶段，材料基本力学性能及本构关系、压弯构件的强度与变形计算理论、框架节点的连接与构造、结构防火与检测技术等一系列问题，已有很多学者在对上述内容进行研究。因此，工程竹结构的分析与设计理论还需要进一步研究与完善，现阶段的竹结构设计方法基本参考木结构设计规范。

本章小结

　　介绍了竹材的主要种类、分布情况；竹材的宏观、微观构造及与木材的异同点；结构用竹材的物理力学性能；工程竹的制造工艺、物理力学性能及工程应用情况。

思考与练习题

3-1 简述我国竹材的主要分布和种类。

3-2 简述竹材的微观构造有哪些主要特征。

3-3 结构用竹材的物理力学性能与木材相比有哪些特点？

3-4 工程竹的主要特性是什么？目前应用情况如何？

第 4 章 竹木结构设计方法

本章要点及学习目标

本章要点：
本章重点介绍现代竹木结构的设计方法及基本要求。
学习目标：
理解竹木结构设计方法的发展；理解竹木结构强度和荷载取值的原理；掌握强度设计和舒适度设计的方法和设计准则。

纵观结构工程的发展历史，设计方法经历了从基于经验的构法设计到基于现代力学、材料学的设计方法的发展演变。而木结构的结构分析和设计往往都是先有某种构法然后随着实验和分析数据积累被提出并逐步完善。

4.1 结构设计的要求

工程结构的设计在于采用技术可行的建造方法和经济允许的合理造价，建造满足使用功能要求且安全可靠的构筑物。对于结构工程师来说，在结构设计时需要考虑的因素包括：

1. 使用功能

选择能够满足用户使用功能要求的结构形式。

2. 正常使用性

保证结构在使用期限内能够正常工作，具体包括不出现过大的变形和振动，一般来说要求结构在弹性范围内工作。

3. 安全性

结构及其构件需要具有足够的强度和刚度以承担设计载荷，同时在可能出现的极端荷载作用下具有一定的变形能力储备以保证在结构最后破坏前人员能够逃生。

4. 耐久性

在正常使用和维护条件下，结构能够满足使用和安全的要求。

5. 合理可行的施工方法

合理可行的施工方法的选择和实施是以上各个设计要求的保证。

6. 经济性

结构设计还需要满足一定的经济性要求，即在满足以上各方面要求的条件下，建造及维护造价合理。

4.2 设计方法的发展

1. 容许应力设计法

最早的设计方法是容许应力设计法，也被称作工作应力设计法。这一设计方法是随着材料弹性力学理论的发展而来，容许应力设计法的表达形式为：

构件中的最大应力≤［容许应力］≤（弹性极限强度 f_s）/（安全系数 k）　（4.2-1）

其中，安全系数 k 是一个大于 1.0 的系数。

容许应力设计法基于线弹性理论而没有考虑材料的非线性及由于非线性引起的应力分布及荷载分布的变化。而传统的容许应力设计法也没有考虑荷载及结构材料的变异性。安全系数的取值往往是基于经验，其科学依据不充分。但容许应力设计法十分简单，容易被设计人员掌握，特别是针对采用木材这样弹脆性材料的结构具有一定的合理性，因此在美国和日本等地，仍然被采用。

2. 极限状态设计法

随着结构弹塑性理论研究的深入，基于极限状态的设计法在 20 世纪后半期逐渐成为主流，特别是针对钢结构及混凝土结构的设计。根据极限状态设计法，当整个结构或结构的一部分超过某一特定状态就不能满足某种设计规定的功能要求，则此特定状态称为该功能的极限状态。目前采用的基于极限状态设计法分为半概率极限状态设计法和概率极限状态设计法。本章主要介绍基于概率的极限状态设计法。

4.3 竹木结构设计

在目前有关竹结构的设计方法尚未完全构建的前提下，参照木结构的设计方法，本书试图将竹结构的设计统一到现有的木结构设计体系中。

根据我国国家标准，结构设计的总要求是结构的抗力应大于或等于结构的综合荷载效应 Q。即：

$$R \geqslant Q \qquad (4.3-1)$$

式中　R——结构抗力；

　　　Q——结构综合荷载效应。

我国木结构设计采用以概率理论为基础的极限状态设计方法，以可靠度来定量描述结构的可靠性。结构的可靠性是以可靠概率，即在设定的使用期限内和使用条件下完成设计功能的概率，而不能完成设计功能的概率是失效概率，即式（4.3-1）不成立。如果结构抗力 R 及荷载效应 Q 的概率分布已知，则如图 4.3-1 所示，所谓破坏，或结构失效就是图中的阴影部分。

规范以与失效概率有对应关系的可靠度指标度量保证结构安全的可靠度，如图 4.3-2 所示。可靠度指标 β 近似表达为：

$$\beta = \frac{\ln(R_m/Q_m)}{\sqrt{V_R^2 + V_Q^2}} \qquad (4.3-2)$$

式中　R_m——承载力平均值；

Q_m——荷载效应平均值；

V_R、V_Q——相应 R 和 Q 的变异系数（标准偏差/平均值）。

　　如图 4.3-2 所示，阴影区即为失效概率，阴影区的相对大小或者说结构破坏的可能性是与从原点到 $\ln(R/Q)$ 的平均值之间的距离有关的。规范采用分项系数的设计表达式。这种设计方法是确定性设计表达式和半经验半概率系数的结合，是结构可靠度设计方法概率水平的第一阶段。

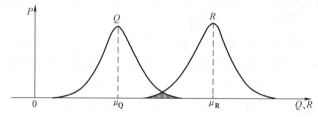

图 4.3-1　荷载及承载力概率分布

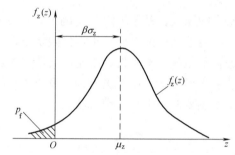

图 4.3-2　随机变量 R/Q 的概率分布及可靠度指标（其中，$z = \ln(R/Q)$）

　　我国现行的建筑结构概率定值设计法所采用的目标可靠度，是根据原来半经验半概率定值设计法所具有的可靠度水平确定的。按照《工程结构可靠性设计统一标准》GB 50153—2008 的规定，一般工业与民用建筑的木结构，其安全等级应取二级，其可靠指标不应小于下列规定值：对于延性破坏的构件，3.2；对于脆性破坏的构件，3.7。

4.4　基本设计规定

　　根据结构功能要求，现行国家标准《工程结构可靠性设计统一标准》GB 50153—2008 将极限状态分为两类：承载能力极限状态和正常使用极限状态，前者对应于安全要求，后者对应于使用功能要求。

　　1. 承载能力极限状态

　　承载能力极限状态对应于结构或结构构件达到最大承载力或不适于继续承载变形的状态。超过该极限状态，结构不能满足安全性功能的要求。结构构件应按照荷载效应的基本组合，采用下列极限状态设计表达式：

$$\gamma_0 S \leqslant R \tag{4.4-1}$$

式中　γ_0——结构重要性系数，按现行国家标准《建筑结构可靠性设计统一标准》GB 50068—2018 取值；

S——承载能力状态的荷载效应设计值；按现行国家标准《建筑结构荷载规范》
GB 50009—2012进行计算；

R——结构构件的承载力设计值。

2. 正常使用极限状态

结构的设计都是要满足一定的使用功能，如舒适度。如果超过正常使用极限状态，结构就不能满足规定的适用性和耐久性的功能要求。结构构件应按荷载效应的标准组合，采用下列极限状态设计表达式：

$$S \leqslant C \tag{4.4-2}$$

式中 S——正常使用极限状态的荷载效应的设计值；

C——根据结构构件正常使用要求规定的变形限值。

4.5 设计指标

近十几年来，随着我国木结构的不断复苏和发展，已经呈现出由单一的传统木结构向轻型木结构、胶合木结构与传统木结构多元化的发展趋势。进行木结构设计时，需要明确材料的设计指标，而在目前的发展状态下，木结构材料种类较多，每种材料的指标不尽相同，因此，本节将对木结构常用材料的设计指标进行介绍，这些材料主要包括：原木方木木材、规格材、胶合木、胶合竹等。

4.5.1 施工现场分等级的结构用原木与方木

其设计指标应按下列规定采用：

1）结构用的方木原木木材，其树种的强度等级应按表4.5-1和表4.5-2划分。

针叶树种木材适用的强度等级　　　　表4.5-1

强度等级	组别	适用树种
TC17	A	柏木　长叶松　湿地松　粗皮落叶松
	B	东北落叶松　欧洲赤松　欧洲落叶松
TC15	A	铁杉　油杉　太平洋海岸黄柏　花旗松-落叶松　西部铁杉　南方松
	B	鱼鳞云杉　西南云杉　南亚松
TC13	A	油松　西伯利亚落叶松　云南松　马尾松　扭叶松　北美落叶松　海岸松　日本扁柏　日本落叶松
	B	红皮云杉　丽江云杉　樟子松　红松　西加云杉　欧洲云杉　北美山地云杉　北美短叶松
TC11	A	西北云杉　西伯利亚云杉　西黄松　云杉-松-冷杉　铁-冷杉　加拿大铁杉　杉木
	B	冷杉　速生杉木　速生马尾松　新西兰辐射松　日本柳杉

阔叶树种木材适用的强度等级　　　　表4.5-2

强度等级	适用树种
TB20	青冈　椆木　甘巴豆　冰片香　重黄娑罗双　重坡垒　龙脑香　绿心樟　紫心木　孪叶苏木　双龙瓣豆
TB17	栎木　腺瘤豆　筒状非洲棟　蟹木棟　深红默罗藤黄木

续表

强度等级	适用树种
TB15	锥栗　桦木　黄娑罗双　异翅香　水曲柳　红尼克樟
TB13	深红娑罗双　浅红娑罗双　白娑罗双　海棠木
TB11	大叶椴　心形椴

2）在一般情况下，木材的强度设计值及弹性模量，按表 4.5-3 选用；在不同的使用条件下，木材的强度设计值和弹性模量尚应乘以表 4.5-4 中相应的调整系数；对于不同的设计使用年限，木材的强度设计值和弹性模量尚应乘以表 4.5-5、表 4.5-6 中的调整系数。

木材的强度设计值和弹性模量（N/mm^2）　　　　　　　　表 4.5-3

强度等级	组别	抗弯 f_m	顺纹抗压及承压 f_c	顺纹抗拉 f_t	顺纹抗剪 f_v	横纹承压 $f_{c,90}$			弹性模量 E
						全表面	局部表面和齿面	拉力螺栓垫板下	
TC17	A	17	16	10	1.7	2.3	3.5	4.6	10000
	B		15	9.5	1.6				
TC15	A	15	13	9.0	1.6	2.1	3.1	4.2	10000
	B		12	9.0	1.5				
TC13	A	13	12	8.5	1.5	1.9	2.9	3.8	10000
	B		10	8.0	1.4				9000
TC11	A	11	10	7.5	1.4	1.8	2.7	3.6	9000
	B		10	7.0	1.2				
TB20	—	20	18	12	2.8	4.2	6.3	8.4	12000
TB17	—	17	16	11	2.4	3.8	5.7	7.6	11000
TB15	—	15	14	10	2.0	3.1	4.7	6.2	10000
TB13	—	13	12	9.0	1.4	2.4	3.6	4.8	8000
TB11	—	11	10	8.0	1.3	2.1	3.2	4.1	7000

注：计算木构件端部（如接头处）的拉力螺栓垫板时，木材横纹承压强度设计值应按"局部表面和齿面"一栏的数值采用。

对于下列情况，表 4.5-3 中的设计指标尚应进行如下调整：①采用原木时，若验算部位未经切削，其顺纹抗压、抗弯强度设计值和弹性模量可提高 15%；②当构件矩形截面的短边尺寸不小于 150mm 时，其强度设计值可提高 10%；③当采用含水率大于 25% 的湿材时，各种木材的横纹承压强度设计值和弹性模量以及落叶松木材的抗弯强度设计值宜降低 10%。

不同使用条件下木材强度设计值和弹性模量的调整系数　　　　表 4.5-4

使用条件	调整系数	
	强度设计值	弹性模量
露天环境	0.9	0.85
长期生产性高温环境,木材表面温度达 40～50℃	0.8	0.8
按恒荷载验算时	0.8	0.8

续表

使用条件	调整系数	
	强度设计值	弹性模量
用于木构筑物时	0.9	1.0
施工和维修时的短暂情况	1.2	1.0

注：1. 当仅有恒荷载或恒荷载产生的内力超过全部荷载所产生内力的 80% 时，应单独以恒荷载进行验算；
    2. 当若干条件同时出现时，表列各系数应连乘。

不同设计使用年限时木材强度设计值和弹性模量的调整系数   表 4.5-5

设计使用年限	调整系数	
	强度设计值	弹性模量
5 年	1.10	1.10
25 年	1.05	1.05
50 年	1.00	1.00
100 年及以上	0.90	0.90

考虑长期荷载作用和木质老化的调整系数   表 4.5-6

建筑物建造年限(T)	调整系数		
	顺纹抗压强度设计值	抗弯和顺纹抗剪强度设计值	弹性模量和横纹承压强度设计值
100 年≤T<300 年	0.95	0.90	0.90
300 年≤T<500 年	0.85	0.80	0.85
≥500 年	0.75	0.70	0.75

4.5.2 工厂目测分等的结构用方木木材

采用工厂目测分等的结构用方木木材，对于已经确定的树种，其强度设计值及弹性模量值应按表 4.5-7 选用；当用于梁时，调整系数按表 4.5-8 选用。

工厂目测分等的进口方木材强度设计值和弹性模量（N/mm²）   表 4.5-7

树种	用途	材质等级	抗弯 f_m	顺纹抗压 f_c	顺纹抗拉 f_t	顺纹抗剪 f_v	横纹承压 $f_{c,90}$	弹性模量 E
花旗松（北）	梁	II$_{a1}$	17	12	10	1.8	7.3	11000
		II$_{a2}$	14	9.9	7.2	1.8	7.3	11000
		II$_{a3}$	9.4	6.4	4.6	1.8	7.3	9000
	柱	III$_{a1}$	16	12	11	1.8	7.3	11000
		III$_{a2}$	13	11	8.8	1.8	7.3	11000
		III$_{a3}$	7.8	7.5	5.1	1.8	7.3	9000
铁杉（北）	梁	II$_{a1}$	13	9.7	7.8	1.4	4.7	9000
		II$_{a2}$	11	8.0	5.4	1.4	4.7	9000
		II$_{a3}$	7.2	5.1	3.5	1.4	4.7	7600
	柱	III$_{a1}$	12	10	8.3	1.4	4.7	9000
		III$_{a2}$	9.9	9.1	6.7	1.4	4.7	9000
		III$_{a3}$	5.9	6.2	4.0	1.4	4.7	7600

续表

树种	用途	材质等级	抗弯 f_m	顺纹抗压 f_c	顺纹抗拉 f_t	顺纹抗剪 f_v	横纹承压 $f_{c,90}$	弹性模量 E
南方松	梁	II$_{a1}$	16	10	11	1.8	6.6	10300
		II$_{a2}$	14	8.8	9.6	1.8	6.6	10300
		II$_{a3}$	9.1	5.6	5.9	1.8	6.6	8300
	柱	III$_{a1}$	16	10	11	1.8	6.6	10300
		III$_{a2}$	14	8.8	9.6	1.8	6.6	10300
		III$_{a3}$	9.1	5.6	5.9	1.8	6.6	8300
云杉-松-冷杉	梁	II$_{a1}$	12	8.3	7.0	1.3	4.9	9000
		II$_{a2}$	9.7	6.7	4.8	1.3	4.9	9000
		II$_{a3}$	6.4	4.6	3.2	1.3	4.9	6900
	柱	III$_{a1}$	11	8.6	7.5	1.3	4.9	9000
		III$_{a2}$	9.1	7.5	5.9	1.3	4.9	9000
		III$_{a3}$	5.4	5.4	3.5	1.3	4.9	6900
其他北美树种	梁	II$_{a1}$	11	8.0	6.7	1.3	4.0	7600
		II$_{a2}$	9.7	6.7	4.8	1.3	4.0	7600
		II$_{a3}$	6.2	4.6	3.2	1.3	4.0	6200
	柱	III$_{a1}$	11	8.6	7.2	1.3	4.0	7600
		III$_{a2}$	8.6	7.5	5.6	1.3	4.0	7600
		III$_{a3}$	5.1	5.1	3.5	1.3	4.0	6200

尺寸调整系数　　　　　　　　　　　　　　　　　　　表 4.5-8

木材受荷载方向	调整条件		抗弯强度设计值 f_m	其他强度设计值	弹性模量 E
宽面	材质等级	II$_{a1}$	0.86	1.00	1.00
		II$_{a2}$	0.74	1.00	0.90
		II$_{a3}$	1.00	1.00	1.00
窄面	窄面尺寸	≤285	1.00	1.00	1.00
		>285	$k=\left(\dfrac{305}{h}\right)^{\frac{1}{9}}$	1.00	1.00

4.5.3　规格材

此处，规格材主要为产于国内、北美和欧洲等地的树种，规格材的强度设计值和弹性模量见表 4.5-9～表 4.5-11，尺寸调整系数见表 4.5-12。

国产树种目测分级规格材强度设计值和弹性模量　　　　　表 4.5-9

树种名称	材质等级	截面最大尺寸(mm)	强度设计值(N/mm²)					弹性模量 E (N/mm²)
			抗弯 f_m	顺纹抗压 f_c	顺纹抗拉 f_t	顺纹抗剪 f_v	横纹承压 $f_{c,90}$	
杉木	I$_c$	285	9.5	11.0	6.5	1.2	4.0	10000
	II$_c$		8.0	10.5	6.0	1.2	4.0	9500
	III$_c$		8.0	10.0	5.0	1.2	4.0	9500
兴安落叶松	I$_c$	285	11.0	15.5	5.1	1.6	5.3	13000
	II$_c$		6.0	13.3	3.9	1.6	5.3	12000
	III$_c$		6.0	11.4	2.1	1.6	5.3	12000
	IV$_c$		5.0	9.0	2.0	1.6	5.3	11000

北美地区目测分等进口规格材强度设计值和弹性模量（N/mm²）　　　表 4.5-10

树种名称	材质等级	截面最大尺寸(mm)	强度设计值 抗弯 f_m	顺纹抗压 f_c	顺纹抗拉 f_t	顺纹抗剪 f_v	横纹承压 $f_{c,90}$	弹性模量 E
花旗松-落叶松类（南部）	I$_c$	285	16	18	11	1.9	7.3	13000
	II$_c$		11	16	7.2	1.9	7.3	12000
	III$_c$		9.7	15	6.2	1.9	7.3	11000
	IV$_c$、V$_c$		5.6	8.3	3.5	1.9	7.3	10000
	VI$_c$	90	11	18	7.0	1.9	7.3	10000
	VII$_c$		6.2	15	4.0	1.9	7.3	10000
花旗松-落叶松类（北部）	I$_c$	285	15	20	8.8	1.9	7.3	13000
	II$_c$		9.1	15	5.4	1.9	7.3	11000
	III$_c$		9.1	15	5.4	1.9	7.3	11000
	IV$_c$、V$_c$		5.1	8.8	3.2	1.9	7.3	10000
	VI$_c$	90	10	19	6.2	1.9	7.3	10000
	VII$_c$		5.6	16	3.5	1.9	7.3	10000
铁-冷杉（南部）	I$_c$	285	15	16	9.9	1.6	4.7	11000
	II$_c$		11	15	6.7	1.6	4.7	10000
	III$_c$		9.1	14	5.6	1.6	4.7	9000
	IV$_c$、V$_c$		5.4	7.8	3.2	1.6	4.7	8000
	VI$_c$	90	11	17	6.4	1.6	4.7	9000
	VII$_c$		5.9	14	3.5	1.6	4.7	8000
铁-冷杉（北部）	I$_c$	285	14	18	8.3	1.6	4.7	12000
	II$_c$		11	16	6.2	1.6	4.7	11000
	III$_c$		11	16	6.2	1.6	4.7	11000
	IV$_c$、V$_c$		6.2	9.1	3.5	1.6	4.7	10000
	VI$_c$	90	12	19	7.0	1.6	4.7	10000
	VII$_c$		7.0	16	3.8	1.6	4.7	10000
南方松	I$_c$	285	20	19	11	1.9	6.6	12000
	II$_c$		13	17	7.2	1.9	6.6	12000
	III$_c$		11	16	5.9	1.9	6.6	11000
	IV$_c$、V$_c$		6.2	8.8	3.5	1.9	6.6	10000
	VI$_c$	90	12	19	6.7	1.9	6.6	10000
	VII$_c$		6.7	16	3.8	1.9	6.6	9000
云杉-松-冷杉类	I$_c$	285	13	15	7.5	1.4	4.9	10300
	II$_c$		9.4	12	4.8	1.4	4.9	9700
	III$_c$		9.4	12	4.8	1.4	4.9	9700
	IV$_c$、V$_c$		5.4	7.0	2.7	1.4	4.9	8300
	VI$_c$	90	11	15	5.4	1.4	4.9	9000
	VII$_c$		5.9	12	2.9	1.4	4.9	8300
其他北美树种	I$_c$	285	9.7	11	4.3	1.2	3.9	7600
	II$_c$		6.4	9.1	2.9	1.2	3.9	6900
	III$_c$		6.4	9.1	2.9	1.2	3.9	6900
	IV$_c$、V$_c$		3.8	5.4	1.6	1.2	3.9	6200
	VI$_c$	90	7.5	11	3.2	1.2	3.9	6900
	VII$_c$		4.3	9.4	1.9	1.2	3.9	6200

欧洲地区目测分等进口规格材强度设计值和弹性模量（N/mm²）　　表 4.5-11

树种名称	材质等级	截面最大尺寸(mm)	强度设计值					弹性模量 E
			抗弯 f_m	顺纹抗压 f_c	顺纹抗拉 f_t	顺纹抗剪 f_v	横纹承压 $f_{c,90}$	
欧洲赤松 欧洲落叶松 欧洲云杉	Ⅰc	285	17	18	8.2	2.2	6.4	12000
	Ⅱc		14	17	6.4	1.8	6.0	11000
	Ⅲc		9.3	14	4.6	1.3	5.3	8000
	Ⅳc、Ⅴc		8.1	13	3.7	1.2	4.8	7000
	Ⅵc	90	14	16	6.9	1.3	5.3	8000
	Ⅶc		12	15	5.5	1.2	4.8	7000
欧洲道格拉斯松	Ⅰc、Ⅱc	285	12	16	5.1	1.6	5.5	11000
	Ⅲc		7.9	13	3.6	1.2	4.8	8000
	Ⅳc、Ⅴc		6.9	12	2.9	1.1	4.4	7000

目测分级规格材尺寸调整系数　　表 4.5-12

等级	截面高度(mm)	抗弯强度		顺纹抗压强度	顺纹抗拉强度	其他强度
		截面宽度(mm)				
		40 和 65	90			
Ⅰc、Ⅱc、Ⅲc、Ⅳc、Ⅳcl	≤90	1.5	1.5	1.15	1.5	1.0
	115	1.4	1.4	1.1	1.4	1.0
	140	1.3	1.3	1.1	1.3	1.0
	185	1.2	1.2	1.05	1.2	1.0
	235	1.1	1.2	1.0	1.1	1.0
	285	1.0	1.1	1.0	1.0	1.0
Ⅱcl、Ⅲcl	≤90	1.0	1.0	1.0	1.0	1.0

4.5.4　胶合木

胶合木按所用层板类别主要分为普通层板胶合木和采用目测分等和机械弹性模量分等板材组合的胶合木。

1. 普通层板胶合木

普通层板胶合木的设计指标与表 4.5-3 中的 TC 级木材的相同。

2. 采用目测分级和机械弹性模量分级层板制作的胶合木

采用目测分级和机械弹性模量分级层板制作的胶合木强度设计指标应按下列规定采用：

1）用于制作胶合木的目测分级板和机械弹性模量分级板采用的木材，其树种分级、树种和树种组合应符合表 4.5-13 中的规定。

2）此类胶合木可分为：同等组合对称异等组合和非对称异等组合。受弯构件和压弯构件宜采用异等组合，轴心受力及受弯构件中荷载作用方向与层板窄边垂直时，应采用同等组合。胶合木强度设计值和弹性模量可参考表 4.5-14～表 4.5-18。

胶合木适用树种分级表   表 4.5-13

树种级别	适用树种及树种组合名称
SZ1	南方松、花旗松 落叶松、欧洲落叶松以及其他符合本强度等级的树种
SZ2	欧洲云杉、东北落叶松以及其他符合本强度等级的树种
SZ3	阿拉斯加黄扁柏、铁 冷杉、西部铁杉、欧洲赤松、樟子松以及其他符合本强度等级的树种
SZ4	鱼鳞云杉、云杉 松 冷杉以及其他符合本强度等级的树种

注：表中花旗松-落叶松、铁-冷杉产地为北美地区；南方松产地为美国。

对称异等组合胶合木的强度设计值和弹性模量（N/mm²）   表 4.5-14

强度等级	抗弯 f_m	顺纹抗压 f_c	顺纹抗拉 f_t	弹性模量 E
$TC_{YD}40$	27.9	21.8	16.7	14000
$TC_{YD}36$	25.1	19.7	14.8	12500
$TC_{YD}32$	22.3	17.6	13.0	11000
$TC_{YD}28$	19.5	15.5	11.1	9500
$TC_{YD}24$	16.7	13.4	9.9	8000

注：当荷载的作用方向与层板窄边垂直时，抗弯强度设计值 f_m 应乘以 0.7 的系数，弹性模量 E 应乘以 0.9 的系数。

非对称异等组合胶合木的强度设计值和弹性模量（N/mm²）   表 4.5-15

强度等级	抗弯 f_m		顺纹抗压 f_c	顺纹抗拉 f_t	弹性模量 E
	正弯曲	负弯曲			
$TC_{YF}38$	26.5	19.5	21.1	15.5	13000
$TC_{YF}34$	23.7	17.4	18.3	13.6	11500
$TC_{YF}31$	21.6	16.0	16.9	12.4	10500
$TC_{YF}27$	18.8	13.9	14.8	11.1	9000
$TC_{YF}23$	16.0	11.8	12.0	9.3	6500

注：当荷载的作用方向与层板窄边垂直时，抗弯强度设计值 f_m 应采用正向弯曲强度设计值并乘以 0.7 的系数，弹性模量 E 应乘以 0.9 的系数。

同等组合胶合木的强度设计值和弹性模量（N/mm²）   表 4.5-16

强度等级	抗弯 f_m	顺纹抗压 f_c	顺纹抗拉 f_t	弹性模量 E
TC_T40	27.9	23.2	17.9	12500
TC_T36	25.1	21.1	16.1	11000
TC_T32	22.3	19.0	14.2	9500
TC_T28	19.5	16.9	12.4	8000
TC_T24	16.7	14.8	10.5	6500

胶合木构件顺纹抗剪强度设计值（N/mm²）   表 4.5-17

树种及组别	强度设计值 f_v
SZ1	2.2
SZ2、SZ3	2.0
SZ4	1.8

胶合木构件横纹承压强度设计值（N/mm²）　　　　表 4.5-18

树种分级组别	强度设计值 $f_{c,90}$		
	局部承压		全表面承压
	构件中部承压	构件端部承压	
SZ1	7.5	6.0	3.0
SZ2、SZ3	6.2	5.0	2.5
SZ4	5.0	4.0	2.0

胶合木构件斜纹承压强度设计值可按下式计算：

$$f_{c,\theta}=\frac{f_c f_{c,90}}{f_c \sin^2\theta + f_{c,90}\cos^2\theta} \tag{4.5-1}$$

式中　f_c——胶合木的顺纹抗压强度设计值（N/mm²）；

$f_{c,90}$——胶合木的横纹承压强度设计值（N/mm²）；

$f_{c,\theta}$——胶合木的斜纹承压强度设计值（N/mm²）；

θ——荷载与构件顺纹方向的夹角（0°～90°）。

3. 强度调整系数

考虑到构件尺寸对其强度设计值的影响，针对普通层板胶合木受弯、拉弯和压弯构件，需要按表 4.5-19 对其抗弯强度设计值进行修正。

胶合木构件抗弯强度设计值修正系数　　　　表 4.5-19

宽度(mm)	截面高度 h(mm)						
	<150	150～500	600	700	800	1000	≥1200
$b<150$	1.0	1.0	0.95	0.90	0.85	0.80	0.75
$B\geqslant150$	1.0	1.15	1.05	1.0	0.90	0.85	0.80

对于采用目测分级和机械弹性模量分级层板制作的胶合木，当构件截面高度超过 300mm，荷载作用方向垂直于层板截面宽度方向时，表 4.5-14、表 4.5-15 和表 4.5-16 中抗弯强度设计值应乘以体积调整系数 k_v。

$$k_v=\left[\left(\frac{130}{b}\right)\left(\frac{305}{h}\right)\left(\frac{6.4}{L}\right)\right]^{\frac{1}{c}}\leqslant1.0 \tag{4.5-2}$$

式中　b——构件截面宽度（mm），当构件截面层板由若干块层板拼宽而成时，应按拼接层板中最宽的一块层板的宽度取值；

h——构件的截面高度（mm）；

L——构件在零弯矩点之间的距离（m）；

c——树种系数，一般取 $c=10$，当对某树种有具体经验时，可按经验取值。

当构件截面高度超过 300mm，荷载作用方向平行于层板截面宽度方向时，抗弯强度设计值应乘以截面高度调整系数 k_h。

$$k_h=\left(\frac{300}{h}\right)^{\frac{1}{9}} \tag{4.5-3}$$

对于工字形和 T 形截面受弯构件，除了考虑上述调整系数外，尚需乘以截面形状修正系数 0.9；对于曲线形构件，抗弯强度设计值除了应满足上述要求外，还应乘以式 (4.5-4) 给出的胶合木曲线形构件强度修正系数 k_r。

$$k_r = 1 - 2000 \left(\frac{t}{R} \right)^2 \tag{4.5-4}$$

式中 k_r——胶合木曲线形构件强度修正系数；

       R——胶合木曲线形构件内边的曲率半径（mm）；

       t——胶合木曲线形构件每层木板的厚度（mm）。

对于胶合木设计指标，在不同使用条件下，胶合木强度设计值和弹性模量尚应乘以表 4.5-4 的调整系数。对于不同的设计使用年限，胶合木强度设计值和弹性模量还应乘以表 4.5-5 规定的调整系数。

4.5.5 胶合竹

胶合竹和胶合木类似，但主要采用两步骤加工方法制作：第一步通过热压将竹片加工成胶合竹板，第二步是根据结构设计及构件规格需要同过冷压把胶合竹板切割成的条带进行胶合。目前有两种胶合竹板可供作为胶合竹结构构件加工的前一步材料。一种是厚板条胶合竹板，其由约 5～8mm 厚、20mm 宽的竹条经过平压或侧压压制而成。另一种是由约 2mm 厚、20mm 宽的较薄的竹条（也称竹篾）经过热压而成。而薄片竹条从圆竹切取的工艺又可以分为弦切和径切两种。后续的冷压工艺与胶合木类似，不过采用侧压效率更高。

两种胶合竹的强度设计值可通过材料试验找到强度特征值然后参照木结构规范计算得出。根据最近总结的胶合竹材料试验，胶合竹的设计强度取值可参考表 4.5-20，其强度的调整系数可参考普通层板胶合木部分相关要求。而胶合竹的弹性模量可近似取 10000MPa。

胶合竹强度设计值（MPa）   表 4.5-20

	厚片胶合竹	薄片(径切)胶合竹	薄片(弦切)胶合竹
纵向拉伸 f_{tx}(MPa)	32.4	18.4	21.5
纵向压缩 f_{cx}(MPa)	20.4	10.7	21.8
纵向弯曲 f_{by}(MPa)	38.4	29.0	33.8
纵向剪切 f_{vyx}(MPa)	2.4	4.7	4.8

注：纵向指竹材主纤维方向。

本章小结

本章主要结合我国及国外木结构设计规范和规程，介绍了木结构设计的基本要求和设计体系。由于目前尚没有相应的竹结构设计规程，建议参照现有木结构规范设计工程竹结构。

思考与练习题

4-1　木结构设计方法与钢结构设计有什么不同？

4-2　木结构设计为什么要区分国产和进口木材，而钢结构设计并未区分国产与进口钢材？

4-3　竹结构的设计强度取值与木结构有何不同？

第5章 竹木结构基本构件

本章要点及学习目标

本章要点：

本章讨论木结构构件的设计方法，并重点解释各种木结构构件设计公式的力学背景。由于竹结构目前尚缺乏足够的研究背景，已有的研究表明，竹结构构件的设计可以参照木结构。

学习目标：

掌握结构构件的基本理论；学习结构构件设计公式的理论基础。

构件是组成结构的基本单元，各类基本构件通过节点连接成结构。常用的结构用竹木材包括天然的竹木材和工程竹木制品两大类。结构用的天然竹木材可以分为原木、圆竹、方木或板材和规格材。天然竹木材的截面尺寸及生长高度受到限制，往往不能满足工程师设计的需求，使结构构件的形式和承载能力受到很大的限制。工程竹木是重组竹木材。将天然材锯成一定厚度的板，按照一定的要求重新黏结在一起，形成大截面的重组木材，称为层板胶合木；或者将天然木材旋削成更薄或更小的木片（板），然后按照一定的要求进行黏结，形成厚薄不同的大张板材，并锯解成所需要截面尺寸的木料。同理，将竹材切割成条状然后以一定工艺胶合成各种板、条状构件以满足结构设计用需要。

在现代竹木结构住宅和桥梁中，最基本的受力构件包括竹木结构柱、竹木结构梁以及竹木结构墙体等。结构构件按照受力形式的不同，又可以分为轴心受拉构件、轴心受压构件、受弯构件和拉弯或压弯构件，不同结构构件的具体计算方法也不尽相同。

5.1 轴心受拉构件

轴心受拉构件具有广泛的用途，常常在桁架及网架等杆系结构中出现，例如网架及桁架的下弦杆、支撑结构的拉杆等。受轴向拉力构件的设计比较简单，其强度一般由具有缺损的连接处的强度决定，如构件之间的连接处或构件截面因开槽、开孔等的削弱处。根据现行国家标准《木结构设计标准》GB 50005—2017 的要求，轴心受拉构件的承载能力应按照下式验算：

$$\frac{N}{A_n} \leqslant f_t \tag{5.1-1}$$

式中　f_t——木材顺纹抗拉强度设计值（N/mm²）；

　　　N——轴心受拉构件拉力设计值（N）；

　　　A_n——受拉构件的净截面面积（mm²）；计算 A_n 时应扣除分布在 150mm 长度上

的缺孔投影面积。

需要说明的是，A_n 指的是构件的净截面面积。构件的截面面积和净截面面积的差别在于：前者是构件截面的轮廓面积，又称为毛截面面积，而净截面面积是指除去构件上缺损部分的面积，如缺口、孔洞等。木构件受拉时可能会沿着相距较近的缺孔形成曲折的断裂路线，因此规范规定在构件受力方向上 150mm 范围内的缺孔都需要考虑在内。例如，在对如图 5.1-1 所示例子的控制截面验算时，其净截面面积为：$b(h-d_1-2d_2)$ 和 $b(h-d_3)$ 两者中的较小值。

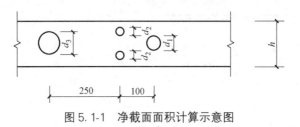

图 5.1-1　净截面面积计算示意图

【**例 5-1**】　某木结构网架杆件的材料为南方松 I_C 的规格材构件，下弦拉杆受轴向拉力，在荷载最不利组合下的最大拉力为 24.5kN，截面尺寸为 60mm×60mm，构件上有开孔，如图 5.1-2 所示，试验算该构件的强度是否满足要求。

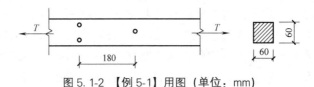

图 5.1-2　【例 5-1】用图（单位：mm）

【**解**】

该构件为轴心受拉构件，按照式（5.1-1）进行验算，南方松 I_C 的顺纹抗拉强度参考现行国家标准《木结构设计标准》GB 50005—2017 表 J.1.1-1，取值为 11，尺寸调整系数参考现行国家标准《木结构设计标准》GB 50005—2017 表 J.1.1-3，取为 1.5。

构件最不利截面处开有两个螺栓孔，相邻两列螺栓孔间距为 180mm，超过 150mm。

$$A_n = 60 \times (60-2 \times 10) = 2400 \text{mm}^2$$

$$\frac{N}{A_n} = \frac{24.5 \times 10^3}{2400} = 10.21 \text{N/mm}^2 < 11 \times 1.5 = 16.5 \text{N/mm}^2$$

所以，该结构受拉构件强度满足要求。

5.2　轴心受压构件

和轴心受拉构件一样，轴压构件大量出现在桁架及网架中。木结构构件在轴向压力 N 作用下，可能会发生两种不同的破坏形式：强度破坏和整体失稳破坏。第一种破坏往往发生于有截面削弱的构件或者受到较大的轴向力作用的构件，该截面的平均压应力达到了木材的抗压强度 f_c 而破坏；第二种情况是构件较细长，具有较大的长细比，构件还未达到木材的抗压强度 f_c 就发生失稳破坏，不能够继续承载，这是轴心受压构件的主要破坏形式。

5.2.1 压杆的强度计算

轴心受压构件按强度验算时，应按下式进行验算：

$$\frac{N}{A_n} \leqslant f_c \tag{5.2-1}$$

式中 f_c——构件材料的顺纹抗压强度设计值（N/mm^2）；

N——轴心受压构件压力设计值（N）；

A_n——受压构件的净截面面积（mm^2）。

5.2.2 压杆的稳定计算

按稳定验算时，应按下式验算：

$$\frac{N}{\varphi A_0} \leqslant f_c \tag{5.2-2}$$

式中 A_0——受压构件截面的计算面积（mm^2）；

φ——轴心受压构件稳定系数。

按稳定验算时受压构件截面的计算面积，应按下列规定采用：

1）无缺口时，取 $A_0 = A$，A 为受压构件的全截面面积；

2）缺口不在边缘时（图 5.2-1a），取 $A_0 = 0.9A$；

3）缺口在边缘且为对称时（图 5.2-1b），取 $A_0 = A_n$；

4）缺口在边缘但不对称时（图 5.2-1c），取 $A_0 = A_n$，且应按偏心受压构件计算；

5）验算稳定时，螺栓孔可不作为缺口考虑；

6）对于原木应取平均直径计算面积。

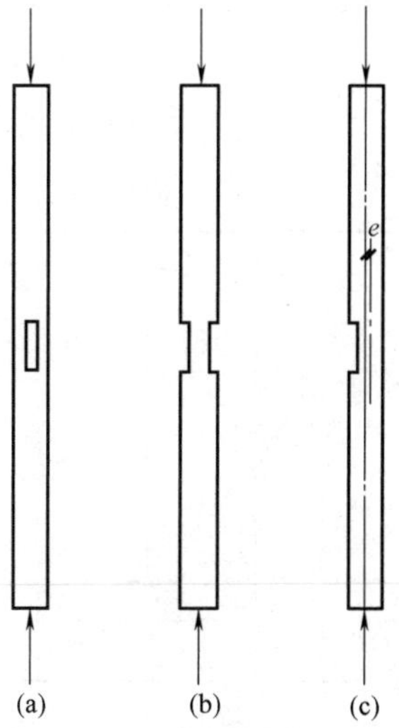

轴心受压构件稳定系数 φ 的取值应按下列公式确定：

$$\lambda_c = c_c \sqrt{\frac{\beta E_k}{f_{ck}}} \tag{5.2-3}$$

图 5.2-1 受压构件缺口

$$\lambda = \frac{l_0}{i} \tag{5.2-4}$$

当 $\varphi > \lambda_c$ 时：

$$\varphi = \frac{a_c \pi^2 \beta E_k}{\lambda^2 f_{ck}} \tag{5.2-5}$$

当 $\varphi \leqslant \lambda_c$ 时：

$$\varphi = \frac{1}{1 + \dfrac{\lambda^2 f_{ck}}{b_c \pi^2 \beta E_k}} \tag{5.2-6}$$

式中 λ——受压构件长细比；

i——构件截面的回转半径（mm）；

l_0——受压构件的计算长度（mm）；

f_{ck}——受压构件材料的抗压强度标准值（N/mm^2）；

E_k——构件材料的弹性模量标准值（N/mm^2）；

a_c、b_c、c_c——材料相关系数；应按表 5.2-1 的规定取值；

β——材料剪切变形相关系数；应按表 5.2-1 的规定取值。

相关系数的取值　　　　　　　　　　　　　　　　　表 5.2-1

构件材料		a_c	b_c	c_c	β	E_k/f_{ck}
方木原木	TC15、TC17、TB20	0.92	1.96	4.13	1.00	330
	TC11、TC13、TB11 TB13、TB15、TB17	0.95	1.43	5.28		300
规格材、进口方木和欧洲进口结构材		0.88	2.44	3.68	1.03	按现行国家标准《木结构设计标准》GB 50005—2017 附录 E 的规定采用
胶合木		0.91	3.69	3.45	1.05	

上述公式中，受压构件的计算长度 l_0 应按下式确定：

$$l_0 = k_l l \qquad\qquad (5.2\text{-}7)$$

式中　l_0——计算长度；

　　　l——构件实际长度；

　　　k_l——长度计算系数，应按表 5.2-2 的规定取值。

长度计算系数 k_l 的取值　　　　　　　　　　　　表 5.2-2

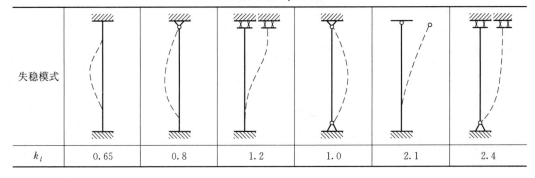

失稳模式						
k_l	0.65	0.8	1.2	1.0	2.1	2.4

现行国家标准《木结构设计标准》GB 50005—2017 中对于受压构件的长细比的限值，如表 5.2-3 所示。

受压构件长细比限值　　　　　　　　　　　　　　表 5.2-3

项次	构件类别	长细比限值[λ]
1	结构的主要构件（包括桁架的弦杆、支座处的竖杆或斜杆以及承重柱等）	120
2	一般构件	150
3	支撑	200

注：构件的长细比应按 l_0/i 计算，其中，l_0 为受压构件的计算长度（mm）；i 为构件截面的回转半径（mm）。

5.3　受弯构件

只受弯矩作用或受弯矩与剪力共同作用的构件称为受弯构件。按弯曲变形情况不同，受弯构件可能在一个主平面内受单向弯曲，也可能在两个主平面内受双向弯曲也称为斜弯曲。受弯构件的计算包括抗弯强度、抗剪强度、弯矩作用平面外侧向稳定和挠度等几个方面。根据美国 ASTM D143 标准，通常情况下，木材在静力作用下的抗弯破坏形态有六种，包括拉断、层间拉断、分裂拉断、断裂、压碎、水平剪坏。

根据最近的研究，胶合竹的弯曲破坏模式主要有两种：第一种为竹纤维拉断，这与木材典型破坏模式中的拉断很相似；第二种破坏模式可称为分层开裂，这种破坏现象与胶合竹板材的分层叠合结构密切相关，由于各层竹帘的材料性质及厚度不可避免的存在差异，且热压胶合过程中存在缺陷，使得各个竹片（篾）层在弯曲荷载作用下的变形不协调，导致竹片层开裂。由于竹材和木材有相似的力学性能，通常采用顺纹或主纤维方向延梁的轴向设计，这种情况抗弯、抗剪强度大，因此在验算木材和胶合竹材受弯构件时，建议采用相同的计算方法，必要时采取一定的调整。

5.3.1 抗弯强度

受弯构件的抗弯强度，按式（5.3-1）验算：

$$\frac{M}{W_n} \leqslant f_m \tag{5.3-1}$$

式中 f_m——材料抗弯强度设计值（N/mm²），按前述第 4 章的表格取值；

M——受弯构件弯矩设计值（N·mm）；

W_n——受弯构件的净截面抵抗矩（mm³）。

受弯的抗弯承载力一般可按弯矩最大处的截面进行验算，但在构件截面有较大削弱，且被削弱截面不在最大弯矩处时，还应该按被削弱截面处的弯矩对该截面进行验算。

5.3.2 抗剪强度

竹木梁的剪切破坏一般会沿着梁的纵向发生，根据材料力学的原理，受弯构件的抗剪强度，应按式（5.3-2）验算：

$$\frac{VS}{Ib} \leqslant f_v \tag{5.3-2}$$

式中 f_v——材料顺纹抗剪强度设计值（N/mm²）；

V——受弯构件剪力设计值（N）；

I——构件的全截面惯性矩（mm⁴）；

b——构件全截面宽度（mm）；

S——剪切面以上的截面面积对中和轴的面积矩（mm³）。

荷载作用应尽可能使其作用在梁的顶面，计算受弯构件的剪力 V 的值时，可不考虑在距离支座等于梁截面高度范围内的所有荷载的作用。

受弯构件设计时应尽可能减少截面因切口而引起的应力集中。如采用逐渐变化的锥形切口形式，而避免直角切口，使截面面积变化缓慢。

简支梁支座处受拉边的切口深度，锯材不应超过梁截面高度的 1/4；层板胶合木不应超过梁截面的 1/10。

有可能出现负弯矩的支座处及附近区域不应设置切口。

当矩形截面受弯构件支座处受拉面有切口时，该处的实际抗剪承载力应按式（5.3-3）验算：

$$\frac{3V}{2bh_n}\left(\frac{h}{h_n}\right)\leqslant f_v \tag{5.3-3}$$

式中　f_v——材料顺纹抗剪强度设计值（N/mm²）；

　　　b——构件的截面宽度（mm）；

　　　h——构件的截面高度（mm）；

　　　h_n——受剪构件在切口处净截面高度（mm）；

　　　V——剪力设计值；与无切口受弯构件抗剪承载力计算不同的是，计算该剪力V时应考虑全跨度内所有荷载的作用。

5.3.3　受弯构件弯矩作用平面外的侧向稳定

受弯构件受到弯矩作用时，截面中和轴以上为受压区，以下为受拉区，当受弯构件高宽比超过 4：1，且跨度较大时，有可能发生整体失稳而丧失稳定性。而由于受拉部分有保持原来几何位置的趋势，从而这种面外失稳也伴随着扭转，因此也称作侧向扭转失稳。受弯构件侧向失稳形式如图 5.3-1 所示。此时的弯矩称为临界弯矩 M_{cr}，对应的弯曲应力成为临界应力。受弯构件抵抗平面外失稳的能力与抗弯刚度和抗扭刚度有关，其临界弯矩表达式见式（5.3-4）。

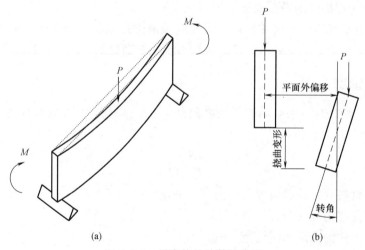

图 5.3-1　受弯构件的整体失稳

$$M_{cr}=\frac{\pi}{l}\sqrt{EI_yGI_t} \tag{5.3-4}$$

式中　l——受弯构件受压缘侧向支撑点的距离（mm）；

　　　EI_y——侧向抗弯刚度（N·mm²）；

　　　GI_t——抗扭刚度（N·mm²）。

受弯构件平面外失稳的临界应力可用下式求得：

$$\sigma_{mcr}=\frac{M_{cr}}{W_x} \tag{5.3-5}$$

根据中国木结构规范，受弯构件侧向稳定按式（5.3-6）验算：

$$\frac{M}{\varphi_l W} \leqslant f_m \tag{5.3-6}$$

式中　f_m——材料抗弯强度设计值（N/mm²）；

　　　M——构件在荷载设计值作用下的弯矩（N·mm）；

　　　W——受弯构件的全截面抵抗矩（mm³）；

　　　φ_l——受弯构件的侧向稳定系数。

当受弯构件的两端支座处设有防止其侧向位移和侧倾的侧向支撑，并且界面的最大高度 h 对其界面宽度 b 之比不超过下列数值时，侧向稳定系数 φ_l 取值 1：

1）$h/b=4$，未设有中间的支撑；

2）$h/b=5$，在受弯构件的受压缘由类似檩条等构件作为侧向支撑；

3）$h/b=6.5$，有足够刚度的铺板或间距不大于 600mm 的搁栅铺设在受弯构件的压缘并与受压缘牢固连接；

4）$h/b=7.5$，有足够刚度的铺板或间距不大于 600mm 的搁栅，并且受弯构件之间安装有侧向支撑，其间距不超过受弯构件截面高度 h 的 8 倍；

5）$h/b=9$，受弯构件的上、下边缘在长度方向上都被固定。

当受弯构件的端支座处设有防止其侧向位移和侧倾的侧向支撑，且有可靠锚固，但不满足上述条件时，侧向稳定系数 φ_l 应按式（5.3-7）计算：

$$\varphi_l = \frac{(1+1/\lambda_m^2)}{2c_m} - \sqrt{\left[\frac{1+1/\lambda_m^2}{2c_m}\right]^2 - \frac{1}{c_m\lambda_m^2}} \tag{5.3-7}$$

$$\lambda_m = \sqrt{\frac{4l_{ef}h}{\pi b^2 k_m}} \tag{5.3-8}$$

式中　c_m——考虑受弯构件木材有关的系数；当木构件为锯材时，$c_m=0.95$；

　　　λ_m——考虑受弯构件侧向刚度的因数，按式（5.3-8）计算；

　　　k_m——梁的侧向稳定验算时，与构件木材强度有关的系数，按表5.3-1采用；

　　　h、b——受弯构件的截面高度、宽度（mm）；

　　　l_{ef}——验算侧向稳定时受弯构件的有效长度，取为两支撑点间的实际距离乘以如表5.3-2所示的计算长度系数。

柱和梁的侧向稳定性验算时考虑构件木材强度等级的系数　　　表 5.3-1

木材强度等级	TC17、TC15、TC20	TC13、TC11、TB17、TB15、TB13、TB11
用于柱 k_m	330	300
用于梁 k_m	220	220

在梁的支座处应设置用来限制侧向位移和侧倾的侧向支撑。在梁的跨度内，若设置有类似檩条能阻止侧向位移的侧向支撑时，实际长度应取侧向支撑点之间的距离；若未设置有侧向支撑时，实际长度应取两支座之间的距离或悬臂梁的长度。

计算长度系数			表 5.3-2

梁的类型和荷载情况	荷载作用在梁的部位		
	顶部	中部	底部
简支梁，两端相等弯矩	1.0	1.0	1.0
简支梁，均匀分布荷载	0.95	0.90	0.85
简支梁，跨中一个集中荷载	0.80	0.75	0.70
悬臂梁，均匀分布荷载	1.2	1.2	1.2
悬臂梁，在梁端一个集中荷载	1.7	1.7	1.7
悬臂梁，在梁端作用弯矩	2.0	2.0	2.0

5.3.4　受弯构件的变形

受弯构件的变形是指荷载作用下跨中挠度，受弯构件跨中挠度是由弯矩和剪力两部分作用之和。受弯构件的挠度 ω，应按式（5.3-9）验算：

$$\omega \leqslant [\omega] \tag{5.3-9}$$

式中　$[\omega]$——受弯构件的挠度限值（mm），见表 5.3-3；

ω——挠度（mm），对于原木构件，挠度计算时按构件中央的特性取值。

有关胶合竹梁的挠度计算，具体的计算公式如下：

$$\Delta = \int_1 \frac{\overline{M}_1 M_p}{EI}\mathrm{d}x + \int_1 \frac{\overline{Q}_1 Q_p}{GA}\mathrm{d}x \tag{5.3-10}$$

$$G = \frac{1.2h^2}{(1.5l^2 - 2a^2)\left[\frac{1}{E_{m,app}} - \frac{1}{E_m}\right]} \tag{5.3-11}$$

$$E_m = \frac{al_1 \Delta F}{16I\Delta'_\omega} \tag{5.3-12}$$

$$E_{m,app} = \frac{a\Delta F}{48I\Delta_\omega}(3l^2 - 4a^2) \tag{5.3-13}$$

式中　E——胶合竹的弹性模量（MPa）；

I——试件的计算惯性矩（mm^4）；

E_m——在纯弯矩区段内的纯弯弹性模量（MPa）；

$E_{m,app}$——在全跨度内梁的表观弯曲弹性模量（MPa）；

G——胶合竹的剪切模量（MPa），由剪跨比大于 6 的抗弯试验得出；

a——加载点至支撑点之间的距离（mm）；

l_1——两加载点的距离（mm）；

l——梁的跨度（mm）；

ΔF——假定的一个荷载增量（N）；

Δ_ω——在荷载增量 ΔF 下，全跨度内所产生的中点挠度增量（mm）；

Δ'_ω——在荷载增量 ΔF，标距为 l_1 的范围内所产生的重点挠度增量（mm）；

h——截面高度（mm）。

受弯构件的挠度限值   表 5.3-3

项次	构件类别		挠度限值[ω]
1	檩条	l≤3.3m	l/200
		l>3.3m	l/250
2	橡条		l/150
3	吊顶中的受弯构件		l/250
4	楼板梁和搁栅		l/250

注：l——受弯构件的计算跨度。

5.3.5 双向受弯构件

当梁构件，如斜屋面的檩条等，承受双向受弯时，其强度应按式（5.3-14）验算：

$$\frac{M_x}{W_{nx}}+\frac{M_y}{W_{ny}}\leqslant f_m \tag{5.3-14}$$

式中 M_x、M_y——对构件截面 x 轴、y 轴产生的弯矩设计值（N·mm）；

   W_{nx}、W_{ny}——构件截面沿 x 轴、y 轴的净截面抵抗矩（mm³）。

挠度应按式（5.3-15）验算：

$$\omega=\sqrt{\omega_x^2+\omega_y^2}\leqslant[\omega] \tag{5.3-15}$$

   ω_x、ω_y——荷载效应的标准组合计算的对构件截面 x 轴、y 轴方向的挠度（mm）。

【例 5-2a】 一根竹梁（厚片胶合竹），两端简支梁并设有侧向支撑，跨度 14.3m，梁上部受到均布荷载作用，荷载值为 5.8kN/m，截面为 700mm×210mm，试验算此梁。

【解】

按单跨单向受弯计算。

跨中弯矩设计值为：

$$M=\frac{1}{8}\times5.8\times14.3^2=148.26kN·m$$

支座处剪力设计值为：

$$V=\frac{1}{2}\times5.8\times14.3=41.47kN$$

查表 4.5-21，厚片胶合竹梁，抗弯强度设计值为 $f_m=38.4N/mm^2$，顺纹抗剪强度设计值为 $f_V=2.4N/mm^2$

（1）抗弯强度验算

截面抵抗矩：$W_n=\frac{1}{6}\times210\times700^2=1715\times10^4mm^3$

强度验算：

$$\frac{M}{W_n}=\frac{148.26\times10^6}{1715\times10^4}=8.64N/mm^2<38.4N/mm^2$$

满足抗弯强度要求。

（2）抗剪强度验算

截面惯性矩：
$$I = \frac{1}{12} \times 210 \times 700^3 = 6 \times 10^9 \, \text{mm}^4$$

面积矩：
$$S = 210 \times 350 \times 175 = 12 \times 10^6 \, \text{mm}^3$$

抗剪强度验算：
$$\frac{VS}{Ib} = \frac{41.71 \times 10^3 \times 12 \times 10^6}{6 \times 10^9 \times 210} = 0.40 \, \text{N/mm}^2 < 2.4 \, \text{N/mm}^2$$

满足抗剪要求。

（3）稳定性验算

构件两端设有侧向支撑，梁的高宽比 $h/b = 3.33 < 4$，$\varphi_l = 1$。

$$\frac{M}{\phi_l W} = \frac{148.26 \times 10^6}{1 \times 1715 \times 10^4} = 8.64 \, \text{N/mm}^2 < 38.4 \, \text{N/mm}^2$$

满足稳定性要求。

（4）挠度验算

跨中最大挠度限值 $[\omega] = l/250 = 59 \, \text{mm}$

查表 4.5-21，胶合竹材的弹性模量 $E = 10300 \, \text{N/mm}^2$

简支梁跨中最大挠度，荷载取基本组合：

$$g_k + S_k + W_k = (0.5 + 0.65 + 0) \times 2.75 + 1.3 = 4.5 \, \text{kN/m}$$

$$\omega_{\max} = \frac{5ql^4}{384EI} = \frac{5 \times 4.5 \times 14800^4}{384 \times 10000 \times 6 \times 10^9} = 47 \, \text{mm} < [\omega] = 59 \, \text{mm}$$

挠度满足要求。

为了对比，将【例 5-2a】的胶合竹材改为胶合木，而其他荷载数据不变进行验算。

【例 5-2b】　一木梁，强度等级为最低等级，两端简支梁并设有侧向支撑，跨度 14.3m，梁上部受到均布荷载作用，荷载值为 5.8kN/m 截面为 700mm×210mm，验算该木梁。

【解】

按单跨单向受弯计算。

跨中弯矩设计值为：

$$M = \frac{1}{8} \times 5.8 \times 14.3^2 = 148.3 \, \text{kN} \cdot \text{m}$$

支座处剪力设计值为：

$$V = \frac{1}{2} \times 5.8 \times 14.3 = 41.5 \, \text{kN}$$

查表 4.5-14 和表 4.5-17，抗弯强度设计值为 $f_m = 18 \, \text{N/mm}^2$，顺纹抗剪强度设计值为 $f_V = 1.8 \, \text{N/mm}^2$。

（1）抗弯强度验算

截面抵抗矩：
$$W_x = \frac{1}{6} \times 210 \times 700^2 = 1715 \times 10^4 \, \text{mm}^3$$

强度验算：

$$\frac{M}{W_n} = \frac{148.26 \times 10^6}{1715 \times 10^4} = 8.64 \, \text{N/mm}^2 < 18 \, \text{N/mm}^2$$

满足抗弯强度要求。

（2）抗剪强度验算

截面惯性矩：
$$I = \frac{1}{12} \times 210 \times 700^3 = 6 \times 10^9 \, \text{mm}^4$$

面积矩：
$$S = 210 \times 350 \times 175 = 12 \times 10^6 \, \text{mm}^3$$

抗剪强度验算：
$$\frac{VS}{Ib} = \frac{41.71 \times 10^3 \times 12 \times 10^6}{6 \times 10^9 \times 210} = 0.40 \text{N/mm}^2 < 1.8 \text{N/mm}^2$$

满足抗剪要求。

（3）稳定性验算

构件两端设有侧向支撑，梁的高宽比 $h/b = 3.33 < 4$，$\varphi_l = 1$。

$$\frac{M}{\phi_l W} = \frac{148.26 \times 10^6}{1 \times 1715 \times 10^4} = 8.64 \text{N/mm}^2 < 18 \text{N/mm}^2$$

满足稳定性要求。

（4）挠度验算（按钢结构挠度计算公式）

跨中最大挠度限值：$[\omega] = l/250 = 59\text{mm}$

查表可知：$E = 8000\text{N/mm}^2$

简支梁跨中最大挠度近似为：
$$\omega_{\max} = \frac{5ql^4}{384EI} = \frac{5 \times 4.5 \times 14800^4}{384 \times 8000 \times 6 \times 10^9} = 67.7\text{mm} > [\omega] = 59\text{mm}$$

挠度不满足要求。

5.3.6 实腹梁

实腹梁一般以矩形截面为主，采用层板胶合形式的竹梁和木梁也可以制作工字形截面梁。其中，又以等截面直梁最为常见，变截面梁有单坡梁、双坡梁、弧形梁等，本节将简要介绍各类实腹梁的设计要求和特点。

1. 等截面直梁

等截面直梁在木结构中应用比较广泛，一般使用的梁、楼盖、檩条、椽条等都是等截面直梁。由于木构件的对接接头传递弯矩能力比较低、梁柱节点的连接刚度较差，所以大多呈简支形式。其承载力和稳定计算按前面所述内容进行设计计算。

在荷载分布形式一定的情况下，当受到均布荷载时，木梁也可以做成多跨静定梁的形式。但是梁的接头位置应该设置在弯矩图的反弯点处，即只有剪力而无弯矩处，且只能隔跨布置接头，形成伸臂跨和简支跨间隔的布置，使原简支梁跨中弯矩降低。

对于方木等截面直梁，截面高宽比可控制在 5:1 之内，格栅、椽条可放宽至 8:1。梁的高跨比决定了梁的截面选择是由承载力控制还是由变形控制，对于均布荷载作用下的简支梁，高跨比的区分点大致为 $h/L = (1/11 \sim 1/17)$。木材强度等级高的取较大值，如 TC17、TB17 约为 1/11，而 TC11 约为 1/17，强度比此更低的，则截面尺寸将由变形控制。层板胶合木梁设计制作可以适当起拱，起拱量可控制在恒荷载计算挠度值的 1.0~1.5 倍。

当梁上需要开缺口时，要注意缺口对承载力的影响，应避免直角缺口的出现，特别是不允许在梁的受拉侧设直角缺口。因为直角缺口会形成应力集中，木材在受拉时，没有塑性变形能缓解这一现象，故承载力会被削弱。此外，直角缺口还会在角部产生木材的横纹拉应力，导致构件开裂。对于简支梁不应在距支座 0.5 倍梁高以外的受拉区开口，缺口的深度对于锯材梁不应大于 1/4 梁高，对于层板胶合木梁，缺口深度 h_n 不应大于梁高的 1/10 和 75mm 中的较小者，受压区缺口深度不应大于 0.4 倍的梁高，见图 5.3-2。

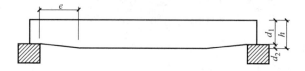

图 5.3-2 支座处开口处理

支座处的缺口应做成斜坡状，坡度大约为 1∶15，并且应该验算支座截面处的抗剪承载力。开缺口后支座处的抗剪承载力可按下式计算：

$$V_r = \frac{2}{3} b h f_v K_N \qquad (5.3\text{-}16)$$

式中　K_N——缺口系数。

当缺口在下边缘（受拉边）时：

$$K_N = \left(1 - \frac{d_2}{h}\right)^2 \qquad (5.3\text{-}17)$$

当缺口在下边缘（受压边）且 $e > h$ 时：

$$K_N = 1 - \frac{d_2}{h} \qquad (5.3\text{-}18)$$

当缺口在下边缘（受压边）且 $e < h$ 时：

$$K_N = 1 - \frac{d_2 e}{h(h - d_2)} \qquad (5.3\text{-}19)$$

2. 弧形梁与变截面梁

采用层板胶合木可以制作出等截面弧形梁、单坡梁、双坡梁及双坡拱梁。这些类型的梁在抗弯、抗剪、整体稳定等承载力计算以及某些构造要求的规定等方面基本上与等截面直梁相同，但又有各自的特点，需要在等截面直梁的基础上补充验算，甚至有些补充内容是这些梁最终承载力的决定性因素。

1）等截面弧形梁

等截面弧形梁是将层板按弧形梁要求的曲率弯曲后再胶结而成。胶合后的弧形梁即使没有外荷载的作用，各层板也存在弯曲应力。这些应力将与外荷载产生的应力叠加，从而影响梁的最终承载力，因此，需要对木材的抗弯强度设计值进行修正。

设层板的厚度为 t，弧形梁的曲率半径为 R，如图 5.3-3 所示，则可算得该层板的弯曲应力为：

$$\sigma_m = \frac{E \frac{t}{2}}{R + \frac{t}{2}} = \frac{E}{2\frac{R}{t} + 1}$$

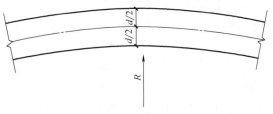

图 5.3-3　等截面弧形梁

式中，E 为层板木材的弹性模量。通常 R/t 在 $125\sim300$ 之间，而木材的弹性模量 E 与抗弯强度 f_m 的比值约为 300，由此可算得弯曲应力 σ_m 约为 f_m 的 $0.5\sim1.2$ 倍。

现行国家标准《胶合木结构技术规范》GB/T 50708—2012 中规定，等截面弧形梁设计时，层板弯曲对层板胶合木抗弯强度影响的调整系数取为：

$$\phi_m = 1 - 2000\left(\frac{t}{R}\right)^2 \tag{5.3-20}$$

等截面弧形梁的抗弯承载力和整体稳定承载力的计算与直梁相同，同时需要考虑体积因素，采用等截面直梁的计算公式计算时，f_m 均应用 $f_m\varphi_m$ 替换。

等截面弧形梁与直梁的最大不同点在于梁在弯矩作用下还存在径向力，从而导致层板胶合木产生横纹应力。当弯矩使梁的曲率半径增大，则产生横纹拉应力，反之产生横纹压应力。在某些情况下，等截面弧形梁的最终承载力可能取决于这种横纹拉应力作用的结果，为此，需求出这种横纹拉应力达到木材横纹抗拉强度设计值时弧形梁的抗力。此弯矩抗力也应理解为弧形梁的抗弯承载力 M_r。M_r 可按下式求得：

$$M_r = \frac{2}{3}ARf_{t90}K_{ztp} \tag{5.3-21}$$

式中　f_{t90}——木材横纹抗拉强度设计值，一般取木材顺纹抗剪强度设计值的 $1/3$；

　　　K_{ztp}——考虑体积效应系数，均布取 $\dfrac{24}{(AR\beta)^{0.2}}$，其他荷载形式取 $\dfrac{20}{(AR\beta)^{0.2}}$；

　　　β——包角，以弧度制为单位，取最大弯矩截面两侧各 85% 最大弯矩两点间的圆心角。

等截面弧形梁的抗剪承载力以及切口的影响与直梁相同，其变形挠度也可以近似参照等截面直梁计算。

2）单坡梁

单坡梁坡顶存在复杂应力，图 5.3-4 为单坡梁任意截面弯曲应力分布图，其坡顶的弯曲应力必须平行于表面，与水平梁底边呈一定夹角。由应力转轴公式可知，坡顶处除有平行于木纹的压应力外，尚有垂直于木纹的压应力以及平行于木纹的剪应力。因此单坡梁的

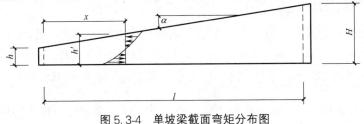

图 5.3-4　单坡梁截面弯矩分布图

承载力验算涉及复杂应力状态下木材的强度理论问题。

单坡梁在正弯矩作用下平行于上表面的弯曲应力可利用下式计算：

$$\sigma_{\text{surface}} = K_\sigma \frac{6M}{bh^2} \tag{5.3-22}$$

式中，M 为坡梁某截面的作用弯矩；$K_\sigma = 1 - 4.4\tan\alpha$。

对于单坡梁的弯曲变形计算，为了简便，通常用折算高度 h_{ef} 并按矩形截面来计算抗弯刚度，折算高度取：

$$h_{\text{ef}} = h_n C_{\text{ht}} \tag{5.3-23}$$

式中　C_{ht}——折算系数，在均布荷载作用下，当 $C_y = \dfrac{h_c - h_n}{h_n} \leqslant 1.1$ 时，$C_{\text{ht}} = 1 + 0.46C_y$，当 $1.1 \leqslant C_y \leqslant 2$ 时，$C_{\text{ht}} = 1 + 0.43C_y$；

　　　　h_c——单坡梁的跨中截面高度；

　　　　h_n——较低端截面高度。

计算弯曲变形产生的挠度时应采用其纯弯弹性模量，可取 $1.05E$。

对于均布荷载作用下剪力产生的挠度可用下式计算：

$$\omega_v = \frac{3ql^2}{20Gbh_n} \tag{5.3-24}$$

式中　G——剪变模量，可取 $E/16$；

　　　　h_n——较低端截面高度。

3）双坡梁

双坡梁要考虑的问题与单坡梁一样，但是增加了跨中木材横纹拉应力 σ_{t90} 的作用及下表面的拉应力 σ_{mi} 增大的问题，如图 5.3-5 所示。可分别用下列公式计算：

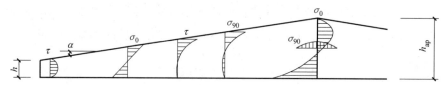

图 5.3-5　双坡梁界面应力分布

$$\sigma_{t90} = k_r \frac{6M_{\text{ap}}}{bh_{\text{ap}}^2} \tag{5.3-25}$$

$$\sigma_{\text{mi}} = k_i \frac{6M_{\text{ap}}}{bh_{\text{ap}}^2} \tag{5.3-26}$$

式中　M_{ap}——跨中尖顶处的截面弯矩；

　　　　h_{ap}——梁尖顶处的截面高度；

　　k_i、k_r——分别为跨中拉应力增大系数和横纹拉应力增大系数，皆与坡度角有关。

在梁的抗力计算方面，对于木材的横纹抗拉强度与弧形梁一样，其横纹抗拉强度设计值取顺纹抗剪强度的 $1/3$ 并计入体积因素。按欧洲规范的体积效应折减系数为 $K_{\text{dis}}\left(\dfrac{V_{\text{ref}}}{V}\right)^{0.2}$，$V_{\text{ref}}$ 取 0.01m^3，V 取 bh_{ap}^2，K_{dis} 取 1.4。加拿大木结构设计标准 CSA

086—01 采用考虑该因素影响的抗弯承载力计算公式为：

$$M_r = W_{ap} f_{t90} K_{ztp} K_R \tag{5.3-27}$$

式中 W_{ap}——双坡梁跨中尖顶处截面的抵抗矩；

K_{ztp}——体积效应系数，为式（5.3-27）中 k_i 的倒数；对于均布荷载取 $\dfrac{36}{(Ah_{ap})^{0.2}}$，

其他荷载形式取 $\dfrac{23}{(Ah_{ap})^{0.2}}$；

A——梁的最大截面积；

h_{ap}——梁尖顶处的截面高度；

$$K_R = \left[A + B \left(\frac{h_{ap}}{R} \right) + C \left(\frac{h_{ap}}{R} \right)^2 \right]^{-1}。$$

双坡梁在抗弯刚度计算方面仍采用折算高度为 h_{ef} 的矩形截面计算，折算高度计算公式仍为：

$$h_{ef} = h_n C_{ht} \tag{5.3-28}$$

均布荷载下，折算系数 C_{ht} 为：当 $0 < C_y \leqslant 1$ 时，$C_{ht} = 1 + 0.66 C_y$；当 $1 \leqslant C_y \leqslant 3$ 时，$C_{ht} = 1 + 0.62 C_y$。

均布荷载作用下建立产生的跨中挠度仍按式（5.3-25）计算。

【例 5-3a】 一花旗松方木梁，受如图 5.3-6 所示的均布荷载作用，均布荷载的设计值为 5kN/m，标准值为 4.5kN/m。梁的计算跨度为 5m，无侧向支撑，截面尺寸为 150mm×300mm。验算其承载力和变形是否满足安全和正常使用要求。

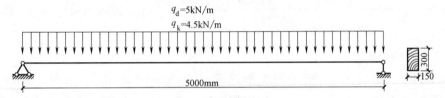

图 5.3-6 简支木梁

【解】

（1）作用效应及木材强度设计值计算

梁支座反力：

$$F_A = F_B = \frac{1}{2} \times 5 \times 5 = 12.5 \text{kN}$$

梁跨中弯矩设计值：

$$M = \frac{1}{8} \times 5 \times 5^2 = 15.6 \text{kN} \cdot \text{m}$$

支座剪力设计值：

$$V = 12.5 \text{kN}$$

跨中弯矩标准值：

$$M_k = 15.625 \times \frac{4.5}{5} = 14.1 \text{kN} \cdot \text{m}$$

材料强度设计值：$f_m=10\text{N/mm}^2$；$f_v=1.7\text{N/mm}^2$

$f_{c90}=6.7\text{N/mm}^2$；$E=11000\text{N/mm}^2$

（2）验算

梁的抗弯承载力：

$$M_r=Wf_m=\frac{150\times300^2}{6}\times10=22.5\times10^6\text{N}\cdot\text{mm}=22.5\text{kN}\cdot\text{m}>15.6\text{kN}\cdot\text{m}$$

满足抗弯承载力要求。

梁的整体稳定承载力：

因梁截面 $h/b=2<4$，取 $\varphi_l=1.0$。

梁切口深度为 $30\text{mm}<\dfrac{h}{4}=75\text{mm}$，故：

$$K_N=\left(1-\frac{d_2}{h}\right)^2=\left(1-\frac{30}{300}\right)^2=0.81$$

$$V_r=\frac{2}{3}bhf_vK_N=\frac{2}{3}\times150\times300\times1.7\times0.81=31.6\text{kN}>12.5\text{kN}$$

满足抗剪承载力要求。

梁底横纹承压承载力：

$$R_r=bl_bf_{c90}=150\times100\times6.7=100.5\text{kN}>12.5\text{kN}$$

满足横纹承压要求。

梁的挠度近似为：

$$\omega=\frac{5M_kl^2}{48EI}=\frac{5\times14.0625\times10^6\times5000^2}{48\times11000\times\dfrac{150\times300^3}{12}}=\frac{1.758\times10^{15}}{1.782\times10^{14}}=9.9\text{mm}<\frac{5000}{250}=20\text{mm}$$

满足正常使用要求。

【例5-3b】　如图5.3-7所示圆弧形梁截面 $150\text{mm}\times400\text{mm}$，轴线的曲率半径为 6.4m，跨度为4.5m，矢高为0.58m，由层板胶合木制作，木材强度等级为TC17A，层板单板厚为30mm，梁在支座处设有侧向抗倾覆装置。

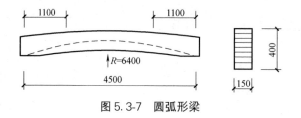

图5.3-7　圆弧形梁

【解】

（1）木材强度设计值

抗弯强度：$f_m=17\text{N/mm}^2$

横纹抗拉强度：$f_{t90}=\dfrac{1}{3}f_v=\dfrac{1}{3}\times1.7=0.57\text{N/mm}^2$

层板胶合木抗弯强度设计值修正系数：查表得1.0，按 $(300/h)^{\frac{1}{9}}=0.96$。

按加拿大木工程设计标准：

$K_{zbg}=1.03(BL)^{-0.18}=1.03\times(0.15\times4.7)^{-0.18}=1.06>1.0$，取 1.0。

故修正系数为 1.0。

（2）抗弯承载力

$$M_r=Wf_m\varphi_m$$

$$\phi_m=1-2000\left(\frac{30}{6400-400}\right)^2=0.95$$

$$M_r=\frac{150\times400^2}{6}\times17\times0.95=64.6\mathrm{kN\cdot m}$$

（3）整体稳定抗弯承载力

$$h/b=2.67>2.5$$

$$\lambda_m^2=\frac{4l_{ef}h}{\pi b^2k_m}=\frac{4\times5000\times400}{3.14\times150^2\times220}=0.515$$

$$\varphi_l=\frac{1+\dfrac{1}{\lambda_m^2}}{2C_m}-\sqrt{\left(\frac{1+\dfrac{1}{\lambda_m^2}}{2C_m}\right)^2-\frac{1}{C_m\lambda_m^2}}=\frac{1+\dfrac{1}{0.515}}{2\times0.95}-\sqrt{\left(\frac{1+\dfrac{1}{0.515}}{2\times0.95}\right)^2-\frac{1}{0.95\times0.515}}=0.955$$

$$M_r=\frac{150\times400^2}{6}\times17\times0.955=64.9\mathrm{kN\cdot m}$$

（4）由弧形梁径向拉应力计算的抗弯承载力

$$M_r=\frac{2}{3}ARf_{t90}K_{ztp}$$

木材横纹抗拉强度设计值的体积效应 K_{ztp} 按加拿大木结构设计标准 CSA 086，并假设为均布荷载作用：

$$K_{ztp}=\frac{24}{(AR\beta)^{0.2}}$$

跨中弯矩 85% 的两点距支座边距为 1.1m，故圆心角为 0.30rad。

$$K_{ztp}=\frac{24}{(150\times400\times6400\times0.30)^{0.2}}=0.568$$

$$M_r=\frac{2}{3}\times150\times400\times0.568\times0.57=82.9\mathrm{kN\cdot m}$$

由此可得，该圆弧形梁，在均布荷载作用下，抗弯承载力为 $64.6\mathrm{kN\cdot m}$，由整体抗弯承载力决定。

5.4　拉弯或压弯构件

除了轴向受力和受弯构件外，结构中也有很多受到轴向力和弯矩组合作用的构件，如桁架的上弦杆在桁架的静力分析时往往受压，同时由于屋面板的直接铺设又有弯矩作用，所以是压弯构件；轻型木结构和竹结构中的墙骨架既受竖向荷载作用，在墙骨柱中施加轴向压力，又受水平风载作用，在墙骨柱中产生弯矩，所以墙骨柱也是压弯构件。在结构体系中有许多类似的既有轴力又有弯矩作用的构件，称为压弯或拉弯构件。

5.4.1 拉弯构件的承载能力

拉弯构件的承载能力，即强度，按式（5.4-1）计算偏压承载力 N_r 或采用式（5.4-2）验算：

$$N_r = \frac{A_n f_t f_m}{f_m + \dfrac{e}{e_n} f_t} \qquad (5.4\text{-}1)$$

$$\frac{N}{A_n f_t} + \frac{M}{W_n f_m} \leqslant 1 \qquad (5.4\text{-}2)$$

式中 e——拉力相对于净截面的偏心距（mm）；

e_n——验算截的净截面核心距（mm），$e_n = \dfrac{W_n}{A_n}$；

N、M——轴向压力设计值（N）、弯矩设计值（N·mm）；

A_n、W_n——按轴心受拉构件相同方法计算的构件净截面面积（mm^2）、净截面面积抵抗矩（mm^3）；

f_t、f_m——木材顺纹抗拉强度设计值、抗弯强度设计值（N/mm^2）。

需要注意的是，式（5.4-2）是以构件失效发生在受拉边缘而建立的，在拉弯构件中若遇到拉力不大但弯矩较大的场合，构件失效并不一定会发生在受拉边缘，此时用式（5.4-2）并不能保证构件安全可靠，构件的受压区存在较大的压应力，可能造成类似梁的整体失稳问题，因此，国外一些木结构设计标准规定：

$$\frac{\sigma_m - \sigma_t}{f_m \varphi_l} \leqslant 1.0 \qquad (5.4\text{-}3)$$

式中 σ_m——构件的弯曲应力（N/mm^2）；

σ_t——构件的拉应力（N/mm^2）；

φ_l——构件的侧向稳定系数。

5.4.2 压弯构件的承载能力

压弯构件除轴力作用尚有因偏心产生的弯矩或外部横向荷载产生的弯矩作用，因此这类构件，不仅有弯矩作用平面内的强度和稳定问题，且有弯矩作用平面外的整体稳定问题。故，压弯构件需要验算三个方面的承载力，且全部满足要求才能安全使用。

1. 强度验算

$$\frac{N}{A_n f_c} + \frac{M}{W_n f_m} \leqslant 1 \qquad (5.4\text{-}4)$$

$$M = N e_0 + M_0 \qquad (5.4\text{-}5)$$

2. 弯矩作用平面内稳定验算

$$\frac{N}{\varphi \varphi_m A_0} \leqslant f_c \qquad (5.4\text{-}6)$$

$$\varphi_m = (1-K)^2 (1-kK) \qquad (5.4\text{-}7)$$

$$K = \frac{Ne_0 + M_0}{Wf_m\left(1 + \sqrt{\dfrac{N}{Af_c}}\right)} \tag{5.4-8}$$

$$k = \frac{Ne_0}{Ne_0 + M_0} \tag{5.4-9}$$

式中　A——构件全截面面积（mm^2）；

　　　φ_m——考虑轴力和初始弯矩共同作用的折减系数；

　　　N——轴向压力设计值（N）；

　　　M_0——横向荷载作用下跨中最大初始弯矩设计值（N·mm）；

　　　e_0——构件初始偏心距（mm）；

f_c、f_m——考虑不同使用条件下木材强度调整系数后的木材顺纹抗压强度设计值、抗弯强度设计值（N/mm^2）。

3. 弯矩作用平面外稳定验算

当需验算压弯构件或偏心受压构件弯矩作用平面外的侧向稳定性时，按式（5.4-10）验算：

$$\frac{N}{\varphi_y A_0 f_c} + \left(\frac{M}{\varphi_l Wf_m}\right)^2 \leqslant 1.0 \tag{5.4-10}$$

式中　φ_y——轴心压杆在弯矩作用平面外、对截面的 y-y 轴按长细比 λ_y 确定的轴心压杆稳定系数；

　　　φ_l——受弯构件的侧向稳定系数；

N、M——轴向压力设计值（N）、弯曲作用平面内的弯矩设计值（N·mm）；

　　　W——构件全截面抵抗矩（mm^3）。

对于弯矩作用平面内、外的稳定承载力计算方法，国外木结构设计规范与我国有所不同。美国、加拿大等木结构设计规范在验算中并不强调弯矩作用平面内、外分别计算。美国 NDS—1997 规范是将轴力与单、双向弯矩联合作用下的构件承载力采用统一的计算式验算。由此可见，压弯构件的稳定承载力验算是一个比较复杂的问题，目前尚没有统一的计算方法。

【例 5-4a】　一冷杉方木压弯构件，材料强度等级为 TC17A，截面尺寸为 150mm×300mm，所承受的轴向压力设计值为 $N = 75$kN。均布荷载产生的弯矩设计值为 $M_{0x} = 4.5$kN·m，且该均布荷载作用于构件顶面，构件长度为 3.0m，两端铰接，端部无侧向支撑，弯矩作用绕强轴方向，试验算此构件的承载力。

【解】

查表得木材顺纹抗压强度和抗弯强度分别为：$f_c = 16N/mm^2$，$f_m = 17N/mm^2$。

（1）强度验算

$$A_n = 150 \times 300 = 45000mm^2$$

$$W_n = \frac{1}{6} \times 150 \times 300^2 = 225 \times 10^4 mm^3$$

$$\frac{N}{A_n f_c} + \frac{M}{W_n f_m} = \frac{75 \times 10^3}{45000 \times 16} + \frac{4.5 \times 10^6}{225 \times 10^4 \times 17} = 0.104 + 0.117 = 0.231 \leqslant 1.0$$

强度满足要求。

（2）弯矩作用平面内稳定验算

$$A_0 = A_n = 150 \times 300 = 45000 \text{mm}^2$$

$$W = W_n = \frac{1}{6} \times 150 \times 300^2 = 225 \times 10^4 \text{mm}^3$$

$$i_x = \sqrt{\frac{1}{12}} \times 300 = 86.61 \text{mm}$$

$$\lambda_x = \frac{l_{0x}}{i_x} = \frac{3000}{86.61} = 34.63 < 91$$

$$\varphi = \frac{1}{1+(\lambda_x/65)^2} = \frac{1}{1+(51.95/65)^2} = 0.610$$

由构件的初始偏心距 $e_0 = 0$，得 $k = 0$。

$$K = \frac{Ne_0+M_0}{Wf_m\left(1+\sqrt{\dfrac{N}{Af_c}}\right)} = \frac{4.5 \times 10^6}{225 \times 10^4 \times 17 \times \left(1+\sqrt{\dfrac{75 \times 10^3}{45000 \times 16}}\right)} = 0.089$$

$$\varphi_m = (1-K)^2(1-kK) = (1-0.089)^2 = 0.823$$

$$\frac{N}{\varphi\varphi_m A_0} = \frac{75 \times 10^3}{0.610 \times 0.823 \times 45000} = 3.32 \text{N/mm}^2 < 16 \text{N/mm}^2$$

弯矩作用平面内稳定性满足要求。

弯矩作用平面外稳定性验算：

$$i_y = \sqrt{\frac{1}{12}} \times 150 = 43.3$$

$$\lambda_y = \frac{l_0}{i_y} = \frac{3000}{43.3} = 69.28 < 91$$

$$\varphi_y = \frac{1}{1+(\lambda_y/65)^2} = \frac{1}{1+(69.28/65)^2} = 0.467$$

$$\lambda_m = \sqrt{\frac{4l_{ef}h}{\pi b^2 k_m}} = \sqrt{\frac{4 \times 3000 \times 0.95 \times 300}{3.14 \times 150^2 \times 220}} = 0.469$$

$$\varphi_l = \frac{(1+1/\lambda_m^2)}{2c_m} - \sqrt{\left[\frac{1+1/\lambda_m^2}{2c_m}\right]^2 - \frac{1}{2c_m}} = \frac{(1+1/0.469^2)}{2 \times 0.95} - \sqrt{\left[\frac{1+1/0.469^2}{2 \times 0.95}\right]^2 - \frac{1}{0.95 \times 0.469^2}}$$

$$= 0.986$$

$$\frac{N}{\varphi_y A_0 f_c} + \left(\frac{M}{\varphi_l W f_m}\right) = \frac{75 \times 10^3}{0.467 \times 45000 \times 16} + \left(\frac{4.5 \times 10^6}{0.986 \times 225 \times 10^4 \times 17}\right)^2 = 0.237$$

弯矩作用平面外稳定性也满足要求。

【例 5-4b】 作为对照，采用格鲁班胶合竹（薄片）重新计算【例 5-4a】。截面尺寸为 150mm×300mm，所承受的轴向压力设计值为 $N = 75$kN。均布荷载产生的弯矩设计值为 $M_{0x} = 4.5$kN·m，且该均布荷载作用于构件顶面，构件长度为 3.0m，两端铰接，端部无侧向支撑，弯矩作用绕强轴方向，试验算此构件的承载力。

【解】

查表得胶合竹顺纹抗压强度和抗弯强度分别为：$f_c = 10.7\text{N/mm}^2$，$f_m = 29.0\text{N/mm}^2$。

（1）强度验算

$$A_n = 150 \times 300 = 45000\text{mm}^2$$

$$W_n = \frac{1}{6} \times 150 \times 300^2 = 225 \times 10^4 \text{mm}^3$$

$$\frac{N}{A_n f_c} + \frac{M}{W_n f_m} = \frac{75 \times 10^3}{45000 \times 10.7} + \frac{4.5 \times 10^6}{225 \times 10^4 \times 29} = 0.151 + 0.066 = 0.218 \leqslant 1.0$$

强度满足要求。

（2）弯矩作用平面内稳定验算

$$A_0 = A_n = 150 \times 300 = 45000\text{mm}^2$$

$$W = W_n = \frac{1}{6} \times 150 \times 300^2 = 225 \times 10^4 \text{mm}^3$$

$$i_x = \sqrt{\frac{1}{12}} \times 300 = 86.61\text{mm}$$

$$\lambda_x = \frac{l_{0x}}{i_x} = \frac{3000}{86.61} = 34.63 < 91$$

$$\varphi = \frac{1}{1 + (\lambda_x/65)^2} = \frac{1}{1 + (51.95/65)^2} = 0.610$$

由构件的初始偏心距 $e_0 = 0$，得 $k = 0$。

$$K = \frac{Ne_0 + M_0}{Wf_m\left(1 + \sqrt{\dfrac{N}{Af_c}}\right)} = \frac{4.5 \times 10^6}{225 \times 10^4 \times 19.5 \times \left(1 + \sqrt{\dfrac{75 \times 10^3}{45000 \times 10.7}}\right)} = 0.074$$

$$\varphi_m = (1-K)^2(1-kK) = (1-0.074)^2 \times (1-0 \times 0.074) = 0.857$$

$$\frac{N}{\varphi \varphi_m A_0} = \frac{75 \times 10^3}{0.610 \times 0.857 \times 45000} = 3.10\text{N/mm}^2 < 16\text{N/mm}^2$$

弯矩作用平面内稳定性满足要求。

弯矩作用平面外稳定性验算：

$$i_y = \sqrt{\frac{1}{12}} \times 150 = 43.3$$

$$\lambda_y = \frac{l_0}{i_y} = \frac{3000}{43.3} = 69.28 < 91$$

$$\varphi_y = \frac{1}{1 + (\lambda_y/65)^2} = \frac{1}{1 + (69.28/65)^2} = 0.467$$

$$\lambda_m = \sqrt{\frac{4 l_{ef} h}{\pi b^2 k_m}} = \sqrt{\frac{4 \times 3000 \times 0.95 \times 300}{3.14 \times 150^2 \times 220}} = 0.469$$

$$\varphi_l = \frac{(1 + 1/\lambda_m^2)}{2c_m} - \sqrt{\left[\frac{1 + 1/\lambda_m^2}{2c_m}\right]^2 - \frac{1}{2c_m}} = \frac{(1 + 1/0.469^2)}{2 \times 0.95} - \sqrt{\left[\frac{1 + 1/0.469^2}{2 \times 0.95}\right]^2 - \frac{1}{0.95 \times 0.469^2}}$$

$$= 0.986$$

$$\frac{N}{\phi_{y}A_{0}f_{c}}+\left(\frac{M}{\phi_{l}Wf_{m}}\right)=\frac{75\times10^{3}}{0.467\times45000\times10.7}+\left(\frac{4.5\times10^{6}}{0.986\times225\times10^{4}\times29.0}\right)^{2}=0.301<1.0$$

弯矩作用平面外稳定性也满足要求。

5.5　竹木结构轻型框架剪力墙

框架剪力墙是轻型竹木结构的主要抗侧力构件，通常的轻型竹木结构剪力墙主要由四部分组成：墙体骨架，覆面板，面板-骨架连接件以及墙角抗倾覆锚固构件。墙体骨架由顶梁板、底梁板和墙骨柱组成，墙体材料可以采用规格材或胶合竹材，其中墙骨柱间距一般为400mm，顶（底）梁板与骨柱之间采用钉连接。覆面板可以采用胶合木、OSB刨花板、胶合竹板或其他结构板材。墙体在门窗处需要开孔时还应设置过梁来传递上部荷载。面板-骨架连接件是影响轻型墙体性能的重要因素，一般采用钉连接，其中钉直径和钉间距还需满足剪力墙的要求。墙角抗倾覆锚固构件可以传递剪力并限制墙体在侧向力作用下的翻转。图5.5-1给出了此类墙体的主要结构组成及其构造方式。

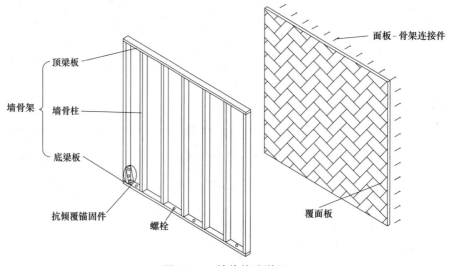

图 5.5-1　墙体构造详图

目前国内外研究一般认为墙体覆面板与骨架之间的钉连接件的承载力确定了墙体的抗侧向能力，故剪力墙的抗剪承载力设计值计算公式可表述为：

$$V=\sum f_{d}l$$
$$f_{d}=f_{vd}k_{1}k_{2}k_{3}$$

式中　f_{vd}——采用结构板材作为覆面板的剪力墙的抗剪强度设计值（kN/m），其中采用
　　　　　　　木基材料的覆面板与骨架的设计值参见表5.5-1；

　　　　l——平行于荷载方向的剪力墙墙肢长度（m）；

　　　　k_{1}——木基结构板材含水率调整系数；

　　　　k_{2}——骨架构件材料树种的调整系数；

　　　　k_{3}——强度调整系数，仅用于无横撑水平铺板的剪力墙。

剪力墙的抗剪强度设计值 f_{vd} （kN/m）   表 5.5-1

面板最小名义厚度(mm)	钉在骨架构件中的最小钉入深度(mm)	普通钉直径(mm)	面板直接铺于骨架构件			
			面板边缘钉间距(mm)			
			150	100	75	50
7	31	2.8	3.2	4.8	6.2	8.0
9	31	2.8	3.5	5.4	7.0	9.1
9	35	3.1	3.9	5.7	7.3	9.5
11	35	3.1	4.3	6.2	8.0	10.5
12	35	3.1	4.7	6.8	8.7	11.4
12	38	3.7	5.5	8.2	10.7	13.7
15	38	3.7	6.0	9.1	11.9	15.6

类似的，如采用竹基材料作为覆面板或骨架材，在获知其单个面板-骨架钉连接件承载力设计值的基础上，亦可按上述公式计算。最近的研究表明：在竹基材料相关设计值尚待研究确定的前提下，按既有木基材料的相关数据进行设计，是偏于保守的。不过，胶合竹的密度因为比木材高，宜采用相应合适的钉连接。

本章小结

本章介绍了木结构构件的设计计算公式，并解释了其基本力学原理，及相关设计规范、规程的规定。而对于竹结构，则主要建议参照木结构进行设计，并结合最新研究成果给出了一定的研究依据。

思考与练习题

5-1 简述竹木结构构件与典型钢结构构件有什么异同点。

5-2 以柱及梁为例，说明胶合竹构件与胶合木构件的异同。

第6章 竹木结构连接

本章要点及学习目标

本章要点：

现代木结构连接的类型，各类木结构连接节点的设计计算方法，现代木结构连接节点的构造措施。

学习目标：

了解现代木结构连接的类型；掌握各类木结构连接节点的设计计算方法；熟悉现代木结构连接节点的构造措施。

连接对于竹木结构而言举足轻重，竹木结构构件必须由可靠的连接才能形成整体结构体系；同时，连接也是竹木结构良好延性与耗能能力的重要来源；此外，经济、可靠且简便的连接也是竹木结构设计、研究和应用过程中的重要课题。本章主要针对木结构连接进行介绍，而针对工程竹结构连接，根据有限的研究，建议可参考木结构连接进行设计、加工和安装。

传统木结构的连接一般主要靠榫接，通过在连接构件的一方开洞并将适当削减整形的另一方构件插入来实现。传统的木结构连接往往因为有截面的削减和开洞，其传力机理并不完整，且容易破坏。而现代木结构连接主要靠辅助的钢连接件来实现。现代竹木结构的连接通常有以下几种类型：销栓（圆钢销和螺栓）连接、钉连接、螺钉连接、裂环与剪板连接、齿板连接、植筋连接等，其中前三类可统称为销连接，也是现代木结构中最常见的连接形式。而在木结构连接设计时，由于被连接构件材料和受力机理等的不同，其计算理论和设计方法与钢结构连接也有较大差异。一般来说，影响连接性能的主要因素有：①连接类型；②连接部位的材料尺寸与紧固件布置；③连接部位的材料性能；④环境条件，如使用环境、温湿度变化等；⑤外荷载类型与大小。

在进行竹木结构连接设计时，应尽可能满足如下要求：①外观适宜；②能够抵抗温湿度变化引起的变形；③受力明确且便于计算；④足够的承载力、刚度和变形性能；⑤可靠的抗火性能；⑥截面削弱不大，无偏心；⑦便于加工安装；⑧成本较低。

本章内容包括销栓连接屈服理论，以及销栓连接、钉连接、裂环和剪板连接、齿板连接、植筋连接的设计方法和相关构造措施等。

6.1 木-木销栓连接的承载力计算

木-木销栓连接一般用于桁架节点或梁柱节点（图 6.1-1）。其紧固件主要类型有螺栓、圆钢销和螺钉等（图 6.1-2），这类紧固件统称为销轴类紧固件，销轴类紧固件由于安装简便、成本较低、节点受力性能良好、延性性能好等优点，在木结构中的应用最为普遍。

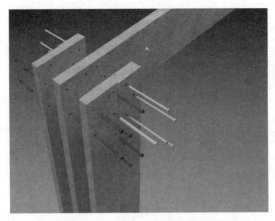

图 6.1-1　木-木销栓连接示意图

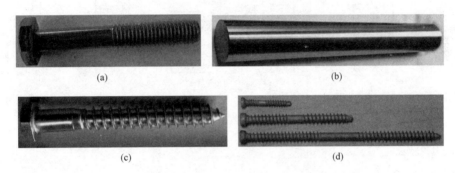

图 6.1-2　销轴类紧固件主要类型

（a）螺栓；（b）圆钢销；（c）六角头螺钉；（d）自攻螺钉

　　影响销栓连接承载力的主要因素有：①销轴类紧固件的抗弯强度；②木材等被连接材料的销槽承压强度；③销轴类紧固件的抗拔承载力。销轴类紧固件在受力时，会与周围木材形成沿挤压面分布的作用力与反作用力，如图 6.1-3 所示，销轴类紧固件可视为承受来

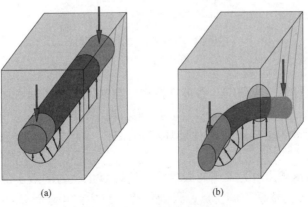

图 6.1-3　销栓连接受力示意图

（a）短粗型销；（b）细长型销

自木构件销槽挤压力的梁。当销轴类紧固件直径相对于木构件厚度较大时，紧固件近似保持直线型（图 6.1-3a），当销轴类紧固件直径相对于木构件厚度较小时，紧固件由于受力弯曲而将沿长度方向产生一个或两个塑性铰（图 6.1-3b）。

对于钉连接、螺钉连接、螺栓连接等销连接形式，其承载力计算理论最早是在 1949 年由 Johansen 提出，通常称为"欧洲屈服模型"，其基本思想是将销轴类紧固件的屈服模式分为三大类：①屈服模式 1：销轴类紧固件无塑性铰出现；②屈服模式 2：销轴类紧固件出现一个塑性铰；③屈服模式 3：销轴类紧固件出现两个塑性铰。具体到承载力计算，我们可以将屈服模式调整为四大类：销槽承压破坏（Ⅰ）、销槽局部挤压破坏（Ⅱ）、单个塑性铰破坏（Ⅲ）和两个塑性铰破坏（Ⅳ）。图 6.1-4 和图 6.1-5 分别为 Johansen 理论中代表单剪和双剪连接的屈服模式。

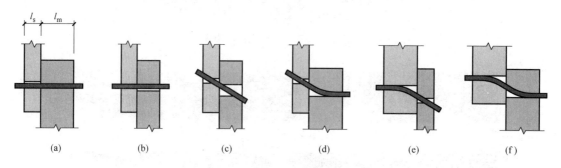

图 6.1-4　单剪连接屈服模式

(a) Ⅰ；(b) Ⅰ；(c) Ⅱ；(d) Ⅲ$_m$；(e) Ⅲ$_s$；(f) Ⅳ

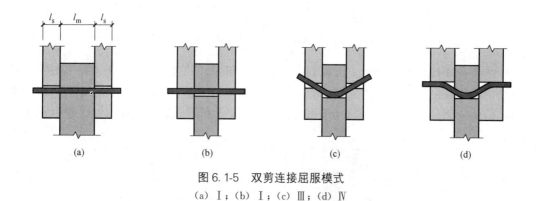

图 6.1-5　双剪连接屈服模式

(a) Ⅰ；(b) Ⅰ；(c) Ⅲ；(d) Ⅳ

木-木销栓连接计算基本假定：①被连接构件与紧固件之间紧密接触；②外部荷载作用方向垂直于销轴；③连接部位满足最小的边距、端距和间距等相关要求；④当出现销槽承压破坏或销栓紧固件受弯屈服两种破坏状态的任一种时，即判定连接达到了极限承载力。

木-木销栓连接承载力取为不同屈服模式下所计算承载力的最小值。每个剪面的抗剪承载力设计值经各类调整系数调整后，得到抗剪承载力修正设计值 $F'_{v,d}$ 如下（注意：若为双剪连接形式，单个紧固件的总承载力应在相应承载力的公式计算结果基础上乘以 2）：

$$F'_{v,d}=C_m C_n C_t k_g F_{v,d} \tag{6.1-1}$$

式中 C_m——含水率调整系数，按表 6.1-1 取值；

C_n——设计使用年限调整系数，按表 6.1-2 取值；

C_t——温度环境调整系数，按表 6.1-1 取值；

k_g——群栓组合系数，应按现行国家标准《木结构设计标准》GB 50005—2017 采用；

$F_{v,d}$——承载力设计值，应按式（6.1-2）、式（6.1-3）和式（6.1-7）～式（6.1-11）确定。

使用条件调整系数 表 6.1-1

序号	调整系数	采用条件	取值
1	含水率调整系数 C_m	使用中木构件含水率大于 15% 时	0.8
		使用中木构件含水率小于 15% 时	1.0
2	温度调整系数 C_t	长期生产性高温环境，木材表面温度达 40～50℃时	0.8
		其他温度环境时	1.0

不同设计使用年限时木材强度设计值和弹性模量的调整系数 C_n 表 6.1-2

设计使用年限	调 整 系 数	
	强度设计值	弹性模量
5 年	1.10	1.10
25 年	1.05	1.05
50 年	1.00	1.00
100 年及以上	0.90	0.90

对于单剪连接或对称双剪连接，单个紧固件的每个剪面的承载力设计值 $F_{v,d}$ 应按下式进行计算：

$$F_{v,d}=k_{sd\,min}l_s d f_{es,k} \tag{6.1-2}$$

$$k_{sd\,min}=\min[k_{sI}/\gamma_1,k_{sII}/\gamma_2,k_{sIII}/\gamma_3,k_{sIV}/\gamma_4] \tag{6.1-3}$$

式中 $k_{sd\,min}$——单剪连接时较薄构件或双剪连接时边部构件的销槽承压最小有效长度系数（对应于连接承载力设计值）；

l_s——较薄构件或边部构件的厚度（mm）；

d——销轴类紧固件的直径（mm）；

k_{sI}、k_{sII}、k_{sIII}、k_{sIV}——对应于各种屈服模式的较薄或边部构件的销槽承压有效长度系数，按式（6.1-7）～式（6.1-11）取值；

γ_I、γ_{II}、γ_{III}、γ_{IV}——对应于各种屈服模式的抗力分项系数，按表 6.1-3 取值；

$f_{es,k}$——较薄构件或边部构件的销槽承压强度标准值（N/mm²），按下述方法确定。

构件连接时剪面承载力的抗力分项系数 γ 取值表 表 6.1-3

连接件类型	各屈服模式的抗力分项系数			
	γ_I	γ_{II}	γ_{III}	γ_{IV}
螺栓、销或六角头木螺钉	4.38	3.63	2.22	1.88
圆钉	3.42	2.83	2.22	1.88

上述公式中木材的销槽承压强度的计算方法如下：

1. 当 $6\mathrm{mm}{\leqslant}d{\leqslant}25\mathrm{mm}$ 时，销轴类紧固件的销槽顺纹承压强度标准值 $f_{\mathrm{e,0,k}}$ （$\mathrm{N/mm^2}$）为：

$$f_{\mathrm{e,0,k}}=77G \tag{6.1-4}$$

式中　G——木构件材料的全干相对密度，可根据规范取值。

2. 当 $d<6\mathrm{mm}$ 时，销轴类紧固件的销槽承压强度标准值 $f_{\mathrm{e,k}}$ （$\mathrm{N/mm^2}$）为：

$$f_{\mathrm{e,k}}=114.5G^{1.84} \tag{6.1-5}$$

3. 销轴类紧固件的销槽横纹承压强度标准值 $f_{\mathrm{e,90,k}}$ （$\mathrm{N/mm^2}$）为：

$$f_{\mathrm{e,90,k}}=\frac{212G^{1.45}}{\sqrt{d}} \tag{6.1-6}$$

式中　d——销轴类紧固件直径（mm）。

4. 当作用在构件上的荷载与木纹呈夹角 θ 时，销槽承压强度标准值 $f_{\mathrm{e,\theta,k}}$ （$\mathrm{N/mm^2}$）按下式确定：

$$f_{\mathrm{e,\theta,k}}=\frac{f_{\mathrm{e,0,k}}f_{\mathrm{e,90,k}}}{f_{\mathrm{e,0,k}}\sin^2\theta+f_{\mathrm{e,90,k}}\cos^2\theta} \tag{6.1-7}$$

式中　θ——荷载与木纹方向的夹角。

5. 紧固件在钢材上的销槽承压强度 $f_{\mathrm{e,k}}$ 应按现行国家标准《钢结构设计标准》GB 50017—2017 规定的螺栓连接的构件销槽承压强度设计值的 1.1 倍计算。

6. 紧固件在混凝土构件上的销槽承压强度按混凝土立方体抗压强度标准值的 1.57 倍计算。

给定：$\beta=f_{\mathrm{em,k}}/f_{\mathrm{es,k}}$，$\alpha=l_{\mathrm{m}}/l_{\mathrm{s}}$，$\eta$ 为 l_{s}/d，l_{m} 为单剪连接时较厚构件或双剪连接时中部构件的厚度（mm），$f_{\mathrm{em,k}}$ 为较厚构件或中部构件的销槽承压强度标准值（$\mathrm{N/mm^2}$），$f_{\mathrm{yb,k}}$ 为销轴类紧固件抗弯强度标准值（$\mathrm{N/mm^2}$），k_{ep} 为销类紧固件的弹塑性强化系数，则对应于不同屈服模式，较薄或边部构件的销槽承压有效长度系数计算方法如下：

1. 销槽承压破坏（破坏模式Ⅰ）

如图 6.1-4 (a)、(b) 和图 6.1-5 (a)、(b) 所示的破坏模式下，销槽承压有效长度系数 k_{sI} 为：

$$k_{\mathrm{sI}}=\begin{cases}\alpha\beta{\leqslant}1.0, & \text{对于单剪连接}\\ \alpha\beta/2{\leqslant}0.5, & \text{对于双剪连接}\end{cases} \tag{6.1-8}$$

2. 销槽局部挤压破坏（破坏模式Ⅱ）

如图 6.1-4 (c) 所示的破坏模式下，销槽承压有效长度系数 k_{sII} 为：

$$k_{\mathrm{sII}}=\frac{\sqrt{\beta+2\beta^2(1+\alpha+\alpha^2)+\alpha^2\beta^3}-\beta(1+\alpha)}{1+\beta} \tag{6.1-9}$$

3. 单个塑性铰破坏（破坏模式Ⅲ）

1）当单剪连接的屈服模式为 Ⅲ$_{\mathrm{m}}$（图 6.1-4d）时，销槽承压有效长度系数 k_{sIIIm} 的计算方法如下：

$$k_{\mathrm{sIIIm}}=\frac{\alpha\beta}{1+2\beta}\left[\sqrt{2(1+\beta)+\frac{1.647(1+2\beta)k_{\mathrm{ep}}f_{\mathrm{yb,k}}}{3\beta\alpha^2 f_{\mathrm{es,k}}\eta^2}}-1\right] \tag{6.1-10}$$

2）当屈服模式为Ⅲ$_s$（图6.1-4e和图6.1-5c）时，销槽承压有效长度系数$k_{sⅢs}$的计算方法如下：

$$k_{sⅢs}=\frac{\beta}{2+\beta}\left[\sqrt{\frac{2(1+\beta)}{\beta}+\frac{1.647(2+\beta)k_{ep}f_{yb,k}}{3\beta f_{es,k}\eta^2}}-1\right] \tag{6.1-11}$$

上述公式中，当采用Q235钢等具有明显屈服性能的钢材时，取$k_{ep}=1.0$；当采用其他钢材时，应按具体的弹塑性强化性能确定，其强化性能无法确定时，仍应取$k_{ep}=1.0$。

4. 两个塑性铰破坏（破坏模式Ⅳ）

如图6.1-4（f）和图6.1-5（d）所示的破坏模式下，销槽承压有效长度系数$k_{sⅣ}$的计算方法如下：

$$k_{sⅣ}=\frac{1}{\eta}\sqrt{\frac{1.647\beta k_{ep}f_{yb,k}}{3(1+\beta)f_{es,k}}} \tag{6.1-12}$$

此外，木结构销栓连接尚需满足构造要求。如销轴类紧固件的端距、边距、间距和行距最小尺寸应符合表6.1-4的要求；当采用螺栓、销或六角头木螺钉作为紧固件时，其直径不应小于6mm。

交错布置的销轴类紧固件（图6.1-6），其端距、边距、间距和行距的布置应符合下列规定：

1）对于顺纹荷载作用下交错布置的紧固件，当相邻行上的紧固件在顺纹方向的间距不大于$4d$时，则可将相邻行的紧固件确认是位于同一截面上。d为紧固件的直径。

2）对于横纹荷载作用下交错布置的紧固件，当相邻行上的紧固件在横纹方向的间距不小于$4d$时，则紧固件在顺纹方向的间距不受限制；当相邻行上的紧固件在横纹方向的间距小于$4d$时，则紧固件在顺纹方向的间距应符合表6.1-4的规定。d为紧固件的直径。

销轴类紧固件的端距、边距、间距和行距的要求　　　　表6.1-4

距离名称	顺纹荷载作用时		横纹荷载作用时	
最小端距e_1	受力端	$7d$	受力边	$4d$
	非受力端	$4d$	非受力边	$1.5d$
最小边距e_2	当$l/d\leqslant6$	$1.5d$	d	
	当$l/d>6$	取$1.5d$与$r/2$两者较大值		
最小间距s	$4d$		$4d$	
最小行距r	$2d$		当$l/d\leqslant2$	$2.5d$
			当$2<l/d<6$	$(5l+10d)/8$
			当$l/d\geqslant6$	$5d$
几何位置示意图				

注：1. 受力端为销槽受力指向端部；非受力端为销槽受力背离端部；受力边为销槽受力指向边部；非受力边为销槽受力背离端部。

2. 表中，l为紧固件长度，d为紧固件的直径；并且，l/d应值取下列两者中的较小值：①紧固件在主构件中的贯入深度l_m与直径d的比值l_m/d；②紧固件在侧构件中的总贯入深度l_s与直径d的比值l_s/d。

3. 当钉连接不预钻孔时，其端距、边距、间距和行距应为表中数值的2倍。

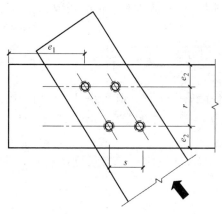

图 6.1-6   紧固件交错布置几何位置示意图

在销栓连接加工与安装过程中，尚需注意如下问题：

1. 螺栓连接

1）木构件中螺栓孔直径比螺栓直径最多大 1mm；

2）螺帽或螺母下钢垫圈或钢垫板的边长或直径至少应取为 3 倍的螺栓直径，其厚度至少应取为 0.3 倍的螺栓直径，并且应具有足够的承压面积；

3）螺栓与螺钉应拧紧以保证连接紧密，当木材达到平衡含水率时，视情况确定是否需要重新拧紧螺栓，以确保足够的结构承载力和刚度。

2. 销连接

销直径一般介于 6～30mm 之间，其在木构件中的预钻孔不应大于销直径，销直径的允许偏差为 $-0/+0.1$。

3. 木螺钉连接

1）对于针叶材木构件，当螺钉光圆螺杆部分的直径不大于 6mm 时，不需要预钻孔。

2）对于所有阔叶材木构件以及采用直径大于 6mm 时的针叶材木构件，均需要预钻孔，相关要求为：光圆螺杆部分引孔的孔径和孔深均应与螺杆自身相同；螺纹部分引孔的孔径约为光圆螺杆孔径的 0.7 倍。

3）当木材密度超过 500kg/m^3 时，预钻孔直径应通过试验手段获取。

6.2   木-钢销栓连接的承载力计算

6.2.1   承载力计算

木-钢销栓连接是木结构中常见的连接形式，现代木结构中大部分节点都是由钢板连接件和紧固件实现的，一般可分为钢夹板连接和钢填板连接（图 6.2-1）。图 6.2-2（a）为用于菲律宾宿务国际机场扩建工程中木结构屋顶的拱脚节点，此节点采用钢板和木螺钉进行连接，是典型的木-钢销栓连接形式中的钢夹板连接。

关于木-钢销栓连接承载力，我国木结构现行国家标准中，其计算方法与木-木销栓连接相同，只要将木材销槽承压强度替换为钢材的销槽承压强度即可，此处不再赘述。

下面专门介绍欧洲针对木-钢销栓连接的设计计算方法，其在计算中分别考虑钢夹板连接和钢填板连接，并且同时考虑了钢板厚度对承载力的影响。实际上，木-钢连接的承载力取决于钢板厚度 t_{steel} 和紧固件直径 d 的相对大小，当钢板厚度 $t_{steel} \leqslant 0.5d$ 时，称之为薄钢板，此时紧固件在钢板销孔部位的支撑条件视为铰支座；当钢板厚度 $t_{steel} \geqslant d$ 且销孔直径偏差小于 $0.1d$ 时，称之为厚钢板，此时紧固件在钢板销孔部位的支撑条件视为固定支座；当钢板厚度介于 $0.5d$ 和 d 时，连接承载力采用上述两种情形计算结果的线性插值来确定。

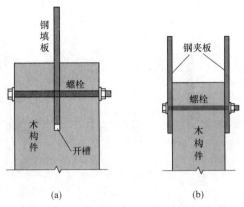

图 6.2-1 钢填板与钢夹板连接示意图

（a）钢填板连接；（b）钢夹板连接

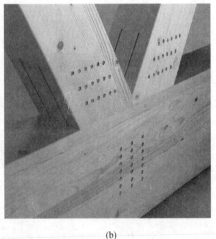

(a)   (b)

图 6.2-2 木-钢销栓连接实例

（a）钢夹板连接实例；（b）钢填板连接实例

这种设计方法中考虑的因素更加具体，对销栓连接方面的科学研究等方面具有一定参考价值，因此也做专门介绍如下。

根据单剪或双剪、薄钢板或厚钢板等不同情形，分别给出破坏模式如图 6.2-3 和图 6.2-4 所示。

下面针对上述不同破坏模式，分别给出木-钢连接单个紧固件每个抗剪面的承载力计算公式（注意：若为双剪连接形式，单个紧固件的总承载力应在相应承载力的公式计算结果基础上乘以 2）：

1. 对于薄钢板单剪连接：

$$F_{v,k} = \min \begin{cases} 0.4 f_{es,k} l_s d & （破坏模式：图 6.2-3a） \\ 1.15 \sqrt{2 M_{yb,k} f_{es,k} d} & （破坏模式：图 6.2-3b） \end{cases} \tag{6.2-1}$$

2. 对于厚钢板单剪连接：

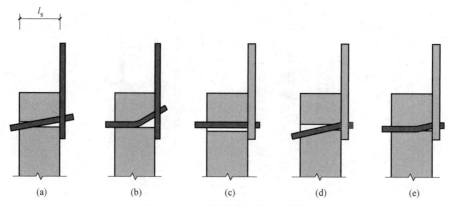

图 6.2-3　木-钢单剪连接破坏模式

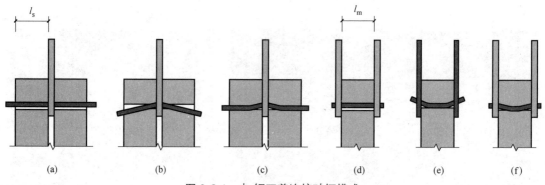

图 6.2-4　木-钢双剪连接破坏模式

$$F_{v,k} = \min \begin{cases} f_{es,k} l_s d & (破坏模式:图 6.2\text{-}3c) \\ f_{es,k} l_s d \left[\sqrt{2 + \dfrac{4M_{yb,k}}{f_{es,k} d l_s^2}} - 1 \right] & (破坏模式:图 6.2\text{-}3d) \\ 2.3 \sqrt{M_{yb,k} f_{es,k} d} & (破坏模式:图 6.2\text{-}3e) \end{cases} \qquad (6.2\text{-}2)$$

3. 对于采用任意厚度钢填板的双剪连接:

$$F_{v,k} = \min \begin{cases} f_{es,k} l_s d & (破坏模式:图 6.2\text{-}4a) \\ f_{es,k} l_s d \left[\sqrt{2 + \dfrac{4M_{yb,k}}{f_{es,k} d l_s^2}} - 1 \right] & (破坏模式:图 6.2\text{-}4b) \\ 2.3 \sqrt{M_{yb,k} f_{es,k} d} & (破坏模式:图 6.2\text{-}4c) \end{cases} \qquad (6.2\text{-}3)$$

4. 对于采用薄钢夹板的双剪连接:

$$F_{v,k} = \min \begin{cases} 0.5 f_{em,k} l_m d & (破坏模式:图 6.2\text{-}4d) \\ 1.15 \sqrt{2M_{yb,k} f_{em,k} d} & (破坏模式:图 6.2\text{-}4e) \end{cases} \qquad (6.2\text{-}4)$$

5. 对于采用厚钢夹板的双剪连接:

$$F_{v,k} = \min \begin{cases} 0.5 f_{em,k} l_s d & (破坏模式:图 6.2\text{-}4d) \\ 2.3 \sqrt{2M_{yb,k} f_{em,k} d} & (破坏模式:图 6.2\text{-}4f) \end{cases} \qquad (6.2\text{-}5)$$

式中　$F_{v,k}$——抗剪承载力标准值（N）；

　　　$M_{yb,k}$——销轴类紧固件屈服弯矩标准值（Nmm）。

关于顺纹方向销槽承压强度，EC5规定当螺栓直径 d 不超过30mm时，其顺纹方向销槽承压强度标准值计算公式如下：

$$f_{e,0,k}=0.082(1-0.01d)\rho_k \qquad (6.2\text{-}6)$$

式中　ρ_k——木材密度标准值（kg/m^3）。

若销槽受力方向与顺纹方向呈夹角 α，则针叶材树种销槽承压强度标准值计算公式如下：

$$f_{e,\alpha,k}=\frac{f_{e,0,k}}{(1.35+0.015d)\sin^2\alpha+\cos^2\alpha} \qquad (6.2\text{-}7)$$

欧洲规范中，承载力设计值与标准值之间的关系如下：

$$X_d=k_{\mathrm{mod}}\frac{X_k}{\gamma_M} \qquad (6.2\text{-}8)$$

式中　X_k——承载力标准值；

　　　γ_M——EC5中给出的材料性能分项系数，部分常见材料的分项系数见表6.2-1；

　　　k_{mod}——考虑持荷时间与含水率的调整系数，选取部分材料的相关调整系数见表6.2-2。

建议的材料抗力分项系数 γ_M	表 6.2-1
基本组合作用下：	
锯材	1.3
胶合木	1.25
单板层积材,胶合板,定向木片板	1.2
连接	1.3
齿板紧固件	1.25
偶然组合作用下：	1.0

考虑持荷时间与含水率的调整系数 k_{mod} 取值　　　　表 6.2-2

材料	服役等级	荷载持续时间类别				
		永久作用	长期作用	中期作用	短期作用	瞬时作用
锯材	1	0.60	0.70	0.80	0.90	1.10
	2	0.60	0.70	0.80	0.90	1.10
	3	0.50	0.55	0.65	0.70	0.90
胶合木	1	0.60	0.70	0.80	0.90	1.10
	2	0.60	0.70	0.80	0.90	1.10
	3	0.50	0.55	0.65	0.70	0.90
单板层积材	1	0.60	0.70	0.80	0.90	1.10
	2	0.60	0.70	0.80	0.90	1.10
	3	0.50	0.55	0.65	0.70	0.90
胶合板	1	0.60	0.70	0.80	0.90	1.10
	2	0.60	0.70	0.80	0.90	1.10
	3	0.50	0.55	0.65	0.70	0.90
定向木片板	1	0.30	0.45	0.65	0.85	1.10
	2	0.20	0.50	0.70	0.90	1.10
	3	0.30	0.40	0.55	0.70	0.90

根据式（6.2-8），由式（6.2-1）～式（6.2-5）可推导出木-钢连接各种情形下的承载力设计值。

此外，根据已有针对欧洲和我国木结构设计规范的对比研究，基于销栓连接承载力设计值等价原则，上述根据 EC5 得到的木-钢销栓连接承载力设计值乘以 0.923 的系数，由此近似换算为根据我国规范设计所得的承载力计算值。

6.2.2 抗拔承载力

无论是木-木销栓连接还是木-钢销栓连接，只要是销栓紧固件发生了弯曲，部分荷载也会通过紧固件抗拔来分担，这种现象称为绳索效应；此部分所承担荷载的大小主要取决于紧固件表面形状、自身锚固情况以及紧固件端头形式和垫圈大小等因素；一般抗拔承载力可通过试验获取或由经验公式来确定。

由于绳索效应是现实存在的，因此在开展此类连接的科学试验或检测鉴定过程中，还是需要适当考虑绳索效应的影响，下面是欧洲的一些做法，可供参考。

1. EC5 中的相关规定

针对木-木销栓连接、木-钢销栓连接和其他销栓连接中存在紧固件弯曲的屈服模式，由绳索效应贡献的连接承载力的取值方法如下：

$$F_{\mathrm{RE,k}}=F_{\mathrm{ax,k}}/4\leqslant \begin{cases} 0.15F_{\mathrm{v,k}} & \text{对于圆钉} \\ 0.25F_{\mathrm{v,k}} & \text{对于方钉和槽钉} \\ 0.5F_{\mathrm{v,k}} & \text{对于除上述两种的其他钉} \\ F_{\mathrm{v,k}} & \text{对于螺钉} \\ 0.25F_{\mathrm{v,k}} & \text{对于螺栓} \\ 0 & \text{对于圆钢销} \end{cases} \quad (6.2\text{-}9)$$

式中　$F_{\mathrm{RE,k}}$——由绳索效应贡献的连接承载力标准值（N）；

$F_{\mathrm{ax,k}}$——紧固件抗拔承载力标准值（N）。

2. 紧固件抗拔承载力的确定方法

1）钉

对于钉来说，其抗拔承载力主要与钉表面粗糙度和钉帽锚固能力有关，这两部分的承载力分别可采用 F_{ax}（N）和 F_{head}（N）来表示。

则对于非光圆钉，抗拔承载力标准值为：

$$F_{\mathrm{ax,k}}=\min \begin{cases} f_{\mathrm{ax,k}}dt_{\mathrm{pen}} \\ f_{\mathrm{head,k}}d_{\mathrm{h}}^{2} \end{cases} \quad (6.2\text{-}10)$$

对于光圆钉，抗拔承载力标准值为：

$$F_{\mathrm{head,k}}=\min \begin{cases} f_{\mathrm{ax,k}}dt_{\mathrm{pen}} \\ f_{\mathrm{ax,k}}dt+f_{\mathrm{head,k}}d_{\mathrm{h}}^{2} \end{cases} \quad (6.2\text{-}11)$$

式中　d——钉直径（mm）；

t_{pen}——钉尖钉入长度或螺纹钉螺纹部分的钉入长度（mm）；

t——钉帽一侧的木构件厚度（mm）；

d_{h}——钉帽直径（mm）。

式（6.2-10）和式（6.2-11）中的两部分拉拔强度 $f_{ax,k}$（N/mm²）和 $f_{head,k}$（N/mm²），可通过试验获取或由如下经验公式计算：

$$f_{ax,k}=20\times10^{-6}\rho_k^2 \tag{6.2-12}$$

$$f_{head,k}=70\times10^{-6}\rho_k^2 \tag{6.2-13}$$

式中　ρ_k——木材密度标准值（kg/m³）。

需要注意的问题是：①光圆钉不能来承受永久荷载和长期荷载下的抗拔力；②螺纹钉仅在螺纹部分能够承受抗拔力；③钉入木构件端头的钉不能承受抗拔力。

2）螺栓

螺栓的抗拔承载力，除了与螺栓自身的抗拉强度有关外，还与螺帽和垫圈的锚固能力有关。其抗拔承载力可按下式计算：

$$F_{ax,washer,k}=3f_{c,90,k}A_{washer} \tag{6.2-14}$$

式中　$f_{c,90,k}$——木材横纹承压强度标准值（N/mm²）；

　　　A_{washer}——垫圈承压面积（mm²）。

如果采用厚度为 t_{steel} 的整钢板替代垫圈，A_{washer} 应替换为圆形面积，此圆形的直径为：

$$D=\min\begin{cases}12t_{steel}\\4d\end{cases} \tag{6.2-15}$$

式中　d——螺栓直径（mm）。

3）木螺钉

木螺钉的抗拔承载力，主要取决于螺纹参数，可按下式计算：

$$F_{ax,k}=0.52d^{-0.5}l_{ef}^{-0.1}\rho_k^{0.8} \tag{6.2-16}$$

式中　l_{ef}——螺纹部分的钉入长度（mm）；

　　　ρ_k——木材密度标准值（kg/m³）。

$$F_{ax,\alpha,k}=\frac{n^{0.9}f_{ax,k}dl_{ef}k_d}{1.2\cos^2\alpha+\sin^2\alpha} \tag{6.2-17}$$

式中　α——自攻螺钉与木纹之间的夹角（$\alpha\geqslant30°$）；

　　　k_d——$\min(d/8;1)$（mm）；

　　　n——共同受力的螺钉数量（个）。

同时，要求自攻螺钉外径满足 $6\leqslant d\leqslant12$，内外径比值满足 $0.6\leqslant d_1/d\leqslant0.75$。

6.2.3　群栓连接承载力

1. 群栓连接承载力的折减

在木结构中，当多个销轴类紧固件组成的连接在木材顺纹方向共同受力时（图6.2-5），一般很难做到不同紧固件的完全协同工作，这是由于木材的脆性本质和强度的变异性、连接部位的加工误差以及被连接构件受力的不均匀性等引起的。一般来说，连接部位紧固件刚度越大，这种群体作用对连接承载力的影响就越大。因此，理论上来讲，此类群栓连接的承载力不是各紧固件承载力的简单叠加，而是需要一定的折减。

各国规范均通过统计分析给出相应的群栓作用时的承载力折减取值或经验公式，我国规范是通过引入群栓组合系数 k_g 对群栓连接承载力进行折减，计算时直接按《木结构设计标准》GB 50005—2017 附录 K 查表即可。欧洲规范则通过引入紧固件有效数量 n_{ef} 来对群栓连接承载力进行折减，具体方法如下：

图 6.2-5　群栓连接节点

$$n_{ef}=n^{k_{ef}} \quad （对于钉和 U 形钉）$$

(6.2-18)

$$n_{ef}=\min \begin{cases} n \\ n^{0.9}\sqrt[4]{\dfrac{a_1}{13d}} \end{cases} \quad （对于螺栓和木螺钉）$$

(6.2-19)

式中　　a_1——指纹路方向螺栓间距；

　　　　d——螺栓直径；

　　　　n——一排螺栓的数量。

对于横纹方向受力的连接，有效紧固件有效数量取为 $n_{ef}=n$。

若荷载方向与木材顺纹方向的夹角 $0°\leqslant\alpha\leqslant90°$，则 n_{ef} 取值为式（6.2-18）和式（6.2-19）计算值的线性插值。

2. 群栓连接脆性破坏及其验算

对于在木构件端部采用木-钢销栓连接的情形，当多个销轴类紧固件组成的连接在木材顺纹方向共同受力时，很多时候也会发生沿紧固件周边木材破坏的情况，主要包括两种形式的破坏：块剪破坏（图 6.2-6a）和塞剪破坏（图 6.2-6b）。

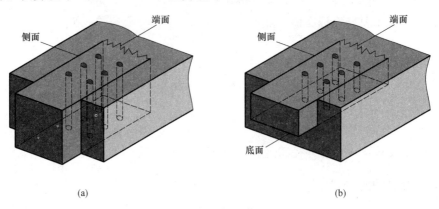

(a)　　　　　　　　　　　　　　　　　(b)

图 6.2-6　群栓连接脆性破坏形式

（a）块剪破坏；（b）塞剪破坏

块剪或塞剪破坏情形下的连接承载力设计值 $F_{bs,d}$ 为：

$$F_{bs,d}=\max \begin{cases} 1.5A_{net,t}f_t \\ 0.7A_{net,v}f_v \end{cases}$$

(6.2-20)

式中　　$A_{net,t}$——破坏面在横纹方向的净截面面积（mm^2）；

$A_{net,v}$——破坏面在顺纹方向的剪切面净面积（mm^2）;

f_t——木材顺纹抗拉强度设计值（N/mm^2）;

f_v——木材顺纹抗剪强度设计值（N/mm^2）。

6.2.4 算例

【例 6-1】 木结构桁架下弦受拉节点，外荷载作用下的拉力设计值为 240kN，荷载持续时间类别为中期作用；胶合木树种为花旗松，强度等级为 TC_T24，木材全干相对密度 $G=0.46$，胶合木构件截面尺寸为 130mm×300mm；连接用钢夹板材质等级为 Q235B，钢板销槽承压强度标准值 $f_{e,k}=335.5MPa$，厚度为 8mm，螺栓直径为 16mm，螺栓抗弯强度标准值 $f_{yb,k}=235MPa$；结构设计使用年限为 50 年，使用中木构件含水率小于 15%，使用过程中是正常温度条件。试设计螺栓节点。

【解】

（1）求解销槽承压强度

根据公式（6.1-4），可得销槽承压强度标准值为:

$$f_{e,0,k}=77G=77×0.46=35.4MPa$$

（2）螺栓抗弯强度标准值

$$f_{yb,k}=235MPa$$

（3）单栓承载力计算

根据已知条件可知: $\beta=f_{em,k}/f_{es,k}=35.4/335.5=0.106$，$\alpha=l_m/l_s=130/8=16.25$，$\eta=l_s/d=8/16=0.5$，$k_{ep}=1.0$。

根据式（6.1-11）和式（6.1-12），可分别得出对应于屈服模式Ⅲ和屈服模式Ⅳ的销槽承压有效长度系数如下:

$$k_{sⅢs}=\frac{\beta}{2+\beta}\left[\sqrt{\frac{2(1+\beta)}{\beta}+\frac{1.647(2+\beta)k_{ep}f_{yb,k}}{3\beta f_{es,k}\eta^2}}-1\right]$$

$$=\frac{0.106}{2+0.106}\left[\sqrt{\frac{2(1+0.106)}{0.106}+\frac{1.647(2+0.106)×1.0×235}{3×0.106×335.5×0.5^2}}-1\right]$$

$$=0.31$$

$$k_{sⅣ}=\frac{1}{\eta}\sqrt{\frac{1.647\beta k_{ep}f_{yb,k}}{3(1+\beta)f_{es,k}}}$$

$$=\frac{1}{0.5}\sqrt{\frac{1.647×0.106×1.0×235}{3×(1+0.106)×335.5}}$$

$$=0.384$$

根据公式（6.1-3），可得:

$$k_{sd\,min}=\min[k_{sⅢs}/\gamma_3,k_{sⅣ}/\gamma_4]=\min[0.31/2.22,0.384/1.88]=0.14$$

根据公式（6.1-2），可得:

$$F_{v,d}=k_{sd\,min}l_s df_{es,k}=0.14×8×16×335.5=6.0kN$$

（4）螺栓布置

由于螺栓数量取决于群栓作用和螺栓的行数，群栓作用反过来取决于一行内螺栓个数。因此，不妨先确定螺栓排列的行数，设行距和边距均为 $4d$，则在木构件横纹方向可布置的最大行数为：

$$n_{\text{rows}} = \frac{(300 - 2 \times 4d)}{4d} + 1 = 3.69，取整数为 3 行。$$

（5）群栓作用

根据给定的外荷载作用 240kN 和上述计算所得每个剪面单栓承载力设计值 6.0kN，假定每侧面共设置螺栓 24 个亦即每排螺栓数量为 6 个，则群栓组合系数可根据《木结构设计标准》GB 50005—2017 附录 K 查表 K.2.4 得 $k_g = 0.89$，则所述节点两个剪面修正后的承载力设计值为：

$$F'_{\text{v,d}} = 2C_{\text{m}}C_{\text{n}}C_{\text{t}}k_{\text{g}}nF_{\text{v,d}} = 2 \times 1.0 \times 1.0 \times 1.0 \times 0.89 \times 24 \times 6.0 = 256.3\text{kN} > 240\text{kN}$$

故连接承载力满足设计要求。

设螺栓间距为 $7d$，则螺栓连接布置图如图 6.2-7 所示。

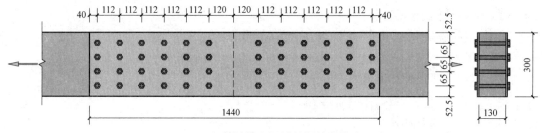

图 6.2-7　根据计算所设计的螺栓连接布置图

6.3　钉连接

6.3.1　钉连接类型

钉连接通常用于较小型构件或板材的连接，图 6.3-1 为正交胶合木墙体与楼板之间的钉连接。最常见的钉为光圆钉，一般直径在 8mm 以内，安装时可在木构件上直接打入或

图 6.3-1　正交胶合木墙体与楼板之间的钉连接

在木构件上预钻孔打入；还有一些非光圆钉如螺纹钉与螺旋钉（图 6.3-2）等，在木结构连接领域均有应用。常见的应用场合为：木构件之间的直接连接，木构件与木基结构板材之间的直接连接，与特定连接件配套对梁、柱、板及墙体的连接等。

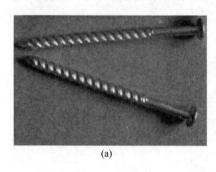
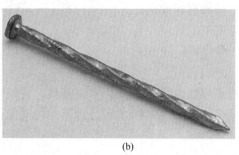

(a)   (b)

图 6.3-2　非光圆钉

（a）螺纹钉；（b）螺旋钉

6.3.2　钉连接计算方法

钉连接的受力机理和销栓连接相同，也适用 Johansen 理论，其破坏模式主要包括木材销槽承压破坏与钉弯曲破坏。我国关于钉连接的计算方法同销栓连接，直接参考 6.1 节和 6.2 节内容即可，此处不再赘述

欧洲规范 EC5 中专门针对给出的设计方法如下：

1. 木-木钉连接

对于木材和 LVL 的销槽承压破坏，当钉直径不大于 8mm 时，其销槽承压承载力标准值为：

$$\begin{cases} f_{e,k}=0.082\rho_k d^{-0.3} & \text{对于非预钻孔情形} \\ f_{e,k}=0.082\rho_k(1-0.01d) & \text{对于预钻孔情形} \end{cases} \quad (6.3\text{-}1)$$

式中　$f_{e,k}$——销槽承压强度标准值（N/mm²）；

ρ_k——木材密度标准值（kg/m³）；

d——钉直径（mm）。

销槽承压强度设计值在上述标准值基础上再通过式（6.2-8）计算得到。

当钉直径大于 8mm 时，其销槽承压承载力标准值可参考销栓连接部分的规定。

钉的屈服弯矩标准值为：

$$M_{y,k}=\begin{cases} 0.3f_u d^{2.6} & \text{（对于光圆钉）} \\ 0.45f_u d^{2.6} & \text{（对于方钉和槽钉）} \end{cases} \quad (6.3\text{-}2)$$

式中　$M_{y,k}$——屈服弯矩标准值（N·mm）；

f_u——线材的抗拉强度（N/mm²）；

d——钉直径（mm）。

计算得到上述各部件承载力后，即可按照前述销栓连接计算公式进行设计计算。

2. 木-木基结构板材钉连接

主要需要确定常用木基结构板材，如结构用胶合板（plywood）和定向刨花板（OSB）的销槽承压强度。同样地，根据欧洲规范 EC5 的规定：

对于钉帽直径不小于 $2d$ 的钉，其销槽承压强度如下：

对于结构用胶合板：
$$f_{\mathrm{e,k}}=0.11\rho_{\mathrm{k}}d^{-0.3} \tag{6.3-3}$$

对于 OSB：
$$f_{\mathrm{e,k}}=65d^{-0.7}t^{0.1} \tag{6.3-4}$$

式中　t——板厚（mm）。

3. 木-钢钉连接

销槽承压强度的计算同木-木钉连接，此处略。

木-钢钉连接受力机理与设计计算方法同前述木-钢销栓连接，设计时尚需复核塞剪破坏情形。

钉连接尚需满足部分构造要求，主要如下：

1）一般要求钉应垂直于木纹打入且钉帽表面与木材表面齐平；

2）预钻孔直径不应超过钉直径的 0.8 倍；

3）光圆钉的顶尖贯入深度至少为钉直径的 8 倍，其余钉至少为 6 倍；

4）木构件端面的钉不能承受剪力；

5）当木构件厚度小于下式规定时，应做预钻孔处理：

$$t=\max\begin{cases}7d\\(13d-30)\dfrac{\rho_{\mathrm{k}}}{400}\end{cases} \tag{6.3-5}$$

式中　ρ_{k}——密度标准值（kg/m^3）。

　　　　t——不需预钻孔的木构件最小厚度（mm）；

　　　　d——钉直径（mm）。

当木构件所用木材易发生劈裂破坏时，需做预钻孔处理的木构件厚度应在上述计算公式基础上加倍。

6.3.3　算例

【例 6-2】　在【例 6-2】中，将紧固件替代为 M6L60 规格的槽钉（抗弯强度标准值 $f_{\mathrm{yb,k}}=235\mathrm{MPa}$），外荷载设计值调整为 120kN，其余条件相同。试设计钉连接。

【解】

（1）求解销槽承压强度

根据公式（6.1-5），可得销槽承压强度标准值为：
$$f_{\mathrm{e,k}}=114.5G^{1.84}=114.5\times0.46^{1.84}=27.4\mathrm{MPa}$$

（2）钉的抗弯强度标准值
$$f_{\mathrm{yb,k}}=235\mathrm{MPa}$$

（3）单个钉的承载力计算

根据已知条件可知：$\beta=f_{\mathrm{em,k}}/f_{\mathrm{es,k}}=27.4/335.5=0.082$，$\alpha=l_{\mathrm{m}}/l_{\mathrm{s}}=130/8=16.25$，$\eta=l_{\mathrm{s}}/d=8/6=1.33$，$k_{\mathrm{ep}}=1.0$。

根据式（6.1-8）～式（6.1-12），可分别得出不同屈服模式下的销槽承压有效长度系数如下：

$k_{sI} = \alpha\beta = 16.25 \times 0.082 = 1.33 > 1.0$，故取 $k_{sI} = 1.0$

$$k_{sII} = \frac{\sqrt{\beta + 2\beta^2(1+\alpha+\alpha^2) + \alpha^2\beta^3} - \beta(1+\alpha)}{1+\beta}$$

$$= \frac{\sqrt{0.082 + 2 \times 0.082^2(1+16.25+16.25^2) + 16.25^2 \times 0.082^3} - 0.082(1+16.25)}{1+0.082}$$

$$= 0.541$$

$$k_{sIIIm} = \frac{\alpha\beta}{1+2\beta}\left[\sqrt{2(1+\beta) + \frac{1.647(1+2\beta)k_{ep}f_{yb,k}}{3\beta\alpha^2 f_{es,k}\eta^2}} - 1\right]$$

$$= \frac{16.25 \times 0.082}{1+2 \times 0.082}\left[\sqrt{2(1+0.082) + \frac{1.647 \times (1+2 \times 0.082) \times 1.0 \times 235}{3 \times 0.082 \times 16.25^2 \times 335.5 \times 1.33^2}} - 1\right]$$

$$= 0.544$$

$$k_{sIIIs} = \frac{\beta}{2+\beta}\left[\sqrt{\frac{2(1+\beta)}{\beta} + \frac{1.647(2+\beta)k_{ep}f_{yb,k}}{3\beta f_{es,k}\eta^2}} - 1\right]$$

$$= \frac{0.082}{2+0.082}\left[\sqrt{\frac{2(1+0.082)}{0.082} + \frac{1.647(2+0.082) \times 1.0 \times 235}{3 \times 0.082 \times 335.5 \times 1.33^2}} - 1\right]$$

$$= 0.183$$

$$k_{sIV} = \frac{1}{\eta}\sqrt{\frac{1.647\beta k_{ep}f_{yb,k}}{3(1+\beta)f_{es,k}}}$$

$$= \frac{1}{1.33}\sqrt{\frac{1.647 \times 0.082 \times 1.0 \times 235}{3(1+0.082) \times 335.5}}$$

$$= 0.128$$

根据公式（6.1-3），可得：

$$k_{sd\,min} = \min[k_{sI}/\gamma_1, k_{sII}/\gamma_2, k_{sIII}/\gamma_3, k_{sIV}/\gamma_4]$$

$$= \min[1.0/3.42, 0.541/2.83, 0.183/2.22, 0.128/1.88]$$

$$= 0.068$$

根据公式（6.1-2），可得：

$$F_{v,d} = k_{sd\,min}l_s d f_{es,k} = 0.068 \times 8 \times 6 \times 335.5 = 1.1\text{kN}$$

（4）钉连接布置

由于钉数量取决于群栓作用和钉的行数，群栓作用反过来取决于一行内钉个数。因此，不妨先确定钉排列的行数，最小行距为 $4d$，最小边距为 $3d$。则在木构件横纹方向可布置的最大行数为：

$$n_{rows} = \frac{(300 - 2 \times 3d)}{4d} + 1 = 12，取为 10 行。$$

（5）群栓作用

根据给定的外荷载作用 240kN 和上述计算所得每个剪面单个钉的承载力设计值 1.1kN，假定每侧面共设置钉 70 个亦即每排钉数量为 7 个，则群栓组合系数可根据《木结构设计标准》GB 50005—2017 附录 K 查表 K.2.4 得 $k_g = 0.91$，则所述节点两个剪面修正后的承载力设计值为：

$$F'_{v,d}=2C_mC_nC_tk_gnF_{v,d}=2\times1.0\times1.0\times1.0\times0.91\times70\times1.1=140.1kN>120kN$$

故连接承载力满足设计要求。

设钉间距为 $8d$，则钉连接布置图如图 6.3-3 所示。

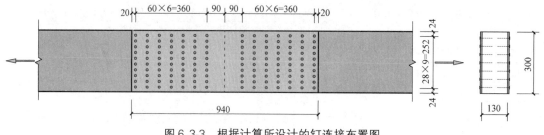

图6.3-3   根据计算所设计的钉连接布置图

6.4 裂环和剪板连接

6.4.1 连接种类与规格、适用范围

为了进一步提高螺栓连接的承载力，工程设计中有时会引入一些环形剪切件，如裂环和剪板，以配合螺栓使用。由于其与木构件之间的承压面大大增加，从而将会极大提高螺栓连接的承载力和刚度。

此类连接中，连接处主要靠裂环/剪板和螺栓抗剪、木材的承压和受剪来传力，其承载能力与裂环直径和强度、螺栓直径和强度、木材承压强度和抗剪强度等有关。

目前，剪板（图 6.4-1）的应用相对更多一些，其材料可采用压制钢和可锻铸铁（玛钢）加工，剪板直径目前主要有两种：67mm 和 102mm。

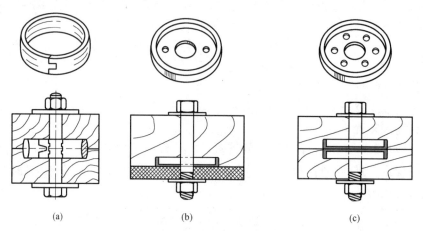

图6.4-1   剪板和裂环
（a）木-木裂环连接；（b）木-钢剪板连接；（c）木-木剪板连接

6.4.2 裂环和剪板连接承载力计算

此部分计算方法主要参考了现行国家标准《胶合木结构技术规范》GB/T 50708—

2012。裂环和剪板连接的强度设计值主要与木材的全干密度有关，同时由于裂环和剪板的规格相对很少，因此设计时主要根据木材的全干相对密度分组、木构件与连接件尺寸、荷载作用方向等直接在相关标准中查表即可。木材的全干相对密度分组见表6.4-1，单个剪板的受剪承载力设计值见表6.4-2。

剪板连接中的树种全干相对密度分组   表6.4-1

树种密度分组	全干相对密度(G)
J_1	$0.49 \leqslant G < 0.60$
J_2	$0.42 \leqslant G < 0.49$
J_3	$G < 0.42$

单个剪板连接件（剪板加螺栓）每一剪切面的受剪承载力设计值   表6.4-2

剪板直径 mm	螺栓直径 mm	单栓剪切面数量	构件净厚度 mm	顺纹受力 受剪承载力设计值 P(kN)			横纹受力 受剪承载力设计值 Q(kN)		
				J_1 组	J_2 组	J_3 组	J_1 组	J_2 组	J_3 组
67	19	1	$\geqslant 38$	18.5	15.4	13.9	12.9	10.7	9.2
		2	$\geqslant 38$	14.4	12.0	10.4	10.0	8.4	7.2
			51	18.9	15.7	13.6	13.2	10.9	9.5
			$\geqslant 64$	19.8	16.5	14.3	13.8	11.4	10.0
102	19 或 22	1	$\geqslant 38$	26.0	21.7	18.7	18.1	15.0	12.9
			$\geqslant 44$	30.2	25.2	21.7	21.0	17.5	15.2
		2	$\geqslant 44$	20.1	16.7	14.5	14.0	11.6	9.8
			51	22.4	18.7	16.1	15.6	13.0	11.3
			64	25.5	21.3	18.4	17.6	14.8	12.8
			76	28.6	23.9	20.6	19.9	16.6	14.3
			$\geqslant 88$	29.9	24.9	21.5	20.8	17.4	14.9

当较薄构件采用钢板时，102mm剪板连接件的顺纹受力承载力应根据树种全干相对密度分组，考虑承载力调整系数 k_s。针对 J_1、J_2、J_3 组，k_s 数值分别为 1.11，1.05 和 1.0。

当荷载作用方向与顺纹方向有夹角 θ 时，剪板受剪承载力设计值 N_θ 按下式进行计算：

$$N = \frac{PQ}{P\sin^2\theta + Q\cos^2\theta} \tag{6.4-1}$$

6.4.3 群栓作用

考虑到裂环或剪板连接中的群栓作用，主要通过引入折减系数 C_g，其计算公式如下：

$$C_g = \left[\frac{m(1-m^{2n})}{n(1+R_{EA}m^n)(1+m)-1+m^{2n}} \right] \cdot \left(\frac{1+R_{EA}}{1-m} \right) \tag{6.4-2}$$

式中 n——一行中紧固件数量；

$$R_{EA} = \min\left(\frac{E_s A_s}{E_m A_m}; \ \frac{E_m A_m}{E_s A_s} \right);$$

E_m、A_m——分别为较厚构件或中部构件的弹性模量和毛面积；

E_s、A_s——分别为较薄构件或边部构件的弹性模量和毛面积；

$$m = u - \sqrt{u^2 - 1};$$

$$u = 1 + r \cdot \frac{s}{2}\left(\frac{1}{E_m A_m} + \frac{1}{E_s A_s}\right);$$

s——紧固件中距；

r——连接的滑移模量：对于 102mm 裂环和剪板，$r = 87500$N/mm；对于 63.5mm 裂环和 67mm 剪板，$r = 70000$N/mm。

对于不超过 25.4mm 的销连接形式，上述折减系数 C_g 计算公式同样适用：对于直径小于 6.4mm 的销轴类紧固件，C_g 取为 1.0；其他情况下，对于木-木销栓连接 $r = 246d^{1.5}$；对于木-钢销连接 $r = 369d^{1.5}$。

当剪板采用六角头木螺钉作为紧固件时，六角头木螺钉在构件中的贯入深度不应小于表 6.4-3 的规定。

六角头木螺钉在构件中的最小贯入深度　　　　　表 6.4-3

剪板规格（mm）	构件材料	六角头木螺钉在构件中的贯入深度 d		
		树种全干相对密度分组		
		J_1 组	J_2 组	J_3 组
102	木材或钢材	$8d$	$10d$	$11d$
67	木材	$5d$	$7d$	$8d$
	钢材	$3.5d$	$4d$	$4.5d$

注：1. 贯入深度不包括顶尖部分；

2. d 为公称直径。

6.4.4　算例

【例 6-3】　木构件为 TC_T24 级花旗松胶合木，胶合木密度标准值 $\rho_k = 420$kg/m³，被连接构件厚度为 90mm，连接用木夹板厚度为 42mm；剪板采用 67mm 直径规格；外荷载设计值为 40kN；结构设计使用年限为 50 年，使用中木构件含水率小于 15%，使用过程中是正常温度条件。试设计该剪板连接。

【解】

木材树种花旗松属于 J2 组，夹板厚度为 42mm，查规范可知：单个剪板连接件在每一剪切面的受剪承载力设计值为 12.0kN，初步设计双剪共 6 个剪板，亦即一行内剪板数量为 3，间距选取接近标准间距为 $s = 170$mm，端距取为 150mm（详见图 6.4-2）。因此，不考虑群栓作用时的剪板连接承载力为 72kN，已明显高于外荷载，不过尚需对其进行群栓作用验算。

$$E_m = E_s = 9500\text{MPa}$$

$$R_{EA} = \min\left(\frac{E_s A_s}{E_m A_m}; \frac{E_m A_m}{E_s A_s}\right) = \frac{E_s A_s}{E_m A_m} = \frac{A_s}{A_m} = \frac{42 \times 2}{90} = 0.93$$

$$r = 70000\text{N/mm}$$

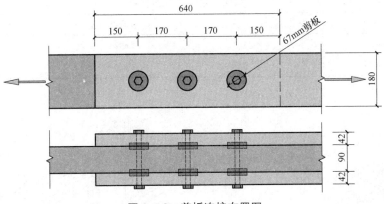

图 6.4-2　剪板连接布置图

$$u = 1 + r \cdot \frac{s}{2}\left(\frac{1}{E_m A_m} + \frac{1}{E_s A_s}\right)$$

$$= 1 + 70000 \times \frac{170}{2}\left(\frac{1}{9500 \times 90 \times 180} + \frac{1}{9500 \times 84 \times 180}\right)$$

$$= 1.08$$

$$m = u - \sqrt{u^2 - 1} = 1.08 - \sqrt{1.08^2 - 1} = 0.672$$

$$C_g = \left[\frac{m(1 - m^{2n})}{n(1 + R_{EA} m^n)(1 + m) - 1 + m^{2n}}\right] \cdot \left(\frac{1 + R_{EA}}{1 - m}\right)$$

$$= \left[\frac{0.672 \times (1 - 0.672^6)}{3 \times (1 + 0.93 \times 0.672^3)(1 + 0.672) - 1 + 0.672^6}\right] \cdot \left(\frac{1 + 0.93}{1 - 0.672}\right)$$

$$= 0.65$$

剪板连接的最终承载力设计值为：

$$N = 0.65 \times 72 = 46.8\text{kN} > 40\text{kN}$$

故剪板连接承载力满足设计要求。

6.5　齿板连接

齿板连接一般用于轻型木结构桁架杆件之间的连接，图 6.5-1 给出了典型的齿板连接示意图。而其中的齿板（图 6.5-2）是由厚度为 1～2mm 的薄钢板冲齿而成，使用时直接由外力压入两个或多个被连接构件的表面。这种连接虽然承载力不大，但对于轻型木结构桁架来说，此类连接具有安装方便、经济性好等优点。

6.5.1　材料性能

加工齿板用钢板可采用 Q235 碳素结构钢和 Q345 低合金高强度结构钢。齿板采用的钢材性能应满足表 6.5-1 的要求，齿板的镀锌在齿板制造前进行，镀锌层重量不应低于 275g/m^2。

齿板采用钢材的性能要求			表 6.5-1
钢材品种	屈服强度（N/mm²）	抗拉强度（N/mm²）	伸长率（%）
Q235	≥235	≥370	26
Q345	≥345	≥470	21

图 6.5-1　齿板连接示意图

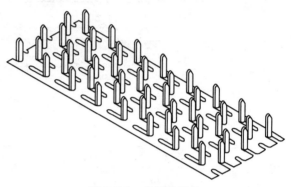

图 6.5-2　齿板连接件

6.5.2　齿板连接承载力

在承载能力极限状态下，齿板连接需验算齿板连接的板齿承载力、齿板连接受拉承载力、齿板连接受剪承载力和齿板连接剪-拉复合承载力。

1. 板齿承载力设计值 N_r 应按下列公式计算：

$$N_r = n_r k_h A \tag{6.5-1}$$
$$k_h = 0.85 - 0.05(12\tan\alpha - 2.0) \tag{6.5-2}$$

式中　N_r——板齿承载力设计值（N）；

　　　n_r——板齿强度设计值（N/mm²），按现行国家标准《木结构设计标准》GB 50005—2017 的规定确定；

　　　A——齿板表面净面积（mm²），按现行国家标准《木结构设计标准》GB 50005—2017 的规定确定；

　　　k_h——桁架端节点弯矩影响系数；$0.65 \leqslant k_h \leqslant 0.85$；

　　　α——桁架端节点处上、下弦间的夹角（°）。

2. 齿板连接抗拉承载力设计值应按下式计算：

$$T_r = k t_r b_t \tag{6.5-3}$$

式中　T_r——齿板连接抗拉承载力设计值（N）；

　　　b_t——垂直于拉力方向的齿板截面宽度（mm），具体取值参考现行国家标准《木结构设计标准》GB 50005—2017；

　　　t_r——齿板抗拉强度设计值（N/mm），按现行国家标准《木结构设计标准》GB 50005—2017 的规定确定；

　　　k——受拉弦杆对接时齿板抗拉强度调整系数，具体取值参考现行国家标准《木结构设计标准》GB 50005—2017。

3. 齿板连接抗剪承载力设计值应按下式计算：

$$V_r = v_r b_v \tag{6.5-4}$$

式中　V_r——齿板连接抗剪承载力设计值（N）；

　　　b_v——平行于剪力方向的齿板受剪截面宽度（mm）；

　　　v_r——齿板抗剪强度设计值（N/mm），按现行国家标准《木结构设计标准》GB 50005—2017 的规定确定。

4. 结合图 6.5-3，齿板剪-拉复合承载力设计值应按下列公式计算：

$$C_r = C_{r1} l_1 + C_{r2} l_2 \tag{6.5-5}$$

$$C_{r1} = V_{r1} + \frac{\theta}{90} (T_{r1} - V_{r1}) \tag{6.5-6}$$

$$C_{r2} = T_{r2} + \frac{\theta}{90} (V_{r2} - T_{r2}) \tag{6.5-7}$$

式中　C_r——齿板连接剪-拉复合承载力设计值（N）；

　　　C_{r1}——沿 l_1 方向齿板剪-拉复合强度设计值（N/mm）；

　　　C_{r2}——沿 l_2 方向齿板剪-拉复合强度设计值（N/mm）；

　　　l_1——所考虑的杆件沿 l_1 方向的被齿板覆盖的长度（mm）；

　　　l_2——所考虑的杆件沿 l_2 方向的被齿板覆盖的长度（mm）；

　　　V_{r1}——沿 l_1 方向齿板抗剪强度设计值（N/mm）；

　　　V_{r2}——沿 l_2 方向齿板抗剪强度设计值（N/mm）；

　　　T_{r1}——沿 l_1 方向齿板抗拉强度设计值（N/mm）；

　　　T_{r2}——沿 l_2 方向齿板抗拉强度设计值（N/mm）；

　　　T——腹杆承受的设计拉力（N），见图 6.5-3；

　　　θ——杆件轴线间夹角（°）。

5. 在正常使用极限状态下，板齿抗滑移承载力应按下式计算：

$$N_s = n_s A \tag{6.5-8}$$

式中　N_s——板齿抗滑移承载力设计值（N）；

　　　n_s——板齿抗滑移强度（N/mm^2），按现行国家标准《木结构设计标准》GB 50005—2017 的规定确定；

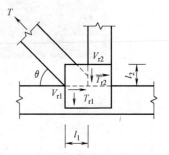

图 6.5-3　齿板剪-拉复合受力

　　　A——齿板表面净面积（mm^2）。

　　齿板连接设计一般可在规范中查表或直接由齿板加工厂家给出相应承载力数据，设计使用时一般不需复杂计算，故此处不再给出算例：

1）齿板应成对对称设置于构件连接节点的两侧；

2）采用齿板连接的构件厚度应不小于齿嵌入构件深度的两倍；

3）在与桁架弦杆平行及垂直方向，齿板与弦杆的最小连接尺寸，在腹杆轴线方向齿板与腹杆的最小连接尺寸均应符合表 6.5-2 的规定；

4）弦杆对接所用齿板宽度不应小于弦杆相应宽度的 65%。

齿板与桁架弦杆、腹杆最小连接尺寸（mm）　　　　　表 6.5-2

规格材截面尺寸（mm×mm）	桁架跨度 L(m)		
	$L≤12$	$12<L≤18$	$18<L≤24$
40×65	40	45	—
40×90	40	45	50
40×115	40	45	50
40×140	40	50	60
40×185	50	60	65
40×235	65	70	75
40×285	75	75	85

6.6　植筋连接

木材植筋技术，源于瑞典、丹麦等北欧国家，至今已有 40 余年的发展历史。由于木结构植筋连接引入木构件，因此对结构外观基本没有影响，同时此类连接具有很高的承载力和刚度。图 6.6-1 给出了澳大利亚某公共建筑中的植筋节点照片。

图 6.6-1　澳大利亚某公共建筑中的植筋节点

木结构植筋是将筋材通过胶粘剂植入预先钻好的木材孔中，待胶体固化后形成整体。影响木结构植筋的抗拔与黏结性能的因素主要有三大类：几何尺寸、材料参数、荷载类型、环境条件等。其中几何尺寸主要包括木构件尺寸、胶层厚度、植筋长细比等；材料参数主要包括材料强度与弹性模量、材料之间的相对强度、含水率和密度等；荷载包括短期荷载和长期荷载；环境主要是温湿度变化情况。

国内外很多植筋连接的试验证实：植筋与木纹间的夹角基本不会影响植筋连接承载力。

6.6.1　材料性能

1. 植筋杆件

常用的木结构植筋杆件主要有螺纹钢筋与螺栓杆。螺栓杆植筋由于表面螺牙分布细致均匀，具有锚固性能（黏结性能和机械咬合性能）好、便于装配等优点，建议优先选用；此外，对于一些特殊环境，如受酸碱腐蚀、海水侵蚀等部位，亦可考虑采用 FRP 筋作为植筋杆件。

2. 植筋胶

植筋胶除了应满足受力要求外，还应满足耐久性要求和环保要求。

可用于木结构植筋的胶粘剂主要有环氧树脂（EPX）、聚氨酯（PUR）和苯酚-间苯二酚-甲醛树脂（PRF）等，最常用的木结构植筋胶为 EPX。

6.6.2 植筋连接破坏模式

Tlustochowicz 等研究人员将木结构植筋的破坏模式归结为两大类，即延性破坏和脆性破坏，具体的破坏形态如图 6.6-2 所示，分别为植筋周围木材剪切破坏（图 6.6-2a）、木构件受拉破坏（图 6.6-2b）、木材块剪破坏（图 6.6-2c）、木材劈裂破坏（图 6.6-2d）和植筋屈服破坏（图 6.6-2e）。

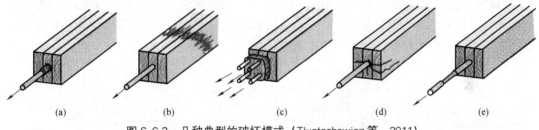

图 6.6-2 几种典型的破坏模式（Tlustochowicz 等，2011）

通过对植筋连接所涉及的木材、植筋杆件等的合理设计和选取，能够实现植筋屈服等延性破坏，这就为植筋连接在大跨及多高层木结构领域的推广应用提供了基础。

6.6.3 植筋连接承载力计算

1. 轴向受力植筋拉拔承载力

多年来，国外学者对木结构植筋节点进行了大量的研究，试图建立统一的木结构植筋设计规范，但到目前为止，国际上关于木结构植筋设计仍没有公认的做法，此处仅介绍欧洲木结构规范中曾给出的建议公式。

$$F_{ax,k} = f_{v,k} \cdot \pi \cdot d_{equ} \cdot l_a \tag{6.6-1}$$

$$f_{v,k} = 1.2 \times 10^{-3} \times d_{equ}^{-0.2} \cdot \rho^{1.5} \tag{6.6-2}$$

式中　$F_{ax,k}$——植筋连接轴向拉拔承载力标准值（N）；

d_{equ}——植筋孔径与 1.25 倍植筋直径中的较小值（mm）；

l_a——植筋锚固长度（mm）；

ρ——木材密度（g/cm³）；

$f_{v,k}$——木材名义抗剪强度标准值（N/mm²）；

2. 侧向受力植筋承载力

当顺纹植筋承受侧向荷载作用时（图 6.6-3），其承载力计算可参考 Riberholt 给出的建议如下：

$$F_{perp,k} = \left(\sqrt{e^2 + \frac{2M_{yk}}{d f_e}} - e \right) d f_e \tag{6.6-3}$$

$$f_e = (0.0023 + 0.75d^{1.5})\rho_k \qquad (6.6\text{-}4)$$

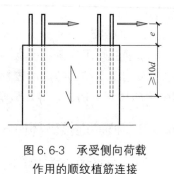

图 6.6-3　承受侧向荷载
作用的顺纹植筋连接

式中　$F_{perp,k}$——植筋连接侧向承载力标准值（Nmm）；

　　　　e——侧向力作用点至木构件植筋面的距离（mm）；

　　　　M_{yk}——植筋的屈服弯矩标准值（Nmm）；

　　　　d——孔径和 1.25 倍钢筋直径的较大值（mm）；

　　　　f_e——销槽承压强度（N/mm²）；

　　　　ρ_k——密度标准值（kg/m³）。

6.6.4　植筋节点设计方法

植筋连接相比销连接等形式，具有很高的承载力和刚度，因此可设计应用于承弯节点，其可用于多种木结构节点场合，主要包括梁柱节点、柱脚节点、排架节点和屋脊节点等（图 6.6-4），在大跨空间结构领域也有应用。

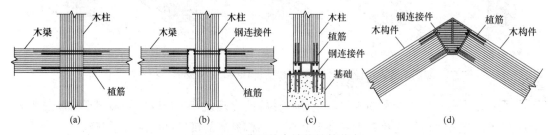

图 6.6-4　典型的木结构植筋节点
(a) 纯植筋梁柱节点；(b) 植筋混合梁柱节点；(c) 柱脚节点；(d) 排架或屋脊节点

在图 6.6-4 中，除图 6.6-4（a）以外，其余均为组合了钢连接件的植筋节点，此类植筋节点可称之为"植筋混合节点"。植筋混合节点相比纯植筋节点，具有更多优势：①能够完全做到工厂加工、现场装配化安装；②结构性能可控，钢连接件在受力时还可作为保险丝，同时具有延性耗能特点。

下面以梁柱节点为例，介绍一下其承载力计算方法，常见的方法主要采用基于截面应力分析的传统力学理论分析法，此方法相对较为简单，但不能对节点进行刚度分析和全过程分析；还有一种方法是借鉴欧洲钢结构设计规范中的"组件法"，这种方法可以对节点承载力、刚度、转动能力等进行全方位和全过程分析。下面对上述两种设计计算方法分别加以介绍。

1. 传统力学理论分析法

此处主要参考 Fragiacomo 和 Batchelar（2012）的相关工作，其理论借鉴了钢筋混凝土梁的截面应力分析方法，在木结构梁柱植筋节点部位构件之间的界面区，认为木材主要传递压力、植筋主要传递拉力；计算时首先根据力学平衡方程、几何方程和物理方程求解出中性轴高度，然后计算受弯承载力。

计算假定为：①受力符合平截面假定，换算截面法成立；②在木构件受压区应力呈线性分布；③胶层的变形很小，可忽略不计；④植筋仅发生屈服破坏模式。

对于如图 6.6-5 所示的梁端植筋节点，当采用纯植筋节点时，令 $n=E_s/E_w$ 为植筋与木材的弹性模量比，则根据力的平衡方程，可得中性轴高度 y 为：

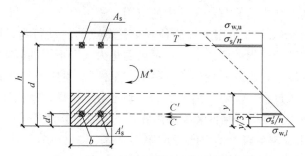

图 6.6-5 纯植筋梁端节点的受力分析图

$$y=\frac{-n(A_s+A'_s)+\sqrt{n^2(A_s+A'_s)^2+2bn(A_s d+A'_s d')}}{b}$$ (6.6-5)

式中 b——木梁宽度（mm）；

d——受拉区植筋形心到木梁受压底面的距离（mm）；

d'——受压区植筋形心到木梁受压底面的距离（mm）；

A_s——受拉区植筋截面积（mm^2）；

A'_s——受压区植筋截面积（mm^2）。

则在外部作用力矩 M^* 下，受压区边缘木材的应力 $\sigma_{w,l}$、受压区植筋应力 σ'_s 和受拉区植筋应力 σ_s 分别为：

$$\sigma_{w,l}=\frac{M^*}{I_x}y$$ (6.6-6)

$$\sigma_s=n\frac{M^*}{I_x}(d-y)$$ (6.6-7)

$$\sigma'_s=n\frac{M^*}{I_x}(y-d')$$ (6.6-8)

$$I_x=\frac{by^3}{3}+nA'_s(y-d')^2+nA_s(d-y)^2$$ (6.6-9)

式中 I_x——木梁换算截面的惯性矩（mm^4）。

当节点由于植筋屈服而达到极限承载力 $M_{s,d}$ 或木梁受压区受压破坏达到极限承载力 $M_{w,d}$ 时，认为节点达到承载能力极限状态，此时节点的抗弯极限承载力设计值取为两者的较小值：

$$M_d=\min(M_{w,d};M_{s,d})$$ (6.6-10)

$$M_{w,d}=f_c\frac{I_x}{y}$$ (6.6-11)

$$M_{s,d}=f_{s,y}\frac{I_x}{n(d-y)}$$ (6.6-12)

式中 f_c、$f_{s,y}$——分别为木材抗压强度设计值和植筋屈服强度设计值（N/mm^2）。

若要确保节点破坏为延性破坏形式，则需要满足下式要求：

$$M_{\mathrm{s,d}}<M_{\mathrm{w,d}} \tag{6.6-13}$$

上述节点的抗剪承载力可利用式（6.6-3）和式（6.6-4）进行验算。

2. "组件法"在木结构植筋节点设计中的应用

现行欧洲规范 Eurocode 3 采用组件法预测梁柱节点的转动行为，同时可进行节点承载力设计。按照组件法的思想，任意节点均可被简化为 3 个不同的区域：受拉区、受压区和受剪区。在每个区域中，由若干变形源（称为"组件"）组成了节点的整体响应。

组件法的主要分析过程：①对一给定节点，确定有效组件；②描述各个组件的本构关系（荷载-位移关系）；③将所有组件装配成由弹簧和刚性杆构成的力学模型，此组装结构的荷载-位移响应即用于模拟整个节点的弯矩-转角关系。

文献中已查明的最早在木结构中采用组件法的是 Wald 等（2000），他们将其应用于历史建筑的节点分析中；在木结构植筋节点领域，Tomasi 等（2008）也开展了比较系统的研究；Yang 和 Liu（2016）等则对植筋混合梁柱节点采用组件法提出了系统的设计建议，并将计算结果与试验结果进行了对比，本节对此做简要介绍如下。

1）组件划分

针对节点区的木梁、木柱、连接件以及紧固件等，按照受拉区、受压区和受剪区等不同的受力区域进行组件划分，如图 6.6-6 所示，其中的植钢管设置在梁端中部，主要用来抵抗梁端剪力。

根据经典力学理论和 Eurocode 3 相关建议，可得到每个组件的承载力、刚度和变形等结构性能。在此基础上，可对整个节点进行结构性能分析。

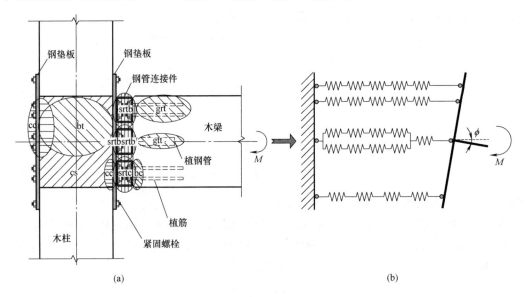

图 6.6-6　组件划分示意图

(a) 节点组件划分；(b) 组件法模型

2）节点抗弯承载力计算

当进行节点的抗弯承载力进行分析时，可对如图 6.6-6（b）所示模型进行如图 6.6-7（a）所示的简化处理，处理过程中忽略梁端中间抗剪钢管组件对承载力的贡献。

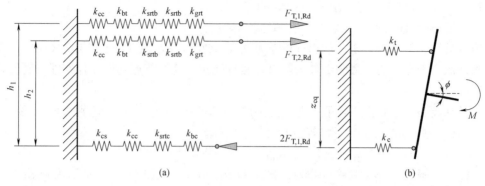

图 6.6-7 节点抗弯承载力简化计算模型

(a) 简化模型一；(b) 简化模型二

在图 6.6-7 (a) 所示计算模型中，对受压组件高度处取矩，并假定两行受拉组件同时达到抗拉极限状态，可得节点的抗弯承载力 $M_{j,Rd}$ 为：

$$M_{j,Rd} = F_{t1,Rd}h_1 + F_{t2,Rd}h_2 \tag{6.6-14}$$

$F_{t1,Rd}$ 或 $F_{t2,Rd}$ 均取以下数值的较小值：①木柱抗剪承载力 $F_{t,cs,Rd}$；②木柱横纹承压承载力 $F_{t,cc,Rd}$；③紧固螺栓抗拉承载力 $F_{t,bt,Rd}$；④钢管连接件受拉时的抗弯承载力 $F_{T,n,Rd}$；⑤钢管连接件抗压承载力 $F_{T,c,Rd}$；⑥植筋抗拉承载力 $F_{t,grt,Rd}$；⑦木梁抗压承载力 $F_{t,bc,Rd}$。以上各组件承载力计算可参考 Eurocode 3、Yang 和 Liu（2016）等给出的方法，此处不再赘述。

3）节点初始转动刚度计算

初始转动刚度 $S_{j,ini}$ 可根据欧洲标准 EN 1993-1-8 按如下公式计算：

$$S_{j,ini} = \frac{z_{eq}^2}{1/k_t + 1/k_c} \tag{6.6-15}$$

$$k_c = \frac{1}{1/k_{cs} + 1/k_{cc} + 1/k_{srtc} + 1/k_{bc}} \tag{6.6-16}$$

$$k_t = \frac{\sum\limits_r k_{eff,r}h_r}{z_{eq}} \tag{6.6-17}$$

$$k_{eff,r} = \frac{1}{\sum\limits_i \dfrac{1}{k_{i,r}}} \tag{6.6-18}$$

$$z_{eq} = \frac{\sum\limits_r k_{eff,r}h_r^2}{\sum\limits_r k_{eff,r}h_r} \tag{6.6-19}$$

式中 　z_{eq}——图 6.6-7b 中所示的等效力臂（mm）；

　　　　k_t——图 6.6-7b 中所示的受拉区等效刚度（N/mm）；

　　　　k_c——图 6.6-7b 中所示的受压、受剪区等效刚度（N/mm）；

　　$k_{eff,r}$——基于各组件初始刚度 k_i 的第 r 行组件的等效刚度（N/mm）；

　　　$k_{i,r}$——第 r 行组件 i 的初始刚度，可参考 Eurocode 3、Yang 和 Liu（2016）等给

出的方法进行计算（N/mm）。

4）节点转动能力计算

节点的转动能力取决于一行组件中承载力最低的组件，在 Yang 和 Liu（2016）等设计的植筋混合节点中设定最弱组件为钢管连接件受拉，这样节点的可设计性强、延性耗能性能好。

在转动能力极限状态下，假定最外层两行等效 T 形钢组件同时达到极限变形 $\delta_{u,T,1}$（式 6.6-20），并忽略梁端中间抗剪钢管组件的贡献。

$$\delta_{u,T,1}=2\varepsilon_u m \qquad (6.6\text{-}20)$$

式中　ε_u——等效 T 形钢翼缘受弯时外侧面的极限应变（无量纲），近似取为 0.3；

　　　m——等效 T 形钢的几何尺寸（mm）。

则最外侧受拉组件和受压组件的总变形分别为：

$$\delta_t=\delta_{cc,t}+\delta_{bt}+2\delta_{u,T,1}+\delta_{grt} \qquad (6.6\text{-}21)$$

$$\delta_c=\delta_{cc,c}+\delta_{cs}+\delta_{srtc}+\delta_{bc} \qquad (6.6\text{-}22)$$

式（6.6-21）和式（6.6-22）中等号右侧 δ_i 分别代表相应组件在拉力 $F_{t1,Rd}$（受拉组件）或 $2F_{t1,Rd}$（受压组件）作用下作用下的变形。

则节点的极限转角 ϕ_{Cd} 为：

$$\phi_{Cd}=\frac{\delta_t+\delta_c}{h_1} \qquad (6.6\text{-}23)$$

5）节点受力全过程分析

如果已知各组件的荷载-变形关系，整个节点的全过程受力均可通过图 6.6-7（a）进行分析。此处在图 6.6-8 中分别给出了钢组件和木组件的荷载-变形关系曲线，供参考。

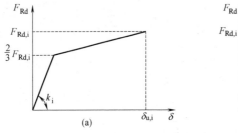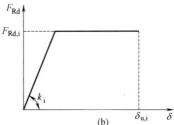

图 6.6-8　组件的荷载-位移简化曲线

（a）钢组件；（b）木组件

有关木结构植筋连接的主要构造要求如下：

1）植筋的预钻孔直径应比植筋直径至少大 2mm，顺纹受力时植筋锚固长度至少不小于 20 倍的植筋直径，横纹受力时植筋锚固长度至少不小于 10 倍的植筋直径。

2）顺纹方向植筋且植筋受轴向荷载作用时，最小间距和最小边距分别为 5d 和 2.5d。

3）横纹方向植筋且植筋受轴向荷载作用时，最小间距为 5d，对于木构件端部的边距为 4d，其他情况下为 2.5d。

4）在条件允许的情况下，尽可能选用多根小直径植筋代替大直径的植筋以实现延性节点的设计。

本章小结

　　本章内容主要阐述了销栓连接、钉连接、裂环和剪板连接、齿板连接、植筋连接等竹木结构连接的受力机理、设计计算方法和构造措施，并给出了部分设计算例。希望通过本章内容的学习，可对现代竹木结构连接进行熟练地设计。

思考与练习题

6-1　现代竹木结构连接主要有哪些类型？

6-2　影响现代竹木结构连接性能的主要因素有哪些？

6-3　销连接的"欧洲屈服模型"中，销轴类紧固件有哪几种破坏模式？

6-4　销栓连接中，为什么需要考虑群栓作用的影响？

第7章　木结构体系

本章要点及学习目标

本章要点：

本章主要介绍低层木结构、多高层木结构和大跨木结构。其中低层木结构主要介绍井干式木结构、轻型木结构的结构体系及组成、结构受力特点、设计方法及构造；多高层木结构主要介绍建筑形体和结构体系的基本要求，以及木框架支撑结构、木框架剪力墙结构、正交胶合木剪力墙结构、上下混合木结构及混凝土核心筒木结构的结构体系及适用范围、结构受力特点及设计方法；大跨木结构主要介绍木桁架、木拱、张弦木梁、木网架、木网壳结构的结构体系及适用范围、结构受力特点、设计方法及相关实例。

学习目标：

熟悉各类木结构的主要应用范围；了解各类木结构的结构体系、结构布置及适用范围；了解各类木结构的受力特点、设计方法及构造要求。

第1~6章中，系统介绍了竹木结构的材料性能、设计方法、基本构件以及竹木结构连接等设计计算原理，主要涵盖组成竹木结构的基本构件等内容。本章主要介绍由木构件组成的能够承受多种空间作用的木结构体系。与混凝土结构、钢结构有明确的结构体系分类不同，世界各国对木结构体系的分类尚无统一认识。在我国《木结构设计标准》GB 50005—2017中（目前我国尚无《竹结构设计标准》），按所用木材的种类将木结构体系划分为：以方木、原木为基本构件组成的木结构称为方木原木结构；以规格材为基本构件的称为轻型木结构；以胶合木（工程木）为基本构件的称为胶合木（工程木）结构。本章不以木材种类来划分木结构，而是从层数、跨度等角度引入木结构体系，主要介绍低层木结构、多高层木结构和大跨木结构体系。其中低层木结构主要介绍井干式木结构、轻型木结构的结构体系及实例；多高层木结构主要介绍建筑形体及其结构体系的基本要求，以及木框架支撑结构、木框架剪力墙结构、正交胶合木剪力墙结构、混凝土核心筒木混合结构等结构体系及相关实例；大跨木结构主要介绍木桁架结构、木拱结构、张弦木梁结构、木网架结构、木网壳结构的结构体系及相关实例。对于中国传统的木结构体系，限于篇幅及本教材是以现代竹木结构为主的性质，在此不予介绍。

7.1　低层木结构

低层木结构是由标准化、规格化木构件组成的空间受力体系，一般不超过3层。这种结构体系在国外住宅建筑中大量应用，也是目前我国木结构发展的热点之一。本节主要介绍井干式木结构及轻型木结构的组成、设计规定和构造。

7.1.1 井干式木结构

井干式木结构为木墙体承重结构，在我国俗称木刻楞，其墙体一般采用适当加工后的原木、方木，而近年来也出现了用工程木材作为基本构件，将基本构件在水平方向上层层叠加，并在构件相交的端部采用层层交叉咬合连接而成（图7.1-1）。井干式木结构建筑具有能够体现木结构美感，安全舒适，施工简洁，保温节能等优势，在我国大江南北，应用较为普遍。国外在森林资源覆盖率较高或地域环境寒冷的地区和国家如挪威、芬兰、俄罗斯、加拿大、美国等也有较广泛的应用。随着国外现代木结构建筑技术的发展，井干式木结构建造技艺也得到较大提升。

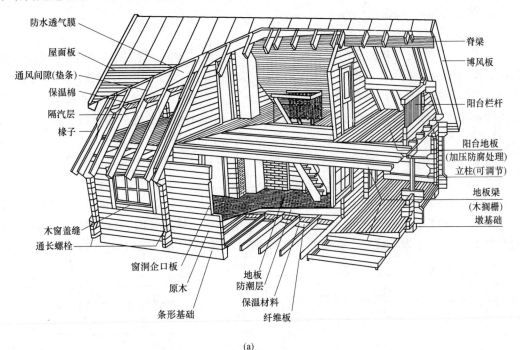

(a)

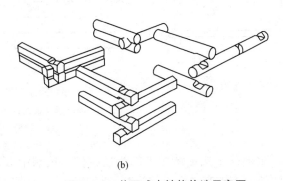

(b)

图 7.1-1 井干式木结构构造示意图

（a）井干式木结构构造；（b）井干式木结构墙角咬合叠加构造

1. 结构体系及组成

采用井干式木结构建造的房屋，通常为一层平房或一层带阁楼房屋。井干式木屋是采用原木经过粗加工建造而成的，较干栏式木屋（在木（竹）柱底架上建筑的高出地面的房屋）更加原始、粗犷，方法也更为简单，与北美圆木屋有较多相似之处。其具体的建造方法是：先夯实基础，再将原木粗加工后层层嵌接、垒叠成墙体，木层间用连接件（长钉、螺栓、木销、钢管销等）连接固定，层间缝隙应用弹性材料密封填塞，最后在墙顶面制作施工屋盖。因此，井干式房屋一般主要由墙体和屋盖构成，是木墙承重结构，没有一般建筑中常见的梁、柱等构件。

传统井干式木结构耗材量大，建筑的面阔和进深又受木材长度的限制，可装饰性和布置灵活性欠佳，随着性能优良、可工业化制造的胶合木技术的不断发展，目前，已普遍采用胶合木建造井干式木结构建筑。

2. 结构受力特点和设计方法

1）受力特点

由图 7.1-1 可见叠积而成的木墙是井干式木结构最重要的承重构件，既要承受竖向荷载，又要抵御地震和风荷载产生的水平作用。竖向荷载使木墙中木构件横纹受压，而木材的横纹受压承载力和横纹抗压弹性模量均较低，尤其当墙体较高时，叠积木墙受压时的稳定系数要比木材顺纹受压时低。另外木墙中上、下两根木料间的叠缝处无抗拉构造，其竖向抗拉能力差。因此，要严格控制这种叠积承重木墙的高厚比，以保证其稳定性。此外，在寒冷地区，外墙除非在室内一侧另设保温层，墙体厚度尚需考虑满足保温要求。

2）设计方法

在结构平面布置上，叠积的承重木墙间距不宜大于 6.0m，每层的高度不宜大于 3.6m。由承重木墙围成的房间面积不大于 $30.0m^2$，内外墙因开门、窗、洞口后的翼墙宽度不小于 0.3h（h 为墙高）。图 7.1-2 为典型井干式木结构房屋结构布置图。

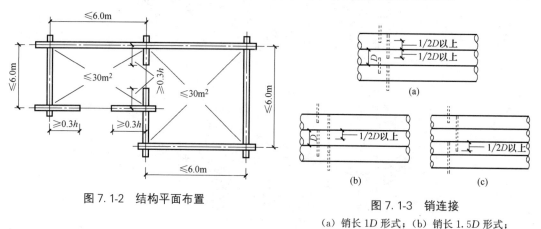

图 7.1-2　结构平面布置

图 7.1-3　销连接
（a）销长 1D 形式；（b）销长 1.5D 形式；
（c）销长 2.5D 形式

在结构内力计算时，对于井干式木结构中的梁柱构件，按照第 5 章内容进行结构设计，通常将构件简化为两端简支支座进行设计验算，竖向荷载取计算单元内的恒荷载（主要为结构自重）和活荷载（对于屋面，取活荷载、雪荷载的较大者）；水平荷载（取水平地震作用及风荷载的较大者）作用下的内力采用基底剪力法进行计算，水平力分配宜取按柔性楼盖和刚性楼盖计算的较大者。

井干式木结构中的墙体可分为有侧向支撑（带有转角、隔墙或扶壁柱的墙体）和无侧向支撑墙体，对于承重木墙体，应有足够侧向支撑和构造措施来保证墙体的稳定和竖向承载力。目前，我国《木结构设计标准》GB 50005—2017 中还没有木墙在竖向荷载作用下的设计计算方法，可通过国内外已有研究成果确定其水平抗剪承载力。

木墙的水平剪力由交叉支撑、钢木销钉及加长型自攻螺钉等共同承担。木墙相邻两根木料间需按一定的间距设钢销或木销（图 7.1-3）来承担木墙平面内由水平荷载在拼缝处产生的大部分剪力（另一部分由叠积木墙间摩擦力承担）。每条拼缝内需要的销数量应由计算决定。目前，我国《木结构设计标准》GB 50005—2017 中还没有交叉支撑、钢木销钉及加长型自攻螺钉水平抗剪承载力设计计算方法，建议钢销或木销的抗剪承载力参照第 6 章中的单剪承载力计算方法计算（对于圆木销可用其木材的抗弯强度替代钢销的屈服强度、方木销需用其抗弯承载力替代圆钢销的抗弯承载力进行计算），交叉支撑和加长型自攻螺钉可通过国内外已有研究成果确定其水平抗剪承载力。

销在拼缝中应均匀布置，两相对墙中的每条拼缝中布置的销数量对称，使其刚度中心与质量中心基本重合。

井干式木结构房屋的楼屋盖结构设计，以及楼盖、屋盖与墙体间的连接承载力验算均可参照 7.2 节中有关轻型木结构楼屋盖的计算方法进行。

3. 节能和耐久性设计

1）节能设计

井干式木结构墙体构件与构件之间应采取防水和保温隔热措施，其节能设计按照实木墙体进行计算，应满足我国节能设计规范的相关规定和构造。对于节能验算不满足要求的墙体，建议采取如下构造措施来保证节能要求。

（1）加厚木墙。通过增加木墙的厚度，提高墙体的隔热性能。该方法适用于除严寒地区外的所有区域的井干式木结构建筑。

（2）采用复合墙体。对于我国严寒地区的井干式木结构建筑，依靠加厚木墙来保证节能效果，往往会使得墙体太厚，墙体加工困难。解决办法是采用增加保温材料的复合墙体来满足节能要求。复合墙体的一般构造做法为将轻质保温墙板（由轻质保温材料和装饰板或外挂板组成）置于木墙内侧或外侧。为防止木墙体的沉降对复合墙体的不利影响，应在轻质保温墙板与木墙体建加设竖向可滑动的连接构造（图 7.1-4）。

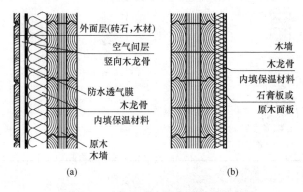

图 7.1-4 井干式木结构墙体节能构造
（a）外保温；（b）内保温

2）耐久性设计

以工程木（胶合木）材料建造的现代井干式木结构建筑越来越受到人们的普遍青睐，为了满足设计基准期要求，必须关注和处理好其耐久性设计。

影响木结构建筑耐久性的主要因素是木材的虫蛀和腐朽，其防护构造参见 9.1 节。

除了上述防护措施外，井干式木结构建筑的选址要能够使建筑场地排水通畅，保证建筑基地的干燥，同时要做好首层木墙底部与基础接触面的防潮层，并在防潮层上设置经防腐防虫处理过的垫材，同时与混凝土基础直接接触的其他木构件应采用经防腐防虫处理过的木材。

4. 结构构造

井干式木结构建筑的主要承重构件外露在大气中，应优先采用抗腐性能较好的树种木材，如东北落叶松等。

1）用材

井干式木结构建筑主要采用木材、连接件和气密性材料建造而成。

（1）木材

井干式木结构建筑墙体材料分为原木、方木和工程木。目前工程木成为建造井干式木结构建筑的主要材料。工程木的含水率一般控制在 8%～12% 之间，原木、方木的含水率分别不应大于 25% 和 20%。

井干式木结构建筑木墙体的截面形式和尺寸可按表 7.1-1 的规定选用。对于矩形截面，其截面宽不宜小于 70mm，高度不宜小于 95mm；圆形截面的直径不宜小于 130mm。

井干式木结构墙体常用截面形式及尺寸　　　　　　表 7.1-1

采用材料		截面形式				
方木		70mm≤b ≤120mm	90mm≤b ≤150mm	90mm≤b ≤150mm	90mm≤b ≤150mm	90mm≤b ≤150mm
胶合原木	一层组合	95mm≤b ≤150mm	70mm≤b ≤150mm	95mm≤b ≤150mm	150mm≤φ ≤260mm	90mm≤b ≤180mm
	二层组合	95mm≤b ≤150mm	150mm≤b ≤300mm	150mm≤b ≤260mm	15mm≤b ≤300mm	—
原木		130mm≤φ	150mm≤φ	—	—	—

注：表中 b 为截面宽度，φ 为圆截面直径。

（2）连接件

井干式木结构建筑常用连接件有长钉、螺栓、木销、钢销、长拉结螺栓等，分别用作基础锚杆、拉结螺栓、抗剪销和层间锚杆。

基础锚杆一般采用预埋钢筋螺杆，连接基础与原木墙体底部3层木构件。其作用是抵抗水平力和墙体上拔。

为增强墙体的整体性，在墙体端部转角处及墙体开洞处，设置从墙体底部贯通到顶部通长拉结螺栓。拉结螺栓的常用直径范围为12～36mm。为方便施工，也可采用多个短螺栓组合成长螺栓，如图7.1-5所示。

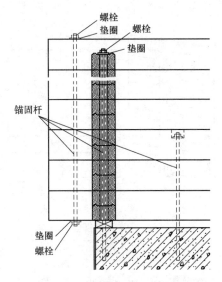

图7.1-5 墙体与基础连接锚杆和
通长拉结螺栓示意

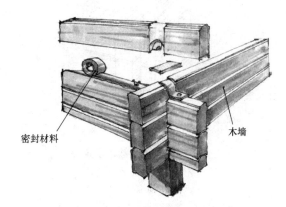

图7.1-6 原木层间密封材料示意

抗剪销即前文所述的木销和钢销。钢销采用镀锌钢管或钢杆，直径不小于9mm；木销由优质硬木制作，圆形木销直径不小于25mm，方形的截面尺寸不小于25mm×25mm。连接点处应在构件上预留圆孔，销子需要通过引孔打入木料中，圆孔直径应小于木销截面对角线尺寸3～5mm。

（3）密封材料

为保证圆木、方木叠积木墙拼缝处的气密性，加强外围护结构的防水、防风及隔热保温性能，在木层间须铺设麻布毡垫、橡胶垫条等作为密封材料（图7.1-6）。

2）木墙构造要求

为保证井干式结构墙体的紧密性、承载力和整体稳定性，墙体需采取的构造措施如下：

（1）除山墙外，每层墙体的高度不宜大于3.6m。墙体水平构件上下层之间应采用木销或其他连接方式进行连接，边部连接点距离墙体端部不应大于700mm，同一层的连接点间距不应大于2.0m，且上下相邻两层的连接点应错位布置。当墙体高度超过3.6m时，应采取增加墙体厚度，增设壁柱，设置方木加强件和减小墙体总长度等措施。

（2）当采用木销进行水平构件的上下连接时，应采用截面尺寸不小于25mm×25mm的方形木销。连接点处应在构件上预留圆孔，圆孔直径应小于木销截面对角线尺寸3～5mm。

（3）在井干式木结构墙体转角和交叉处，相交的水平构件采用凹凸榫相互搭接，凹凸榫搭接位置距构件端部的尺寸应不小于木墙体厚度和150mm。外墙上凹凸榫搭接处的端部，应采用墙体通高并可调节松紧的锚固螺栓进行加固，如图7.1-7所示。在抗震设防烈度6度的地区，锚固螺栓的直径不应小于12mm；在抗震设防烈度大于6度的地区，锚固螺栓的直径不应小于20mm。

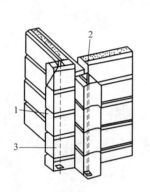

图7.1-7　转角结构示意

1—墙体水平构件；2—凹凸榫；
3—通高锚固螺栓

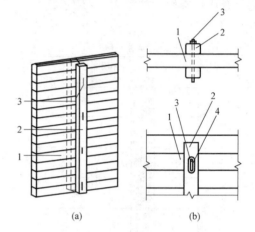

(a)　　　　(b)

图7.1-8　墙体方木加强件示意

（a）加强件；（b）连接螺栓示意

1—墙体构件；2—方木加强件；
3—连接螺栓；4—安装间隙（椭圆形孔）

（4）宜在纵横向每一片墙体内设置通高的并可调节松紧的拉结螺栓，拉结螺栓距离墙体转角不应大于800mm，拉结螺栓间距不应大于2.0m，直径不应小于12mm。

（5）山墙或长度大于6.0m的墙体，宜在中间位置设置方木加强件或采取其他措施进行加强。方木加强件应在墙体的两面对称布置，其截面尺寸不应小于120mm×120mm。加强件与墙体间一般采用螺栓连接，为不阻碍墙体的沉降，螺栓孔应采用允许上下变形的椭圆形孔，如图7.1-8所示。

（6）井干式木结构应在长度大于800mm的悬臂墙末端和大开口洞的周边墙端设置墙体加强措施，如加设墙骨柱。

（7）井干式木结构底层墙体与基础的水平抗剪件和抗拔锚栓等连接的直径和间距设计除了满足承载力设计要求外，还应满足以下构造要求：

① 墙体垫木的宽度不应小于墙体厚度；

② 垫木应采用直径不小于12mm、间距不大于2.0m的锚栓与基础锚固。在抗震设防和需要考虑抗风载地区，锚栓的直径和间距应满足承受水平作用的要求。

③ 锚栓埋入基础深度不应小于300mm，每根垫木两端应各有一根锚栓，端距应为100～300mm。

（8）当侧向力水平大时（如在抗震设防烈度为8度、9度或强风暴地区），墙体内通长的拉结螺栓和锚固螺栓应与混凝土基础牢固锚接。

（9）原木或工程木构件施工时，需在构件上切口或钻孔，钻孔和切口会对墙体承载力和整体性削弱，为保证墙体的整体稳定性，切口与钻孔需满足下列构造要求：

①沿墙体长度方向均有底部构件或垫木支撑的构件，在节点、转角以及墙体交叉处，构件截面的切口高度不应大于截面高度的2/3。

②为防止墙体构件开裂，其切槽深度不应大于构件截面高度的1/2。同时，切槽与缺口的深度之和不应大于构件截面高度的1/2。

（10）井干式木结构建筑因墙体的沉降会导致门窗变形，影响门窗的开启；也可能导致屋面防水层破坏而产生漏雨。为防止墙体沉降造成门窗变形或损坏，窗框或门框左右两侧与木墙体间采用可上下滑动的竖向连接，窗框或门框顶部及侧边与木墙体之间需预留满足变形要求的间隙，间隙内填充柔性保温材料（图7.1-9）。

（11）一般井干式木结构中柱的变形通常远小于叠积木墙体的横纹受压变形。因此，对于承重立柱应在上部或底部设置可调节高度的螺栓装置（图7.1-10）。

（12）井干式木结构屋面构件应采用螺栓、钉或连接件与木墙体构件固定。

屋顶构件与墙体结构之间也应有可靠的连接，并且连接构造应具有调节滑动功能（图7.1-11）。

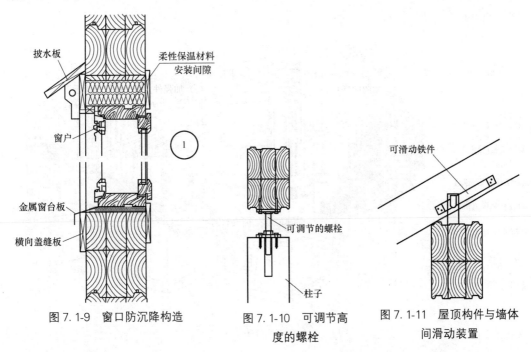

图7.1-9 窗口防沉降构造　　　　图7.1-10 可调节高　　　　图7.1-11 屋顶构件与墙体
　　　　　　　　　　　　　　　　　　　　度的螺栓　　　　　　　　　　间滑动装置

（13）隔墙和楼梯等非结构构件与木墙体的连接也应采用竖向可滑动的连接构造。

随着工程木在井干式木结构建筑中的大量应用，为了减少叠积木墙体产生的径向收缩变形，通常采用相互垂直的木纹层板制作的工程木墙体。

7.1.2 轻型木结构

轻型木结构是由木规格材构件形成的骨架与木基结构板材钉接组成的能承受各种作用的受力体系。

1. 轻型木结构的结构体系及组成

1）结构体系

轻型木结构体系由墙体、楼盖和屋盖组成，墙体、楼盖、屋盖均由木构架构成，木构架中各节点均采用钉连接而成。木构架在理论分析时只能简化为铰接不能为刚接，单个木构架不是稳定的结构体系，不能承受水平荷载作用。因此对于轻型木结构中的墙体、楼盖、屋盖，其木构架上须铺钉平面内能承受剪力作用的覆面板。一般将木构架和覆面板组成的墙体称为木框架剪力墙（简称剪力墙），将木构架和覆面板组成的楼、屋盖称为楼面、屋面格栅。轻型木结构是由剪力墙和楼面、屋面格栅构成的结构（图 7.1-12）。

2）组成

轻型木结构主要有平台式和连续骨柱式两种基本结构形式，也可以说两种施工方法。平台式轻型木结构从 20 世纪 20 年代开始在北美正式使用，其主要优点是楼盖和墙体分开建造，因此已建成的楼盖可以作为上部墙体施工时的工作平台。今天越来越多现场建造的住宅，采用在工厂预制好的部件，如在工厂预制好墙体、楼地面和木屋架，然后运输到现场进行组装，见图 7.1-12。连续墙骨柱式结构比平台式轻型木结构更原始，然而连续墙骨柱式结构的纵向木柱从 1 层的底部贯通到 2 层的顶部（通柱），因其在施工现场安装不方便，现在已很少应用。

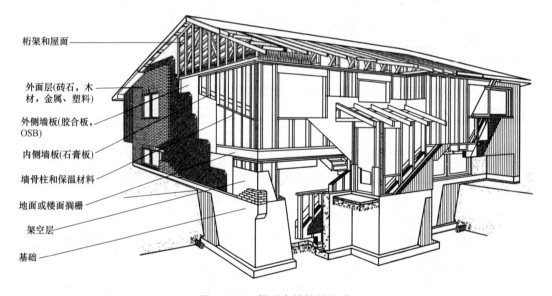

桁架和屋面
外面层(砖石，木材，金属，塑料)
外侧墙板(胶合板，OSB)
内侧墙板(石膏板)
墙骨柱和保温材料
地面或楼面搁栅
架空层
基础

图 7.1-12　轻型木结构的组成

2. 轻型木结构的受力特点及设计方法

轻型木结构中的剪力墙不仅要承受楼屋面传来的竖向荷载，同时要抵抗地震作用和风荷载的作用。剪力墙的结构布置及其力学性能对于轻型木结构设计具有重要影响。

轻型木结构的一般竖向荷载包括结构自重，楼面活荷载和屋面活荷载、雪荷载中的较大者。竖向荷载的传递路径是覆面板→搁栅（椽条）→墙体（过梁）→基础。轻型木结构的水平荷载为剪力墙和楼（屋）盖在平面内承受的水平地震作用和风荷载。水平荷载（地震作用）的传递路径为：楼盖系统（覆面板、搁栅和金属连接件）→木基剪力墙→基础。

根据轻型木结构的特点，其设计方法可归结为两种：结构计算设计方法和基于经验的构造设计方法。

结构计算设计方法即常规的结构工程设计：首先根据建筑所在场地、建筑功能（建筑设计）确定结构布置；然后进行结构荷载计算、结构内力计算和内力组合，验算主要承重构件和连接的承载力以及进行变形等分析；根据木结构设计规范确定构造措施等。

各剪力墙承担的楼层水平作用力宜按剪力墙从属面积上重力荷载代表值的比例进行分配。当按面积分配法和刚度分配法得到的剪力墙水平作用力的差值超过 15％时，剪力墙应按两者中最不利情况进行设计。

剪力墙的承载力计算见 5.5 节。

按刚度分配法进行分配时，各墙体的水平剪力可按下式计算：

$$V_j = \frac{K_{Wj}L_j}{\sum\limits_{i=1}^{n} K_{Wi}L_i} V \tag{7.1-1}$$

式中　V_j——第 j 面剪力墙承担的水平剪力；

　　　V——楼层由地震作用或风荷载产生的 X 方向或 Y 方向的总水平剪力；

K_{wi}、K_{wj}——第 i、j 面剪力墙单位长度的抗剪刚度，按《木结构设计标准》GB 50005—2017 附录 N 的规定采用；

　L_i、L_j——第 i、j 面剪力墙的长度；当墙上开孔尺寸小于 900mm×900mm 时，墙体可按一面墙计算；

　　　n——X 方向或 Y 方向的剪力墙数。

风荷载作用下，轻型木结构的边缘墙体所分配到的水平剪力宜乘以 1.2 的调整系数。

基于经验的构造设计方法，对于满足一定规定条件的建筑，如单体住宅、建筑面积不大、层数不超过三层等，则可以不作结构抗侧力分析，根据构造要求即可施工。

无论哪一种设计方法，结构的竖向承载力均需通过计算确定。构件主要承受竖向荷载产生的弯矩、压力以及弯、压共同作用，通过木材供应商或设计手册中的相应表格查得需要的木材树种、木材等级及截面尺寸等参数就可以完成设计。

大部分的轻型木结构都可以按照基于经验的构造设计方法进行设计。

不论采用哪一种设计方法进行轻型木结构设计，都应满足下列规定要求：

1）轻型木结构应由符合构造要求的剪力墙、木楼盖及木屋盖构成，轻型木结构的层数不宜超过 3 层。对于上部结构采用轻型木结构的组合建筑，木结构的层数不应超过 3 层，组合建筑底部应为砌体或混凝土结构，且该建筑总层数不应超过 7 层。

2）轻型木结构中所有结构材都必须有相应的应力等级标识和证明，强度特征值应满足设计要求。同时应采用可靠措施，防止木结构腐朽和虫蛀，保证结构能达到预期的设计使用年限。

3）轻型木结构具有高次超静定和较高的强重比，为保证其在地震、风载作用下有良好的抗震性能和延性，轻型木结构的平、立面结构布置宜规则、对称，承重剪力墙上下层位置一致，尽可能保证建筑物质量中心和结构刚度中心重合。所有结构构件应有可靠的连接和必要的锚固、支撑，足够的承载力，以保证结构正常使用的刚度和良好的整体性。

4）《木结构设计标准》GB 50005—2017 规定，符合下列条件的轻型木结构可按基于经验的构造设计方法进行设计：

（1）建筑物每层面积不应超过 600m²，层高不应大于 3.6m。

（2）建筑物屋面坡度不应小于 1∶12，也不应大于 1∶1；纵墙上檐口悬挑长度不应大于 1.2m；山墙上檐口悬挑长度不应大于 0.4m。建筑物高度是指室外地面到建筑物坡屋顶 1/2 处的高度。当室外地面高度不同时，建筑物高度取平均建筑物高度，如图 7.1-13 所示。

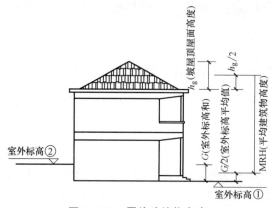

图 7.1-13　平均建筑物高度

（3）楼面活荷载标准值不大于 2.5kN/m²；屋面活荷载标准值不大于 0.5kN/m²；雪荷载按国家标准《建筑结构荷载规范》GB 50009—2012 有关规定取值。

（4）承重构件的净跨距不应大于 12.0m。

（5）在不同抗震设防烈度的条件下，剪力墙最小长度应符合表 7.1-2 的规定；在不同风荷载作用时，剪力墙最小长度应符合表 7.1-3 的规定。

（6）剪力墙的设置应符合下列规定（图 7.1-14）：

① 单个墙段的墙肢长度不应小于 0.6m，墙段的高宽比不大于 4∶1；

② 同一轴线上相邻墙段中心线之间的距离不应大于 6.4m；

③ 任一墙端到最靠近它的垂直方向墙段边的垂直距离不应大于 2.4m；

④ 一道墙中各墙段轴线的错开距离不应大于 1.2m。

（7）结构平面不规则与上下层墙体之间的错位应符合下列规定：

① 上下层构造剪力墙外墙之间的平面错位不应大于楼盖搁栅高度的 4 倍，且不应大于 1.2m；

② 对于进出面没有墙体的单层车库两侧的构造剪力墙，或顶层楼盖屋盖外伸的单肢构造剪力墙，其无侧向支撑的墙体端部外伸距离不应大于 1.8m（图 7.1-15）；

③ 相邻楼盖错层的高度不应大于楼盖搁栅的截面高度；

④ 楼盖、屋盖平面内开洞面积不应大于四周支撑剪力墙所围合面积的 30%，且洞口的尺寸不应大于剪力墙之间间距的 50%（图 7.1-16）。

按抗震构造要求设计时剪力墙的最小长度 （m）　　　　表 7.1-2

抗震设防烈度		最大允许层数	剪力墙最大间距(m)	每道剪力墙的最小长度		
				单层房屋的二层或三层房屋中的顶层	二层房屋中的底层、三层房屋中的第二层	三层房屋中的底层
6 度	—	3	10.6	0.02A	0.03A	0.04A
7 度	0.10g	3	10.6	0.05A	0.09A	0.14A
	0.15g	3	7.6	0.08A	0.15A	0.23A

续表

抗震设防烈度	最大允许层数	剪力墙最大间距(m)	每道剪力墙的最小长度		
			单层房屋的二层或三层房屋中的顶层	二层房屋中的底层、三层房屋中的第二层	三层房屋中的底层
8度 0.20g	2	7.6	0.10A	0.20A	—

注：1. 表中 A 指建筑物的最大楼层面积（m^2）。
  2. 表中剪力墙的最小长度以墙体一侧采用 9.5mm 厚木基结构板材作面板、150mm 钉距的剪力墙为基础。当墙体两侧均采用木基结构板材作面板时，剪力墙的最小长度为表中规定长度的 50%。当墙体两侧均采用石膏板作面板时，剪力墙的最小长度为表中规定长度的 200%。
  3. 对于其他形式的剪力墙，其最小长度可按表中数值乘以 $3.5/f_{vt}$ 确定，f_{vt} 为其他形式剪力墙抗剪强度设计值。
  4. 位于基础顶面和底层之间的架空层剪力墙的最小长度应与底层规定相同。
  5. 当楼面有混凝土面层时，表中剪力墙的最小长度应增加 20%。

按抗风构造要求设计时剪力墙的最小长度 (m)　　　　　　　表 7.1-3

基本风压(kN/m²)				最大允许层数	剪力墙最大间距(m)	每道剪力墙的最小长度		
地面粗糙度						单层房屋的二层或三层房屋中的顶层	二层房屋中的底层、三层房屋中的第二层	三层房屋中的底层
A	B	C	D					
—	0.30	0.40	0.50	3	10.6	0.34L	0.68L	1.03L
—	0.35	0.50	0.60	3	10.6	0.40L	0.80L	1.20L
0.35	0.45	0.60	0.70	3	7.6	0.51L	1.03L	1.54L
0.40	0.55	0.75	0.80	2	7.6	0.62L	1.25L	—

注：1. 表中 L 指垂直于该剪力墙方向的建筑物长度（m）。
  2. 表中剪力墙的最小长度以墙体一侧采用 9.5mm 厚木基结构板材作面板、150mm 钉距的剪力墙为基础。当墙体两侧均采用木基结构板材作面板时，剪力墙的最小长度为表中规定长度的 50%。当墙体两侧均采用石膏板作面板时，剪力墙的最小长度为表中规定长度的 200%。
  3. 对于其他形式的剪力墙，其最小长度可按表中数值乘以 $3.5/f_{vt}$ 确定，f_{vt} 为其他形式剪力墙抗剪强度设计值。
  4. 位于基础顶面和底层之间的架空层剪力墙的最小长度应与底层规定相同。

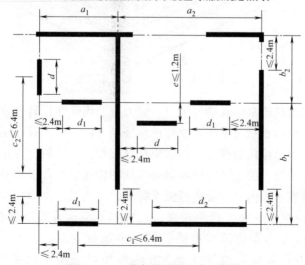

图 7.1-14　剪力墙的平面布置要求

a_1、a_2—横向承重墙之间的距离；b_1、b_2—纵向承重墙之间的距离；c_1、c_2—承重墙墙段中心线间的距离；d_1、d_2—承重墙墙肢长度；e—墙肢错位距离

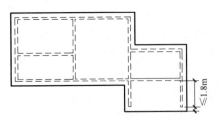
图 7.1-15　无侧向支撑的外伸剪力墙示意

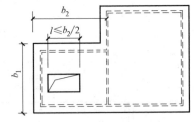
图 7.1-16　楼盖、屋盖开洞示意

3. 轻型木结构的构造

轻型木结构是由剪力墙和楼面、屋面格栅构成，下面分别介绍剪力墙和楼面、屋面格栅的组成、受力特点和构造。

1）剪力墙

剪力墙由木框架和覆面板组成。其中木框架主要由墙骨柱、顶梁板、底梁板组成（图 7.1-17）。

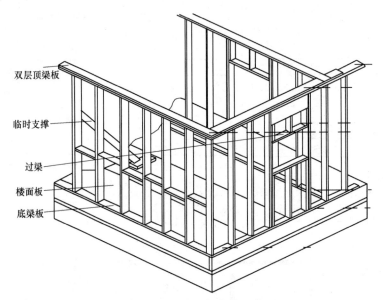

双层顶梁板

临时支撑

过梁

楼面板

底梁板

图 7.1-17　墙体骨架构造示意图

剪力墙骨架中墙骨柱通常由规格材组成。剪力墙的墙骨柱目测等级应不小于 IV_{cl}。除了在开孔处墙骨柱截短以支承过梁外，墙骨柱在楼层内应连续，墙骨柱两端与顶梁板和底梁板一般用钉连接，因此可将墙骨柱与顶梁板和底梁板的连接假定为铰接。构件在平面外的计算长度为墙骨柱长度。由于墙骨柱两侧的木基结构板或石膏板等覆面板可阻止构件平面内失稳，因此构件在平面内只需要进行强度验算。

剪力墙骨架中顶梁板与底梁板的规格材尺寸与等级通常和墙骨柱的规格材尺寸与等级相同。在承重墙中通常应用双层顶梁板，顶梁板上、下层的接缝应至少错开一个墙骨柱间距，接缝位置应在墙骨柱上。在隔墙中可采用单层顶梁板。所有墙体都采用单层底梁板。

当墙面板采用木基结构板作面板且墙骨柱最大间距为 410mm 时，板材的最小厚度不应小于9mm；当墙骨柱最大间距为610mm时，板材的最小厚度不应小于11mm；当墙面板采用石膏板作面板且最大墙骨柱间距为410mm时，板材的最小厚度不应小于9mm；当墙骨柱最大间距为610mm时，板材的最小厚度不应小于12mm，外墙的外侧面板应采用木基结构板材。外墙的内侧面板和内墙面板可采用石膏墙板。

木基结构板材可以竖向或水平方向布置并和木框架钉接。面板尺寸不应小于1.2m×2.4m，在墙面边界或开孔处，允许使用宽度不小于300mm的窄板，但不得多于两块；当墙面板的宽度小于300mm时，应加设用于固定墙面板的填块。考虑到面板可能的膨胀，在同一根墙骨柱上对接的面板在安装时应留有3mm的缝隙。

当梁搁置在墙骨柱顶上时，梁的正下方应有用墙骨柱组成的拼合柱，且该组合柱应根据所受荷载来设计。

位于外墙转角处和墙体相交处的墙骨柱至少需设两根规格材，同时应为该处墙面板的垂直边缘提供充分的支承，并为相邻墙体间提供良好拉结（图7.1-18），必要时可用0.4mm厚的薄钢板连接件相互牵牢。

在墙相交与转角处的顶梁板应搭接和钉接，双层顶梁板在角部应错叠放置并用钉钉牢（图7.1-19）。单层顶梁板的接缝应位于墙骨柱上，并在接缝处的顶面采用镀锌薄钢带以钉连接。

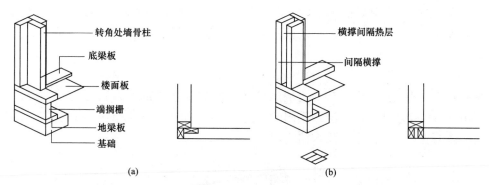

图7.1-18 外墙转角处及墙体相交处墙骨柱配置示意
（a）外墙转角处；（b）内隔墙相交处

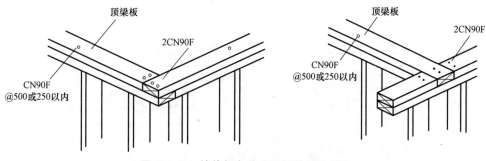

图7.1-19 墙体相交处顶梁板的构造规定

墙体中开孔尺寸大于墙骨柱间距时应采用过梁，过梁要通过结构设计确定。开孔两侧至少应采用双根墙骨柱。内侧墙骨柱长度为过梁到底梁板，外侧墙骨柱长度为顶梁板到底梁板。

过梁应和邻近墙体拉结，当过梁与墙顶平齐时，则采用木板或薄钢带将过梁与墙拉结。拼接板或薄钢带每侧至少用 3 枚 65mm 长的钉子固定，也可以通过在过梁上采用连续顶梁板实现与相邻墙体的拉结（图 7.1-20）。

图 7.1-20　过梁与墙体的拉结方法

一般用螺栓将地梁板锚固在基础上或用钉子钉牢在地下室顶盖的搁栅上，上层墙体则钉牢在下层楼盖的搁栅上。有时，为扩大使用面积，可以将上层底梁板挑出下层墙面，但挑出不得大于 1/3 的墙骨柱截面高度。在抗震设防区和强风区，至少在剪力墙两端的墙骨柱与基础间，上、下层墙骨柱间要有可靠的锚固措施，以增大结构的抗侧移刚度和房屋整体抗倾覆能力。

外墙空腔中一般填充保温隔热材料，内墙中填充隔音材料。当管网设在墙体空腔中时，允许在木构架杆件上开缺口或钻孔，但开缺口或钻孔后的墙骨柱剩余截面高度不应小于原截面高度的 2/3，顶梁板剩余宽度不小于 50mm，如果超过此限值，顶梁板应加强。承重墙墙骨柱开孔后，孔洞处的剩余截面高度不应小于截面高度的 2/3，非承重墙不应小于 40mm。

2）楼盖

采用木基结构板材的木框架剪力墙结构楼盖的构造类型如图 7.1-21 所示，设计时应根据所用房屋使用功能要求，选用不同的楼盖形式。二层以上房屋的楼盖搁栅周边通常由木墙或砌体墙支承，中间由承重木墙支承。

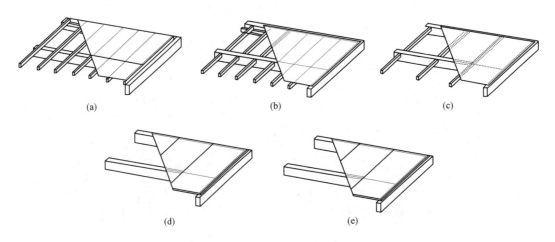

图 7.1-21　楼盖构成示意图

（a）1 型、2 型——架铺搁栅式楼盖；（b）3 型——平铺搁栅式楼盖；（c）4 型——省略搁栅式楼盖（1）；
（d）5 型——省略搁栅式楼盖（2）；（e）6 型——省略搁栅式楼盖（3）

楼盖在结构中既承受楼面竖向荷载同时又是抵抗水平作用的重要构件。楼盖中的搁栅简化为简支受弯构件，按第 5 章有关内容进行楼盖中各构件的承载力、变形等验算。

楼盖搁栅的变形验算，除了要满足木结构设计规范的要求，还要考虑楼盖中人员走动等因素所产生的振动对居住和工作质量的影响。目前，我国规范中还没有这方面的验算规定，国外一些学者提出了不同的指标来衡量振动是否在可接受的范围内。如 Onysko 设计法，假设有 1.0kN 的集中力作用在楼盖中央，对于跨度小于 3m 的楼盖，当其挠度 d 不大于 2mm；跨度大于等于 3m 的楼盖，其挠度 d 为跨度 L 的函数，不大于 $8/L^{1.3}$ 时，则认为振动在可接受的范围内。目前常用方法是在上述计算挠度 d 基础上，再考虑楼盖自振频率 f，如 $f/d^{0.04}>18.7$ 时，则认为振动可控制在满意的程度。随着木结构建筑在我国的日渐普及，需重视楼盖搁栅的舒适度的设计。

楼盖搁栅通常采用搁栅式楼盖（图 7.1-21a、b），当不设搁栅时，则可采用省略搁栅式楼盖（图 7.1-21c、d、e）。采用规格材作搁栅时，规格材的目测等级不低于 Ⅳc，截面尺寸由计算决定，支承长度不小于 40mm。

楼盖搁栅顶面需铺钉木基结构板材作为楼面板，其厚度取决于搁栅、楼面梁间距和楼面可变荷载的大小。当采用搁栅式楼盖且搁栅间距不大于 350mm 时，楼面板厚度不小于 12mm；当采用省略搁栅式楼盖且纵横楼面梁间距不大于 1000mm 时，楼面板厚度不小于 24mm，且不能将普通胶合板用于省略搁栅式楼盖。楼面板的边缘应有支承，该支承可采用企口板或采用与搁栅钉接的 40mm×40mm 的木横撑。在相同搁栅上对接的楼面板在安装时应留有 3mm 的缝隙以考虑面板可能的膨胀。搁栅底面通常铺钉耐火石膏板充当天花板。搁栅间的空腔中可设置隔声材料。当需铺设管网时，搁栅开缺口和钻孔需遵守 5.3 节的有关规定。

为保证楼盖搁栅的侧向稳定性，需在楼盖中连续设置侧向支撑。搁栅的侧向支撑有木底撑、剪刀撑和横撑三种形式，支撑间距和支撑至搁栅支座的距离均不得大于 2100mm，设计时可任选其中一种。当楼盖搁栅下采用木基结构板材作天花板，且能钉牢在每根搁栅上时，可不设上述支撑。

当底层楼盖采用木搁栅时，搁栅与首层墙体的地梁板斜向钉连接，地梁板用锚固螺栓固定在基础墙上（图 7.1-22）。锚固螺栓或其他类型的抗倾覆螺栓应准确地预埋在混凝土基础内（埋入长度不小于 300mm）。封头搁栅和地梁板用中心距 600mm、长 80mm 的钉子斜向钉连接，和搁栅用 2 枚长 80mm 的钉子端部钉连接。

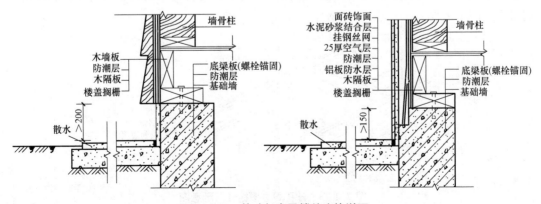

图 7.1-22　基础与底层楼盖连接详图

当地梁板和地坪之间的间距小于150mm时，地梁板与混凝土之间需进行防潮处理（外墙板与地坪距离不应小于200mm）。

楼盖搁栅需与顶梁板用钉斜向钉牢（图7.1-23）。沿外墙四周楼盖应设垂直于楼盖搁栅的封头搁栅和平行于楼盖搁栅的封边搁栅（图7.1-23、图7.1-24）。封头搁栅亦应与顶梁板斜向钉牢，并与楼盖搁栅垂直钉牢。封边搁栅则与顶梁板用钉斜向钉牢，并与封头搁栅垂直钉牢。

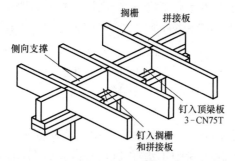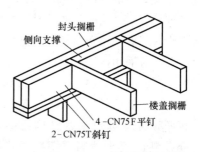

图7.1-23　实心木横撑限制搁栅扭曲和搁栅接头　　　图7.1-24　封头搁栅的构造

楼盖搁栅一般支承在承重墙或剪力墙的顶梁板上，也可以用钢连接件（称为搁栅吊）或托木将搁栅安装在梁的侧面。若搁栅支承在梁顶上时，搁栅必须和梁搭接，搁栅端部的约束通过2枚80mm长的钉子将每根搁栅端部与木梁斜向钉连接来实现。这种连接同时也给木梁提供了必要的侧向支撑。当遇较大洞口或为减少搁栅跨度，则它的一端或两端需支承在梁上。

当需要在楼盖中开洞口时，洞口边长不宜超过3.5m或楼盖长度的1/2，洞边距楼盖边缘不应小于0.6m。当开孔长度l不大于1.2m时，洞口的封头搁栅可用一根截面尺寸与搁栅相同的规格材；当$1.2m<l<3.2m$时，需用两根规格材作封头搁栅；当洞口宽度B不大于0.8m时，洞口的封边搁栅亦可用一根与搁栅同截面尺寸的规格材；当$0.8m<B<2m$时，则需用两根规格材作封边搁栅。当洞口的长、宽之一超过2m时，封头、封边搁栅的尺寸应由结构计算确定。洞口若用两根规格材作封头、封边搁栅，第一根（内层）封边搁栅应先与洞口处的第一根（外层）封头搁栅和各截断搁栅端头垂直钉牢，然后将第二根（内层）封头搁栅和第二根（外层）封边搁栅与已钉牢的外层封头和内层封边搁栅钉牢（图7.1-25）。

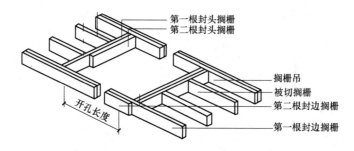

图7.1-25　开孔周边搁栅分布示意图

3）屋盖

（1）常用屋盖类型

屋盖是房屋最上部的围护体系，其功能是为建筑提供适宜的内部空间环境，应具有防水、风、火和太阳辐射、保温及隔热的功能，并要能形成良好的建筑外观。另一方面屋盖是受力体系，既要承受屋顶上部各种竖向荷载，又与楼盖一样，是结构抗侧力体系中的组成部分。木屋面木基层宜由挂瓦条、屋面板、椽条、檩条等构件组成。设计时应根据所用屋面防水材料、房屋使用要求和当地气象条件，选用不同的木基层的组成形式。常见屋盖结构形式如图 7.1-26 所示。木桁架及轻型桁架将在 7.3 节中介绍。

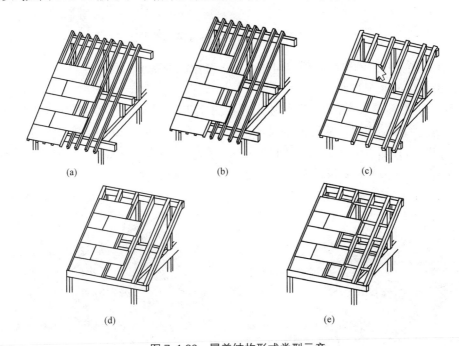

图 7.1-26　屋盖结构形式类型示意

（a）1型——椽条式屋盖（1）；（b）2型——椽条式屋盖（2）；（c）3型——斜撑梁式屋盖（1）；
（d）4型——斜撑梁式屋盖（2）；（e）5型——斜撑梁式屋盖（3）

屋面木基层中为受弯构件，按下列规定进行验算：①强度应按恒荷载和活荷载，或恒荷载和雪荷载组合，以及恒荷载和施工集中荷载组合进行验算；②挠度应按恒荷载和活荷载，或恒荷载和雪荷载组合进行验算；③在恒荷载和施工集中荷载作用下，进行施工或维修阶段承载能力验算时，构件材料强度设计值应乘以 1.2 的调整系数。

双坡屋面的椽条在屋脊处应相互连接牢固。

（2）屋架的局部布置

木结构建筑的屋面随建筑风格和建筑平面的不同，而呈现出丰富多彩的形式。图 7.1-27 为屋盖椽条在戗角（歇山或四合舍房屋转角处的屋面结构）、坡谷等部位的几种不同布置形式。

（3）屋架上老虎窗布置

屋架上局部设置不同花式的老虎窗同样丰富了轻型木结构屋盖造型，图 7.1-28 为人字形老虎窗的构造示意图。老虎窗除自身木构架外，主要是在屋盖椽条系统上开洞口，

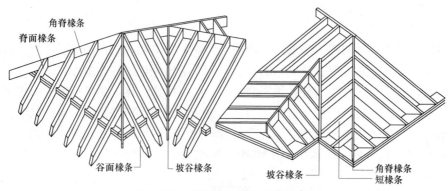

图 7.1-27　屋脊和屋谷的椽条布置图

7.1 节中有关楼盖开洞的构造和规定同样适用于屋盖椽条系统的洞口。

（4）山墙处的椽条布置

山墙处的椽条一般由两根规格材构成，由下部顶梁板上竖立的山墙墙骨柱支承（图 7.1-29）。当屋盖在山墙端需要悬挑时，悬挑长度大于 400mm 时，则山墙上方的悬挑椽条可采用梯式骨架形式，悬挑椽条的端部固定在屋面中的双根椽条上。双根椽条和山墙之间的距离至少应为悬挑长度的两倍。

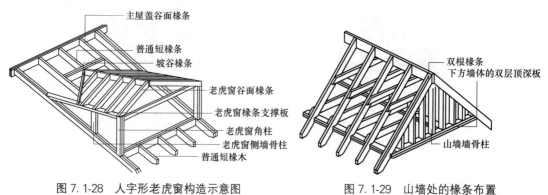

图 7.1-28　人字形老虎窗构造示意图　　　图 7.1-29　山墙处的椽条布置

（5）椽条与搁栅的开孔

传统搁栅与椽条的开孔限制和楼盖构件相同。

（6）屋面板

屋面板应能承受积雪、屋面材料以及施工与维修时工人的重量等荷载。屋面板可以采用胶合板或定向刨花板。对于椽条式屋盖，当椽条间距不大于 500mm 时，屋面板厚度不小于 12mm；对于斜撑梁式屋盖，当斜撑梁间距不大于 1000mm 时，屋面板厚度不小于 24mm。

轻型木结构屋盖的椽条或桁架上弦杆均钉有木基结构板材，可抵御和传递纵横两个方向的水平荷载。满足上述构造要求的屋盖，可保证其空间稳定性。

另外，利用前述 CLT 板替代上述轻型木结构中的墙、楼盖，就形成了一种 CLT 板式轻型木结构，其门、窗、楼梯、公用设施的洞口都是在工厂使用 CNC（数控）机器预先切割好的。CLT 板房屋一般都是工厂预制后，现场组装，安全可靠，施工快捷，CLT 板式轻型木结构是低层轻型木结构的发展方向，从业人士应予以重视。

4）柱

由 2～5 根相同的规格材组成拼合柱时，拼合柱的抗压强度设计值应按下列规定取值：当拼合柱采用钉连接时，拼合柱的抗压强度设计值应取相同截面面积方木柱抗压强度设计值的 60%；当拼合柱采用直径大于等于 6.5mm 的螺栓连接时，拼合柱的抗压强度设计值应取相同截面面积方木柱抗压强度设计值的 75%。

5）梁

轻型木结构中的楼盖梁一般采用木梁或钢梁。钢梁常采用宽翼缘梁，钢梁的设计应按国家标准《钢结构设计标准》GB 50017—2017 进行。木梁可以采用规格材、工程木制作的木梁或者组合木梁。木梁应根据第 4 章的相关公式进行结构设计，当木梁的两端由墙或梁支承时，应按两端简支的受弯构件计算。梁在支座上的最小支承长度不应小于 90mm，梁与支座应紧密接触，且应设置防止木梁侧倾的侧向支承和防止其侧向位移的可靠锚固。当梁采用方木制作时，其截面高宽比不宜大于 4。对于高宽比大于 4 的木梁应根据稳定承载力的验算结果，采取必要的保证侧向稳定的措施。

4. 低层竹木结构工程实例

四川都江堰市的向峨小学在汶川地震后在原址重建，由同济大学设计，加拿大政府出资援建。设计中综合考虑地形、气候、材料、环保、节能等诸多因素，及木结构建筑所特有的抗震性能，采用木结构作为向峨小学的主要受力体系，重建后的向峨小学有 12 个班级，540 名学生，同时提供 150 名学生住宿，如图 7.1-30 所示。有三栋单体建筑，分别为宿舍楼、

图 7.1-30 原址重建的向峨小学低层木结构建筑

餐厅和教学楼综合楼，除厨房部分采用钢筋混凝土结构外，均采用北美木结构体系。

其中宿舍楼为三层轻型木结构建筑，建筑面积共计 $1210m^2$；综合教学楼为二层轻型木结构建筑，建筑面积共计 $3400m^2$；食堂为一层木框架结构体系，建筑面积为 $680m^2$。各栋建筑采用钢筋混凝土基础，基础埋深不小于 $500mm$，基础宽度不小于 $500mm$。

混凝土强度等级 C25，木结构与混凝土接触处采用防腐木，并用锚栓连接。建筑材料主要有规格材（云杉-松-冷杉）、工字型搁栅、平行弦桁架、木基结构板（定向刨花板）等。

三栋木结构校舍建筑平面布置规则，质量和刚度变化均匀。所有构件之间由可靠的连接和必要的锚固、支撑，保证了结构的承载力、刚度和良好的整体性。

7.2 多高层木结构体系

早期多高层结构体系以混凝土或钢结构为主，但也有少量的木结构多高层建筑，如美国阿拉斯加的 Kennecott 矿场项目建于 1911～1938 年间，其中最大的一栋木建筑高达 14 层（图 7.2-1a）；建于 1870 年的新西兰惠灵顿旧政府大楼，曾经排名全球第二大单体木结构建筑长达一个多世纪（图 7.2-1b）。

(a)　　　　　　　　　　　　　　　　　(b)

图 7.2-1　早期的木结构建筑

(a) 阿拉斯加 Kennecott 矿场项目；(b) 惠灵顿旧政府木结构大楼

20 世纪下半叶，北美轻型木结构房屋发展迅速，但限于消防规定，包括美国、加拿大等许多国家将木结构层数限制在 3～4 层。

随着新型工程木产品的不断研制，欧洲、美国、加拿大和日本等国家开始了多高层木结构研究工作。2010 年 7 月，在日本神户三木市 E-Defense 研究所美国和日本科学家进行了一次当时世界上规模最大的 7 层足尺轻型木结构建筑振动台实验。试验结果表明中等高度的轻型木结构建筑物对强震有较高的抗震能力。在同一振动台实验室，由意大利负责、日本参与对一栋全尺寸七层 CLT 正交胶合木建造建筑进行了一次高强度振动台实验。试验结果表明以结构材料 CLT 建造的中层建筑具有极好的抗震性能，如图 7.2-2 所示。

目前加拿大和美国将木结构建筑层数限制提高到 4～6 层，欧洲标准也提高了建造木结构建筑的层数，在德国、挪威、法国、英国等西欧国家，4 层以上的多层木结构房屋得到大力推广。2017 年，我国国家标准《多高层木结构建筑技术标准》GB/T 51226—2017 正式颁布实施，标志着我国木结构建筑进入了新的发展时期。

(a)　　　　　　　　　　　　　　(b)

图 7.2-2 多层木结构足尺模型试验

（a）六层轻型木结构；（b）七层 CLT 正交胶合木建筑

关于多高层木结构的分类，一般而言：对于住宅类木结构建筑，按地面上层数分类时，4～6 层为多层木结构住宅建筑；7～9 层为中高层木结构住宅建筑；大于 9 层的为高层木结构住宅建筑；按高度分类时，建筑高度大于 27m 的木结构住宅建筑、建筑高度大于 24m 的非单层木结构公共建筑和其他民用木结构建筑为高层木结构建筑。

一般多高层木结构常用的工程木有 CLT、LVL、Glulam、PSL 及 LSL。

7.2.1 建筑形体及其结构体系的基本要求

与钢结构、混凝土结构多高层一样，木结构多高层结构的可靠性同样取决于它的建筑设计和结构方案。建筑设计简单合理，结构方案符合抗震原则，就能从根本上保证房屋具有良好的抗震性能。反之，建筑设计追求奇特、复杂，结构方案存在薄弱环节，即使进行精细的地震反应分析，在构造上采取补强措施，也不一定能达到减轻震害的预期目的。

1. 建筑设计一般规定

首先，总体规划的建筑容量控制指标、建筑物定位、建筑间距、建筑高度、景观控制、场地绿地率和停车位等主要技术经济指标，应符合城市规划管理的相关规定。场地规划应符合项目环境影响评估报告的要求以及室外环境质量要求，并宜通过建筑布局改善场地环境。建筑的选址应选择在工程地质条件安全可靠，并能获得良好的天然采光、自然通风的地段。不利地段应采取确保场地安全的技术措施。

建筑设计方面，应与当地的自然、人文环境相协调，并宜体现木结构建筑的特点。建筑设计时，可根据建筑美学和使用要求将木结构或木构件设计为完全可视、部分可视和完全不可视三种类型。对于完全可视或部分可视类型的木结构或木构件宜符合外观的耐久性规定。建筑设计宜采用被动式节能措施，应优化建筑形体、空间布局、自然采光、自然通风、围护结构保温、隔热等，并应降低建筑供暖、空调和照明系统的能耗。

2. 建筑平面布置

建筑总平面布置应符合下列规定：应合理设置绿化用地；宜合理利用地下空间；住宅建筑人均居住用地指标应符合城市规划要求；需考虑日照要求的建筑应按日照分析确定建

筑的间距，建筑的布置不应影响相邻建筑的日照要求；应避免污染物的排放对建筑自身或相邻建筑产生不利影响。

从结构方面考虑，建筑物的平、立面布置宜规则、对称，质量和刚度变化均匀，避免楼层错层。国内外多次地震中均有不少震例表明，凡是房屋体形不规则，平面上凸出凹进，立面上高低错落，破坏程度均比较严重，而房屋体型简单整齐的建筑，震害都比较轻。这里"规则"包含了对建筑的平、立面外形尺寸，抗侧力构件布置、质量分布，直至强度分布等诸多因素的综合要求。这种"规则"对高层建筑尤为重要。

3. 建筑立面布置

地震区建筑的立面也要求采用矩形、梯形、三角形等均匀变化的几何形状（图 7.2-3)，尽量避免采用图 7.2-4 所示的带有突然变化的阶梯形立面。因为立面形状的突然变化，必然带来质量和抗侧移刚度的剧烈变化，地震时，该突变部位就会剧烈振动或塑性变形集中而加重破坏。

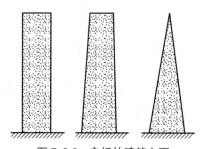

图 7.2-3　良好的建筑立面

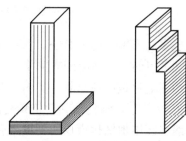

图 7.2-4　不利的建筑立面

建筑的竖向体形宜规则、均匀，避免有过大的外挑和内收。结构的侧向刚度宜下大上小，逐渐均匀变化，不应采用竖向布置严重不规则的结构；并要求抗震设计的高层建筑结构，其楼层侧向刚度不宜小于相邻上部楼层侧向刚度的 70% 或其上相邻三层侧向刚度平均值的 80%，当本层层高大于相邻上层层高的 1.5 倍时，该比值不宜小于 1.1；底层结构与上层的比值不得小于 1.5。

4. 结构体系基本要求

多高层木结构应采用以概率理论为基础的极限状态设计方法进行设计。结构的设计基准期应为 50 年，结构设计使用年限和安全等级应符合现行国家标准《建筑结构可靠性设计统一标准》GB 50068—2018 的规定。

多高层木结构不应采用严重不规则的结构体系，并应符合下列规定：

1）结构应满足承载能力、刚度和延性要求；

2）结构的竖向布置和水平布置应使结构具有合理的刚度和承载力分布，应避免因刚度和承载力局部突变或结构扭转效应而形成薄弱部位；对薄弱部位应采取加强措施；

3）应防止部分结构或构件的破坏导致整个结构体系丧失承载能力；

4）应设置多道抗倒塌防线；

5）应防止偶然荷载等引起的连续性倒塌。

结构设计时应考虑木材干缩、蠕变而产生的不均匀变形和受力偏心、应力集中等对结构或构件的不利影响，并应考虑不同材料的温度变化、基础差异沉降等非荷载效应的不利影响。

　　结构分析模型应根据结构实际情况确定，采用的分析模型应准确反映结构构件的实际受力状态，连接的假定应符合结构实际采用的连接形式。对结构分析软件的计算结果应进行分析判断，确认其合理后，可作为工程设计依据。当无可靠的理论和依据时，宜采用试验分析方法确定。结构整体计算时应按实际情况考虑楼面梁与竖向构件的偏心以及上下层竖向构件之间的偏心；当未考虑时，应采用柱端、墙附加弯矩的方法进行验算。

　　多高层木结构整体计算分析一般采用有限单元法借助计算机完成，或利用通用的商业软件进行结构设计计算。目前国内还没有多高层木结构设计软件。

　　另外，多高层木结构的结构设计还应符合现行国家标准《建筑抗震设计规范》GB 50011—2010 中的有关规定：

　　1）应具有明确的计算简图和合理的地震作用传递途径；

　　2）要有多道抗震防线，应避免因部分结构或构件破坏而导致整个体系丧失抗震能力或对重力的承载能力；

　　3）应具备必要的强度，良好的变形能力和耗能能力；

　　4）宜具有合理的刚度和强度分布，避免因局部削弱或变形形成薄弱部位，产生过大的应力集中或塑性变形集中；对可能出现的薄弱部位，应采取措施提高抗震能力。

　　当抗震设防类别为甲、乙类建筑以及高度大于 24m 的丙类建筑，不应采用单跨木框架结构。

　　各种乙类、丙类建筑结构体系适用的结构类型、层数和高度应符合表 7.2-1 的规定。甲类建筑应按本地区抗震设防烈度提高一度后符合表 7.2-1 的规定，抗震设防烈度为 9 度时应进行专门研究。

多高层木结构建筑适用结构类型、总层数和总高度　　　　表 7.2-1

结构体系		木结构类型	抗震设防烈度								
			6 度		7 度		8 度				9 度	
							0.20g		0.30g			
			高度(m)	层数	高度(m)	层数	高度(m)	层数	高度(m)	层数	高度(m)	层数
纯木结构		轻型木结构	20	6	20	6	17	5	17	5	13	4
		木框架支撑结构	20	6	17	5	15	5	13	4	10	3
		木框架剪力墙结构	32	10	28	8	25	7	20	6	20	6
		正交胶合木剪力墙结构	40	12	32	10	30	9	28	8	28	8
木混合结构	上下混合木结构	上部轻型木结构	23	7	23	7	20	6	20	6	16	5
		上部木框架支撑结构	23	7	20	6	18	6	17	5	13	4
		上部木框架剪力墙结构	35	11	31	9	28	9	23	7	23	7
		上部正交胶合木剪力墙结构	43	13	35	11	33	10	31	9	31	9
	混凝土核心筒木结构	纯框架结构	56	18	50	16	48	15	46	14	40	12
		木框架支撑结构										
		正交胶合木剪力墙结构										

注：1. 房屋高度指室外地面到主要屋面板板面的高度，不包括局部突出屋顶部分；
　　2. 木混合结构高度与层数是指建筑的总高度和总层数；
　　3. 超过表内高度的房屋，应进行专门研究和论证，并应采取有效的加强措施。

多高层木结构建筑的高宽比不宜大于表 7.2-2 的规定。

多高层木结构建筑的高宽比限值　　　　表 7.2-2

木结构类型	抗震设防烈度			
	6 度	7 度	8 度	9 度
轻型木结构	4	4	3	2
木框架支撑结构	4	4	3	2
木框架剪力墙结构	4	4	3	2
正交胶合木剪力墙结构	5	4	3	2
上下混合木结构	4	4	3	2
混凝土核心筒木结构	5	4	3	2

注：1. 计算高宽比的高度从室外地面算起；
　　2. 当塔形建筑底部有大底盘时，计算高宽比的高度从大底盘顶部算起；
　　3. 上下混合木结构的高宽比，按木结构部分计算。

多高层木结构建筑弹性状态下的层间位移角和弹塑性层间位移角应符合表 7.2-3 的规定。

多高层木结构建筑层间位移角限值　　　　表 7.2-3

结构体系		弹性层间位移角	弹塑性层间位移角
纯木结构	轻型木结构	$\leqslant 1/250$	$\leqslant 1/50$
	其他纯木结构	$\leqslant 1/350$	
上下混合木结构	上部纯木结构	按纯木结构采用	$\leqslant 1/50$
	下部的混凝土框架	$\leqslant 1/550$	
	下部的钢框架	$\leqslant 1/350$	
	下部的混凝土框架剪力墙	$\leqslant 1/800$	
混凝土核心筒木结构		$\leqslant 1/800$	$\leqslant 1/50$

另外，高层建筑木结构弹性分析时，应计入层间变形引起的重力二阶效应的影响。

7.2.2　多高层木结构体系类型

近年来，越来越多的多高层木结构在我国各地正在实施或已建成，本节主要介绍其结构体系及典型工程实例。

1. 轻型木结构

轻型木结构具有经济，安全，结构受力分散、均匀的特点，主要用于六层以内的木结构建筑。上节对轻型木结构已进行了较为详细的介绍，在此不再赘述。

2. 木框架支撑结构

木框架支撑结构即在胶合木框架中设置（耗能）支撑的一种结构体系。在传统梁柱式框架结构的基础上，在竖向增加斜撑以增加结构的水平抗侧刚度，从而能使多高层木结构建筑的建造得以实现。木框架支撑结构具有体系简洁、传力明确、用料经济、性价比高等特点。与木框架结构相比，木框架支撑结构抗侧能力大大增加，是一种十分可靠的结构形式。

　　2015年挪威在卑尔根市建造了利用胶合木桁架作为主要受力体系的木结构高层公寓"Treet"（Treet含义为The tree）。"Treet"共14层，建筑平面为21m×23m的矩形，建筑总高度49m，建筑总面积为5830m^2。地下一层用作停车、设备室和储藏室。"Treet"是典型的木框架＋支撑结构体系，它的主要结构体系由位于建筑周边的胶合木框架＋斜撑组成，第5、10结构层由水平木框架＋斜撑与预制混凝土板组成作为建筑中的结构加强层。建筑中的1、4、6、9、11、14层为预制装备木结构单元，分别锚固于地下室顶板和第5、10层的混凝土楼盖上，所有预制木结构单元都不与周边木框架＋斜撑结构连接，不承担水平荷载（图7.2-5）。另外通过立面的玻璃幕墙和金属板来保护木框架＋斜撑结构。

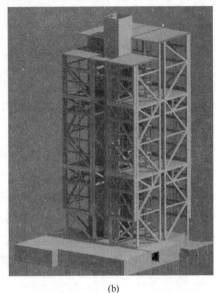

(a) (b)

图7.2-5　木结构高层公寓"Treet"

(a) 从南面的三维建筑图；(b) 三维结构模型

　　坐落在瑞士苏黎世的一栋7层传媒公司Tamedia的总部大楼（图7.2-6a），主体结构为多层木框架结构，部分跨内设有支撑（图7.2-6b）。

　　梁柱节点连接采用的是改进后的中国传统榫卯结构。在确定设计方案后，用近2000m^{3}的云杉木，打造出每一个部件和榫卯，然后像搭积木、拼装玩具般，用榫卯将各个独立的部件连接在一起，如图7.2-6（c）所示。

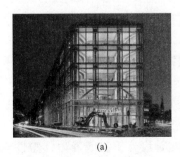
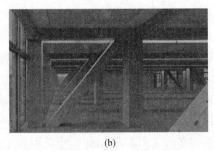

(a) (b) (c)

图7.2-6　Tamedia的总部大楼

(a) 建筑立面；(b) 局部跨内支撑；(c) 构件间榫卯连接示意

1) 结构受力特点及设计方法

木框架支撑结构的传力模式简洁明确，竖向荷载通过梁传递到柱上，再通过柱传递到基础。由于纯木框架抗侧刚度小，故水平力主要由支撑承担。

胶合木框架支撑结构的中心支撑体系宜采用交叉斜杆（图 7.2-7a）、单斜杆（图 7.2-7b）、人字形斜杆（图 7.2-7c）或 V 形斜杆体系。中心支撑斜杆的轴线应交汇于框架梁柱的轴线所在平面内，不得采用 K 形斜杆和受拉单斜杆支撑。

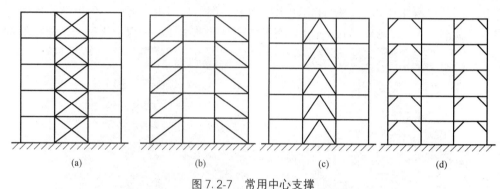

图 7.2-7　常用中心支撑

(a) 交叉支撑；(b) 单斜杆支撑；(c) 人字形斜杆支撑；(d) 隅撑

图 7.2-7 的三种中心支撑中，交叉支撑侧向刚度大，但交叉斜杆中部的连接构造较为复杂；单斜杆支撑杆身较长，通常构件的截面尺寸也较大，为避免形成受拉单斜杆体系，在同一榀框架内须设置方向相反的斜撑（图 7.2-7b）；人字撑具有较高的侧向刚度，杆件长度适中，若设计妥当，支撑所在的竖向框架内也开设门窗洞口，人字撑是目前应用最多的支撑形式。近年来在木框架中，也有应用隅撑作为支撑结构的，与中心支撑相比，隅撑作为一种偏心支撑，构造简单，杆件短用料经济且具有更好的延性和变形能力，但隅撑的侧向刚度远小于中心支撑（图 7.2-7d）。

多高层木框架支撑结构一般采用弹性分析方法确定结构的内力和变形，计算时假设梁柱、柱脚、支撑节点均为铰接（当支撑节点实际构造为刚接时，则按刚接计算），梁、柱、支撑杆件保持弹性，结构计算时不宜计入非结构构件对结构承载力和刚度的有利作用。各榀框架承担的楼层水平作用力宜按框架从属面积上重力荷载代表值的比例进行分配。当按面积分配法和刚度分配法得到的框架水平作用力的差值超过 15% 时，应选取最不利情况进行设计。

在结构平面的两个主轴方向分别计算水平地震效应时，对角柱和两个方向的支撑或剪力墙所共有的柱构件，其水平地震作用引起的构件内力应增大 1.3 倍。

按照弹性分析方法计算出梁、柱、支撑的内力后，再根据第 5 章和第 6 章相关内容进行木构件以及节点的设计，

多高层木框架支撑结构在多遇地震作用下其楼层内最大的弹性层间位移须满足表 7.2-3 的要求，对于罕遇地震作用下的弹塑性变形验算，一般杆件仍采用弹性假定，但梁柱节点应采用通过试验确定的节点 M-θ 曲线，可采用弹塑性时程分析法或静力弹塑性分析法计算。

2) 构造要求

（1）结构布置

木框架支撑体系不宜采用单跨或局部单跨框架结构。建筑平面布置宜规则、对称，并应具有良好的整体性，整体结构的总高度、层数和高宽比应分别满足表 7.2-1 和表 7.2-2 的要求，层间位移角应符合表 7.2-3 的规定。

木框架支撑体系应设计成双向抗侧力体系，且支撑的布置尽可能对称；支撑的竖向布置也应连续，以避免引起竖向刚度突变。此外，木框架支撑体系应按抗震双重体系进行设计，将框架部分设计成第二道防线，木框架支撑体系在地震作用标准值作用下，总框架各层所承担的地震剪力不得小于结构底部总剪力的 25% 与地震作用下的各层框架中地震剪力最大值的 1.8 倍两者的较小值。

木框架支撑结构的梁柱构造要求与框架结构类似，设计时应考虑因含水率变化引起的构件尺寸变化。

（2）支撑

木框架支撑结构宜采用中心支撑或隅撑。中心支撑斜杆的轴线应交汇于框架梁柱的轴线所在平面内，并尽量与梁柱轴线的交点相交。

支撑的斜杆宜采用双轴对称截面，斜杆除要进行强度验算以外，长细比也应满足规范的规定。对于抗震设防烈度为 9 度的框架支撑结构，可以采用带有耗能装置的中心支撑体系。

（3）填充墙

木框架支撑结构的填充墙宜采用轻质墙体。当采用刚性、质量较重的填充墙时，其布置应避免上、下层刚度变化过大，并应减少因抗侧刚度偏心所造成的扭转。

填充墙可通过"L"形薄钢板和自攻螺钉等方式与梁柱连接，应保证自身稳定性要求，外墙应考虑风荷载作用时的稳定。

计算结构自振周期，应考虑非承重填充墙体的影响对其予以折减。当非承重墙体为木骨架墙体或外挂墙板时，填充墙对结构刚度有一定贡献，结构的自振周期折减系数可取 0.9~1.0。

（4）连接节点

木结构能够满足使用功能要求并具有良好的耐久性，很大程度上取决于其节点连接的可靠设计和施工质量，因此应重视木结构节点连接的设计与施工。多高层木框架支撑结构的连接包括梁柱节点连接、柱接长连接以及柱脚连接、支撑的连接，所有连接节点应确保传力顺畅。

建议优先采用钢插板连接技术，因为将钢板嵌入木构件中，有利于防火和不影响木构件外观。为了方便现场安装，梁、柱上的螺栓孔径应比螺栓直径至少大 1mm。

不同位置处梁柱连接节点具有不同构造形式。

柱顶梁柱连接常用十字板节点，在预制柱柱端开十字槽口和两个方向的螺栓孔，施工时，先将十字钢板插入柱端的槽口，再用螺栓固定，然后将梁依次与钢板连接固定（图 7.2-8a）。

楼层处柱与梁连接常用钢插板与钢贴板相结合的形式，在柱身梁标高处切开一个方向的贯通槽口，另一方向开螺栓孔，施工时，先将钢插板插入柱中槽口，再将两侧钢贴板贴紧柱身后，用螺栓同时固定钢插板和钢贴板，再依次将梁与钢板连接（图 7.2-8b）。

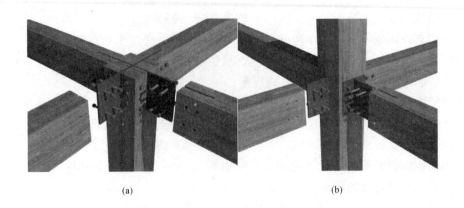

(a)　　　　　　　　　　　　　　(b)

图 7.2-8　梁柱连接示意

（a）柱顶梁柱连接；（b）楼层梁柱连接

常用的柱接长节点及柱脚节点采用十字钢插板螺栓连接（图 7.2-9、图 7.2-10）。一般在楼层位置进行柱接长连接，要将接长节点、梁柱节点和支撑节点等同时考虑。

图 7.2-9　柱接长节点示意

图 7.2-10　柱脚连接节点示意

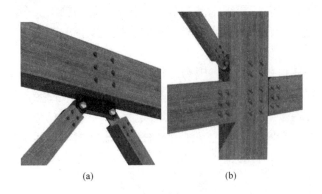

(a)　　　　　　　　　　　　　　(b)

图 7.2-11　支撑与梁和柱的节点连接示意

（a）支撑与梁连接；（b）支撑与柱连接

支撑与梁和柱的节点连接常设计为单铰的形式，如图 7.2-11 所示。支撑与梁柱节点的连接设计，应使支撑、梁、柱三者的轴线交于同一点。

需要说明的是，节点连接设计的构造方法应具体情况具体分析，只要构件受力计算正确，传力路径明确，按照第 6 章介绍的竹木结构连接设计方法，并结合各连接节点（包括后叙的各结构节点连接）的设计注意事项，就可以设计出受力合理、形式多样、方便施工的节点连接构造。

3. 木框架剪力墙结构

木框架剪力墙结构是在木框架中内嵌木剪力墙的一种结构体系，木框架剪力墙结构的主要竖向承重构件为木梁柱，主要抗侧力构件为剪力墙。它既改善了木框架结构的抗侧力性能，又由于它只在部分位置设置剪力墙，故可以保持框架结构空间布置灵活的优势，弥补了剪力墙结构开间过小的不足，比剪力墙结构有更高的性价比和灵活性，常用于低层和多高层木结构。

木框架剪力墙结构建筑多为装配整体式结构，梁、柱、板和楼梯等构件均可以工厂化制造，可实现标准化、工厂化、机械化生产。因此，其具有施工速度快、生产效率高等优点。

新西兰尼尔森修建的一座典型的两层梁柱式木框架剪力墙结构建筑（图 7.2-12），其建筑面积 $1200m^2$，其中梁柱由 LVL 材料构成，剪力墙使用了强度较大的 CLT 材料。

图 7.2-12　新西兰尼尔森木框架剪力墙结构建筑

2016 年建成于加拿大蒙特利尔的名为"Arbora"的公寓楼共 8 层，上部 7 层木结构部分坐落于混凝土基础和一层混凝土平台上。该建筑采用工程木 glulam 梁柱和 CLT 剪力墙、楼盖组成木框架剪力墙结构，如图 7.2-13 所示。

位于魁北克城的 Origine 公寓楼木结构面积为 $890m^2$，共 13 层（图 7.2-14）高 40.9m，地下室和一层为钢筋混凝土结构，设有停车场、大堂和其他服务设施，其余各层均为木结构，采用工程木 glulam 梁柱和 CLT 剪力墙、楼盖和屋盖组成木框架剪力墙结构，屋顶采用白色防水膜更好地反射太阳和减少热岛效应，一楼的外部饰面为面砖，其他楼层采用白色钢面板和局部红色的铝合金面板饰面，该建筑 2016 年 12 月开工，到 2017 年 4 月完成木结构安装。

1）结构受力特点及设计方法

木框架梁柱构件主要承受竖向荷载，一般采用胶合木（LVL，glulam 和 LSL）制作，

(a)   (b)

图 7.2-13   Arbora 公寓
(a) 建筑立面效果；(b) 施工现场

图 7.2-14   Origine 公寓楼

木框架间用轻木剪力墙或 CLT 板作为水平抗侧力构件帮助木框架承受风荷载或水平地震作用。

与木框架支撑结构相比，木框架剪力墙结构中的剪力墙可以看成是木框架支撑结构中支撑的水平向扩展。因此，可以将剪力墙等代为斜向支撑进行木框架剪力墙结构的内力计算。

在地震作用标准值作用下，各层框架所承担的地震剪力不得小于结构底部总剪力的 25% 与地震作用下的各层框架中地震剪力最大值的 1.8 倍两者之间的较小值。

木框架结构在结构分析时需考虑框架节点刚性不足对内力和结构侧移的影响。在钢结构和混凝土结构中，通常认为框架节点（梁、柱间的连接）为刚接。但对于木结构框架，这个假设不成立，需考虑节点交角的改变。通常用节点刚性系数 K（产生单位角位移时的节点弯矩）来表达节点的刚性。铰接时 $K=0$；刚接时 $K \to \infty$；处于中间值的称为半刚性连接，在一定角位移范围内，K 可视为常数。刚性系数与被连接件的材质、截面大小和连接方式等因素有关，需通过试验确定。

2）构造要求

木框架剪力墙房屋的结构布置应规则、对称，在建筑的两个方向都应设置剪力墙，且对称布置，主体结构构件之间不应采用铰接，梁与柱或柱与剪力墙的中线宜重合。整体结构的总高度、层数和高宽比应分别满足表 7.2-1 和表 7.2-2 的要求，层间位移角应符合表 7.2-3 的规定。

常用的剪力墙形式主要为轻木剪力墙和正交胶合木剪力墙。木框架-轻木剪力墙结构体系构造如图 7.2-15（a）所示，其中内填的轻木剪力墙中覆面板与墙骨柱、顶梁板与木梁、端部墙骨柱与木柱均采用钉连接，底梁板与基础采用锚栓连接。框架剪力墙中采用 CLT 且 CLT 局部内嵌到框架梁柱中时，CLT 与木梁柱通常采用连接件结合自攻螺钉连接，如图 7.2-15（b）。

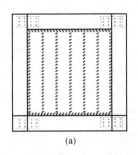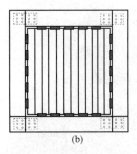

图 7.2-15　木框架-剪力墙构造示意图

（a）木框架-轻木剪力墙；（b）木框架-CLT 填充剪力墙

4. 正交胶合木剪力墙结构

正交胶合木剪力墙结构是以正交胶合木 CLT 作为剪力墙的一种结构体系，一般以 CLT 墙板、楼板及屋面板为主要受力构件。CLT 具有较好的尺寸稳定性、良好的隔热和防火性能、较大的抗压刚度及强度以及较高的装配化程度。正因如此，正交胶合木剪力墙结构在低层、多高层木结构领域都受到青睐。

正交胶合木剪力墙结常用作受侧向力较大的多高层木结构建筑中。2009 年，英国伦

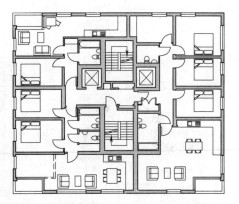

图 7.2-16　英国伦敦 Stadthaus 公寓及平面图

敦建成启用 Stadthaus 公寓（图 7.2-16）。该公寓有 9 层，除一层为混凝土结构，这座建筑全部采用 CLT 作为承重墙和楼板。更值一提的是，所有结构用材只用了 3 天就在工厂生产出来，雇用了 4 人施工团队，每周只有 3 天在施工现场，在全部 9 周的建造时间中，仅用了 27 个工作日就完成这座建筑的建设。

2014 年，我国台湾建成了亚洲第一栋 5 层 CLT 建筑——森科总部大楼（图 7.2-17）。整栋建筑地下一层，地上四层，地下室为混凝土结构，并将地上首层抬离地面落在混凝土基座上，使上层结构远离地面湿气及白蚁侵害，上部结构全部由 CLT 板组成，完全装配式施工，四名工人花 20 天组装而成。

1）结构受力特点及设计方法

正交胶合木剪力墙结构以 CLT 木质墙体为主，承受竖向和水平荷载作用，所有板式构件在平面内可假定为刚性板。

图 7.2-17　台湾森科总部大楼

正交胶合木剪力墙结构在竖向荷载下计算构件内力时，楼面及屋面活荷载可取为满跨布置，楼面活荷载大于 4 kN/m² 时，宜考虑楼面活荷载的不利布置。竖向荷载下，楼板和墙板交错形成连续的竖向传力体系。

正交胶合木剪力墙结构所受水平荷载主要包括风荷载及地震作用。风荷载作用下的传力路径为：迎风面的外墙面→与外墙面相连的楼板→与楼板相连的正交胶合木剪力墙→基础→地基。风荷载作用下楼层水平剪力的分配按刚性楼板假定，单面剪力墙所受的剪力按其侧移刚度进行分配。正交胶合木剪力墙结构的抗震设计，可采用底部剪力法进行内力计算，或采用直接位移法以及简化的直接位移法进行内力计算。

2）构造要求

正交胶合木剪力墙结构布置应规则、对称。整体结构的总高度、层数和高宽比应分别满足表 7.2-1 和表 7.2-2 的要求，层间位移角应符合表 7.2-3 的规定。

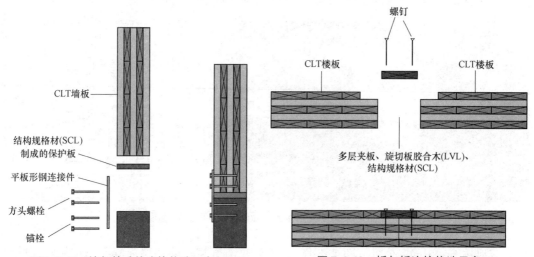

图 7.2-18　墙与基础的连接构造示意图　　　图 7.2-19　板与板连接构造示意

正交胶合木单块墙板的高宽比不能小于 1∶1，不能大于 4∶1。当单块墙板的高宽比大于 1∶1，应沿宽度拆分，使其满足规范要求，且用耗能节点连接。

正交胶合木剪力墙和楼屋盖与相邻构件、板件及基础等的连接，应符合延性和变形协调的要求。一般通过钢连接件、方头螺钉、自攻螺钉和锚栓等将墙与基础、墙与墙、墙与楼板及板与板连接形成整体结构，墙与下部基础或楼面的连接应满足抗剪承载力和抗拔承载力的要求。在加拿大 FPInnovation 出版的 CLT 应用指南中，详细介绍了各构件之间的多种连接构造形式，此处从中选择了各构件间的一种连接构造，说明构件间的连接是如何设计和实现的。

墙与基础的连接如图 7.2-18 所示；板与板（包括墙与墙的水平拼接）的连接如

图 7.2-19 所示；墙与墙的垂直连接如图 7.2-20 所示；墙与楼板连接如图 7.2-21 所示。

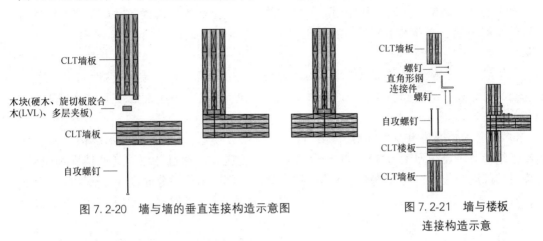

图 7.2-20 墙与墙的垂直连接构造示意图

图 7.2-21 墙与楼板
连接构造示意

5. 上下混合木结构

上下混合木结构是指下部采用钢筋混凝土结构或钢结构、上部采用纯木结构的结构体系。下部采用钢筋混凝土或钢结构，用作商场或停车场，可以满足大空间或大开洞的建筑要求；上部采用多层纯木结构，可以满足办公或住宅的需要。根据不同的建筑高度、层数及使用功能，上部多层纯木结构有如下几种形式：轻型木结构，木框架支撑结构，木框架剪力墙结构和正交胶合木剪力墙结构。

上下混合木结构建筑在国外应用很多。图 7.2-22 所示的美国加利福尼亚长滩市的一座商住综合建筑，采用了混凝土-轻型木结构组合体系。该结构地下两层停车地库采用混凝土结构，地面以上底部为四层钢筋混凝土结构，用于商业、零售和公共服务，上部为四层轻型木结构住宅，整个建筑面积约为 37400m^2。

2012 年在澳大利亚墨尔本建成了一幢名为"Forte"的 10 层正交胶合木结构公寓楼，是澳大利亚第一个高层正交胶合木结构建筑，如图 7.2-23 所示。该建筑的首层为混凝土结构，上面 9 层为正交胶合木结构。整个建筑的施工共用时 10 个月，使用了 760 块 CLT 面板。

1）结构受力特点及设计方法

上下混合木结构是典型的非均匀结构，下重上轻、下刚上柔。试验表明，在地震作用下，底部混凝土结构对上部木结构的地震作用有一定的放大作用，因此在计算上部木结构

图 7.2-22 美国长滩市商住综合建筑

图 7.2-23 澳大利亚 Forte 公寓楼

时需要将水平地震作用进行一定程度的放大。

上下混合木结构在竖向荷载作用下的传力路径为：上部木结构楼（屋）盖→承重竖向木构件（剪力墙，框架柱）→下部混凝土梁（次梁和框架梁）→混凝土框架柱→基础→地基。

上下混合木结构在水平荷载作用下的传力路径为：上部木剪力墙（支撑结构）→楼屋盖→与其可靠连接的两侧墙体上→通过水平连接件向下层传递→下部混凝土框架→基础→地基。

《多高层木结构建筑技术标准》GB/T 51226—2017 规定，上下混合木结构中的下部混凝土结构对于设防烈度为 6、7 和 8 度（0.2g）度区，不超过 2 层，其他情况为单层。计算时下部混凝土结构与基础的连接为刚接框架。上部木结构部分的设计方法同前，上下混合木结构抗震设计的计算模型如图 7.2-24 所示。

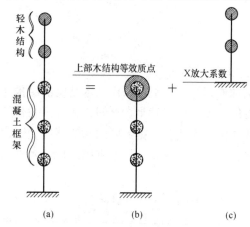

图 7.2-24　上下混合木结构抗震设计计算模型
（a）总体模型；（b）下部混凝土结构；
（c）上部木结构

与前述纯木结构体系不同的是，下部混凝土结构的抗侧刚度往往比上部木结构的抗侧刚度大很多，故结构刚度沿高度方向有突变，在计算上部木结构的水平地震作用时需考虑由下部混凝土框架造成的动力放大作用。

对于平面规则的上下混合木结构，当下部为混凝土结构，上部为 4 层及 4 层以下的木结构时，当下部平均抗侧刚度与相邻上部木结构的平均抗侧刚度之比不大于 4 时，上下混合木结构可按整体结构采用底部剪力法进行计算；当下部平均抗侧刚度与相邻上部木结构的平均抗侧刚度之比大于 4 时，上部木结构和下部混凝土结构可分开单独进行计算。

当上下部分分开单独计算时，上部木结构可按底部剪力法进行抗震设计，并应乘以增大系数 β，β 应按下式计算：

$$\beta=0.035\alpha+2.11 \tag{7.2-1}$$

式中　α——底层平均抗侧刚度与相邻上部木结构的平均抗侧刚度之比。

多高层上下混合木结构体系中，当下部为混凝土结构，上部为轻型木结构时，假设轻木结构部分楼板为柔性，水平荷载均按从属面积分配，由木剪力墙承担。进行地震力计算上部结构的水平地震作用增大系数 β 应根据上下部刚度比按下列规定确定：

（1）对于下部混凝土结构高度大于 10m、上部为 1 层轻型木结构，由于下部混凝土结构较高，上部轻型木结构刚度和质量都较小，其鞭梢效应比较明显。因此在上、下结构分开采用底部剪力法进行抗当下部与上部结构刚度比为 6~12 时，上部木结构的水平地震作用增大系数宜取 3.0；当下部与上部结构刚度比不小于 24 时，增大系数宜取 2.5；中间值可采用线性插值法确定。

（2）对于下部混凝土结构高度小于 10m、上部为 1 层轻型木结构以及下部混凝土结构高度大于 10m、上部为 2 层或 2 层以上轻型木结构的上下混合木结构，上下结构宜分开采用底部剪力法进行抗震设计。当下部与上部结构刚度比为 6～12 时，上部木结构的地震作用增大系数宜取 2.5；当下部与上部结构刚度比不小于 24 时，增大系数宜取 1.9；中间值可采用线性插值法确定。

对于不满足上述规定的 7 层及 7 层以下的上下混合木结构，上下结构宜分开采用底部剪力法进行抗震设计。当下部与上部结构刚度比为 6～12 时，上部木结构的地震作用增大系数宜取 2.0，当下部与上部结构刚度比不小于 30 时，增大系数宜取 1.7，中间值可采用线性插值法确定。

2）构造规定

多高层上下混合木结构布置应规则、对称。整体结构的总高度、层数和高宽比应分别满足表 7.2-1 和表 7.2-2 的要求，层间位移角应符合表 7.2-3 的规定。

多高层上下混合木结构中，上部木结构与下部混凝土框架的连接构造应牢固可靠，不会发生先于轻木结构以及混凝土框架的破坏。

轻木结构通过预埋于混凝土中的螺栓与下部混凝土结构连接，并按 6.1 节进行剪力墙底部抗剪螺栓承载力的验算。除此之外，还需在墙角处设置抗拔连接件以抵抗水平作用力（图 7.2-25）。木框架柱可通过预埋扁铁及螺栓锚固在下部混凝土构件上（图 7.2-26），同一连接部位螺栓不应少于两个，螺栓直径不应小于 12mm。对图 7.2-25 和图 7.2-26 中的预埋件及螺栓须进行抗上拔和抗剪的设计与验算。

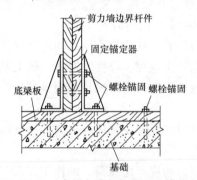

图 7.2-25　木剪力墙与混凝土连接示意

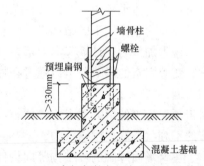

图 7.2-26　木框架柱与下部混凝土连接示意

6. 混凝土核心筒-木结构

混凝土核心筒-木结构是指主要抗侧力构件采用混凝土核心筒、竖向承重构件采用木结构的组合结构体系。这种结构体系可以充分利用核心筒体系抗侧刚度和承载力较高的特点，弥补木结构抗侧刚度小、变形大的缺点。核心筒可以布置为楼梯、电梯间，而木结构部分，根据使用功能，可以采用纯框架结构、木框架支撑结构和正交胶合木剪力墙结构。

加拿大温哥华哥伦比亚大学的 Brock Commons 学生公寓是混凝土核心筒-木结构的典型建筑（图 7.2-27）。这栋 18 层木结构学生宿舍，占地面积 15115m²。该结构一层为混凝土结构，并设置了两个混凝土核心筒作为结构的主要水平抗侧力体系，混凝土核心筒同时用于楼梯、电梯和管道井的布置。木结构部分采用工程木柱（Glulam，PSL）和五层 CLT 板，并利用 3～4 层石膏板对木结构进行完全包覆以满足防火要求。木框架柱网尺寸为 2.85m×4m。工程采用了新型连接件有效地加快了施工速度，包括组装预制外墙板在内，平均 2 周即可完成一层。屋面结构由预制钢梁和自带防水层的金属面板构成，建筑外立面由预制化的墙板系统组成，该墙板系统由蓝色色调的玻璃、白色和碳化的饰面板组成，竖向装饰金属条为建筑的竖向效果提供视觉支撑。

　　　(a)　　　　　　　　　(b)　　　　　　　　　(c)　　　　　　　　　(d)

图 7.2-27　Brock Commons 学生公寓

(a) 公寓外观；(b) 混凝土核心筒；(c) 施工现场；(d) 新型连接节点

1) 结构受力特点及设计方法

多高层混凝土核心筒-木结构设计时，水平荷载通过每层的木楼盖传递到核心筒，钢筋混凝土核心筒体承担 100% 的水平荷载，木结构仅承受竖向荷载的作用。

对于竖向荷载作用下的结构设计，宜考虑木柱与钢筋混凝土核心筒之间的竖向变形差引起的结构附加内力；计算竖向变形差时，宜考虑混凝土收缩、徐变、沉降、施工调整以及木材蠕变等因素的影响，可以通过在柱与柱的连接处添加一定厚的钢垫板来减少木柱的缩短和收缩。

对于预先施工的钢筋混凝土筒体，应验算施工阶段的混凝土筒体在风荷载及其他荷载作用下的不利状态的极限承载力。

位于建筑平面外围的木结构竖向构件，验算承载力时应考虑风荷载的作用。

由于木结构比同等体检的混凝土结构轻得多。设计时，不考虑木结构在地震作用下的倾覆验算，所有倾覆力由混凝土楼梯和电梯井来平衡。

2) 构造要求

多高层混凝土核心筒-木结构体系布置应规则、对称。整体结构的总高度、层数和高宽比应分别满足表 7.2-1 和表 7.2-2 的要求，层间位移角应符合表 7.2-3 的规定。

混凝土核心筒的设计与构造须满足行业标准《高层建筑混凝土结构设计规程》JGJ 3—2010 的相关要求；木结构部分构造要求同纯木结构。

多高层木混合结构中，当木结构与其他结构形式进行水平混合时，连接部位应考虑不同材料的竖向构件的压缩变形差异性，宜采用竖向可滑移并能传递水平力的连接装置，目前国内还没有多高层混凝土核心筒-木结构等水平混合结构的工程，相关构造需要根据理论分析和试验，才能用于工程实践。图 7.2-28 为 Brock Commons 学生公寓中 CLT 板与核心筒的连接示意，工程木柱与 CLT 板的连接如图 7.2-29 所示。

7. 高层木结构的发展

过去五年里，木结构高层建筑呈现井喷之势，无论是已建成的还是拟建的，每栋木结构建筑都引起了众多关注。

图 7.2-28　CLT 板与核心筒的连接示意　　　　图 7.2-29　工程木柱与 CLT 板的连接示意

2012 年，Michael Green 设计公司提出了 FFTT（Finding Forest Through the Trees）高层木结构结构体系（图 7.2-30），其提出了 30 层的木结构体系。该体系采用钢-CLT 混

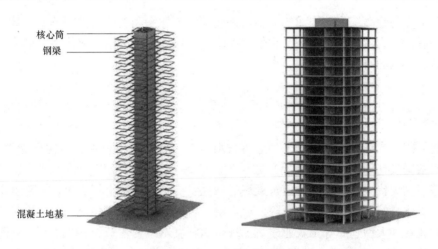

核心筒
钢梁

混凝土地基

图 7.2-30　Michael Green 拟建 30 层木结构建筑 FFTT 结构形式

合结构。其钢梁与主体结构使用螺栓连接，作为弱连接构件为整体结构提供延性，混凝土仅用于地下室和基础部分，核心筒和楼盖全部由 CLT 组成，建筑局部采用 LVL 等工程木。

同在 2012 年，CREE 设计公司提出了 Life Cycle Tower（图 7.2-31），这座拟建在奥地利的高层木结构共 30 层，采用 Glulam 作为梁、柱的主要材料，混凝土主要用于预制木-混凝土组合楼板，核心筒可采用木、钢、混凝土中任意一种。

2013 年，SOM 设计公司提出了 SOM Timber Tower（图 7.2-32）方案，这栋建筑拟建在美国芝加哥。SOM Timber Tower 有 42 层高，主要承重结构是由工程木 LVL、PSL、Glulam 和 CLT 组成等，节点处采用木-混凝土混合节点。整体结构中 30% 为混凝土，70% 为木材，相比混凝土结构、钢结构可减少碳排放量 60%～75%。

图 7.2-31　Life Cycle Tower　　　图 7.2-32　SOM Timber Tower　　　图 7.2-33　Baobab Tower
设计概念图　　　　　　　　　　设计概念图　　　　　　　　　　设计概念图

2014 年，Michael Cree 公司提出了 Baobab Tower（图 7.2-33）方案，拟建地点在法国，高度达到了 35 层。其结构形式采用钢-木混合形式，主体结构由一系列沿塔楼通长布置的实心木材，以及木柱、木质电梯和楼梯组成，采用钢梁以实现强柱弱梁的延性设计理念。

随着世界各地高层木结构建筑的不断兴建及结构体系和设计软件的不断完善，高层木结构的发展将成为建筑热点之一。相信更加绿色环保的高层木结构建筑将会成为混凝土和钢结构高层结构的有力竞争者。

7.3　大跨木结构

现代大跨度木结构指以工程木为建筑材料，基于现代加工技术、结构试验学和力学，应用现代结构设计理论和工业化生产方法建造的跨度在 24m 及以上的木结构建筑。欧美和日本等国在现代大跨度木结构建筑领域的研究及应用已有数十年历史，大跨度木结构被广泛应用于体育馆、展览馆、影剧院、航空港候机厅等大型公共建筑和大型厂房、观光农业、飞机装备和大型仓库等工农业建筑。现代大跨度木结构建筑材料主要以 CLT、LVL、Glulam、PSL 和 LSL 为主。近期我国在大跨度木结构方面的研究和应用方面也取得了一些成果，但尚无相应设计规范。本节主要介绍国外比较成熟的几类大跨度木结构体系，为发展我国的大跨度木结构建筑提供借鉴。

7.3.1　木桁架结构

桁架在建筑结构中常用于屋面，又称为屋架，是屋盖体系中的主要承重构件。为满足建筑造型和屋面排水要求，将桁架上弦杆做成一定斜坡，形成三角形或梯形屋架。在跨度较大的木结构楼盖中，也可以用平行弦桁架代其木梁承受楼盖荷载。

1. 木桁架的结构体系及适用范围

木结构建筑中常用的桁架分为原木或方木结构和胶合木结构两类。根据下弦所用材料又分为木桁架和钢木桁架。

木桁架的外形应根据所采用的屋面材料、桁架的跨度、建筑造型、制造条件和桁架的受力性能等因素来确定。从外形上可分为三角形、梯形、多边形或弧形等数种（图 7.3-1）。其中以多边形、弧形桁架受力最为合理，因为这些桁架的上弦节点一般均位于一条二次抛物线上，与简支梁在均布荷载作用下的弯矩图基本一致，其弦杆内力较均匀，腹杆内力较小；其次是以梯形桁架受力较为合理。这些桁架都可以应用于跨度较大的建筑中。但三角形桁架受力性能较差，一般用于跨度不超过 18m 的建筑。采用梯形或多边形桁架时，其跨度可达 24m。对于更大跨度的公共建筑，宜选用工程木制作的弓弦式木桁架。

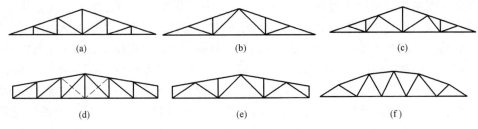

图 7.3-1 桁架的形式

(a) 三角形豪式桁架；(b) 三角形芬克式桁架；(c) 三角形桁架；

(d) 梯形豪式桁架；(e) 梯形桁架；(f) 弓弦式桁架

1）木桁架间距

木桁架的间距应根据房屋的使用要求、屋架的承载能力、屋面和吊顶结构的经济合理性以及常用木材的规格等因素来确定。

当木桁架间距过大时，根据挠度控制原则，常用的简支檩条要求有较大的截面，所以，一般木桁架的间距以 3m 左右为宜，最大不应超过 4m。对于柱距为 6m 的工业厂房，则应在柱顶设置钢筋混凝土托架梁，将木桁架按 3m 间距布置。

胶合木结构的构件截面不受木材天然尺寸的限制，通常桁架的间距以按 6m 布置为宜。轻型木桁架构件一般采用规格材，截面尺寸小，一般桁架间距小于 1m。

2）木桁架的高跨比

高跨比是确定桁架刚度的主要指标。但影响桁架刚度的还有下列几个因素：桁架的外形、节点和接头的联结方法、制造的方法、木材的含水率以及屋架下弦所用材料（木桁架或钢木桁架）等。因此，应按桁架的类型分别规定其高跨比的最小限值，即桁架中央高度与跨度之比，不应小于表 7.3-1 规定的数值。凡高跨比符合表 7.3-1 规定的桁架，不必验算挠度。

3）木桁架的起拱

木桁架的变形（挠度）不仅是由于构件及联结的弹性变形，而且由于联结处的一些非弹性变形引起。对于采用半干材手工制作的齿联结的原木或方木桁架来说，后者往往占主要的部分，这些变形包括制造不紧密、木材干缩及承压（特别是横纹）的塑性变形等。

木桁架最小高跨比   表 7.3-1

序号	木桁架类型	h/L
1	三角形木桁架	1/5
2	三角形钢木桁架；平行弦木桁架；弧形、多边形和梯形木桁架	1/6
3	弧形、多边形和梯形钢木桁架	1/7

注：h 为桁架中央高度；L 为桁架跨度。

　　为了消除桁架可见的垂度，不论木桁架或钢木桁架，皆应在制造时预先向上起拱。起拱度通常取为桁架跨度的 1/200。起拱时应保持桁架的高跨比不变，木桁架常在下弦接头处提高，而钢木桁架则常在下弦节点处提高。

　　4）支撑

　　木屋盖应是一个能承受各个方向外力的空间体系。从力学观点看，它应当是空间几何不变体，而且要具有使用上所要求的足够刚度。在进行木屋盖设计时，把屋盖划分为一片片单独的平面屋架，又用屋面系统（屋面板、椽条、檩条等）和支撑系统（上弦横向支撑、垂直支撑）把一片片屋架联结在一起，组成整个屋盖。显然，屋盖的纵向刚度主要由与屋架联结在一起的屋面系统和支撑系统提供。从保证屋盖纵向刚度的角度来看，屋面系统和支撑系统两者的作用是一致的。因此，设计中，以屋面系统的刚度为基值，然后根据实际的需要确定是否增设支撑。当房屋的跨度较小时，屋面系统本身常足以保证实际屋盖的空间刚度，并能有效地传递纵向水平荷载。但在一般情况下，尤其是屋面系统较弱时，则应设置必要的支撑系统，如上弦横向支撑、中间垂直支撑、柱间支撑等，来满足屋盖纵向刚度的要求。

　　2. 木桁架的受力特点及设计方法

　　木桁架结构是由简单的杆件连接而成，作用在桁架上弦杆的荷载有恒载和可变荷载，恒载主要是屋面系统自重及桁架自重，可变荷载为屋面活荷载和雪荷载，两者不同时考虑，取大值即可。木桁架上弦坡度除齿板桁架外，一般都小于 30°，但无天窗架时，可不考虑风荷载。上弦的面内荷载宜作用在节点处，这样能够减少上弦杆的木材用量。

　　1）结构分析

　　桁架除应按恒载和全跨可变荷载确定弦杆内力外，还应当考虑以下荷载组合：恒载和半跨可变荷载共同作用，确定中部腹杆内力大小和正负号；对于弓弦式桁架，按恒载和 3/4 及 1/4 跨可变荷载及 2/3 和 1/3 跨的可变荷载组合，确定腹杆内力大小和正负号。一般采用弹性方法或有限元软件分析计算木桁架结构的内力，桁架节点简化为铰接或半刚性节点，将荷载作用在节点上来求解构件内力，节点荷载取该节点从属区间的荷载之和，对于承受节间荷载所产生的上弦杆弯矩，无论上弦杆是否连续，一律按简支梁计算跨中弯矩。

　　在计算内力时，假定各杆轴线汇交于节点中心，桁架下料制作时要尽可能做到这一点。

　　2）构件设计

　　对于木桁架结构，尽可能加大节间（桁架弦杆相邻节点间水平距离），减少节点数。节间小，节点多，可能会因节点制作的不密实性，而增加桁架的变形。对仅承受上弦荷载的桁架，应扩大下弦节间长度。需要注意上弦受压杆件的屈曲，受压弦杆和竖杆的长细比不能超过规范限值。同时，需要考虑桁架上弦压杆件及受压腹杆的平面内和出平面的屈曲。对于弦杆和腹杆，其平面内的长度为节点间距，平面外的长度应为侧向支撑之间的距离。为减少弦杆和腹杆平面外的屈曲长度，可以适当增加侧向支撑。

　　3）节点设计

　　一般中小跨度桁架的节点可以采用钢夹板螺栓连接或者齿板连接方式；大跨木桁架结构的节点连接设计，其常用的节点类型为钢插板销连接，节点设计时需考虑杆件的高宽比，杆件应具有较大的横截面。为了保证节点的承载能力，需要计算确定钢插板的尺寸和数量。

3. 桁架实例

以梯形豪式木桁架为例，说明木桁架的具体构造。

梯形豪式木桁架的受力性能优于三角形桁架，在跨度较大的场合，宜优先采用。梯形豪式木桁架的矢高不小于 1/6，对于轻钢彩板屋面，上弦坡度可取 $i=1/5$。桁架斜腹杆通常设为向外下倾斜（图 7.3-2a），在雪荷载较大的地区，为承受半跨雪载下可能产生的拉力，可用钢夹板螺栓连接（图 7.3-2d、图 7.3-2f），当螺栓连接承载力不足时，则需设置交叉腹杆，以抵抗变号轴力。

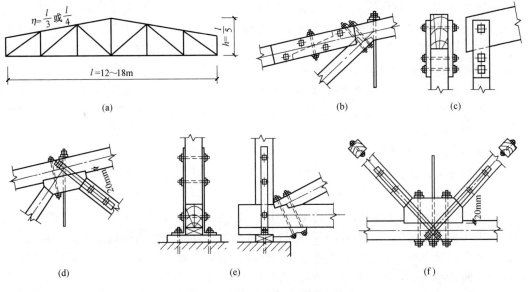

图 7.3-2　梯形木桁架主要节点构造

梯形木桁架的支座节点由于端斜腹杆与下弦交角较大，一般需用双齿连接（图 7.3-2e）。端竖杆内力很小，可直接支承在下弦杆端部。桁架支座下应设附木，若附木横纹承压强度不足，可选用优质硬木。支座两侧设 L 形钢夹板并延伸至端竖杆，下端与支座预埋螺栓锚固。

梯形木桁架上弦端节间无轴力，为受弯构件，它的一端可采用斜接头与相邻节间的上弦悬挑部分连接，并用木夹板、螺栓系紧，以防止脱落（图 7.3-2b）。另一端则直接支承在端竖杆上，也可用木夹板、螺栓系牢（图 7.3-2c）。

7.3.2　木拱结构

1. 木拱的结构体系及适用范围

木拱结构是现代大跨度木结构建筑体系中重要的结构类型之一，按重量与跨度之比，它是跨越空间最经济的结构体系。根据建筑形状的不同，木拱按照外形可分为抛物线拱、半圆式拱两种形式，最大跨度可达 60 多米。木拱按照组成形式可分为无铰拱、两铰拱和三铰拱（图 7.3-3），拱体外形为曲线或折线型，造型简洁美观，符合大部分建筑的外形要求。

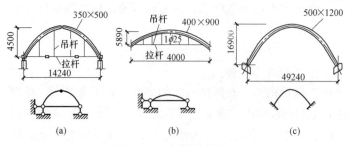

图 7.3-3　木拱组成形式

（a）三铰拱；（b）带拉杆两铰拱；（c）无铰拱

图 7.3-4　日本出云体育馆的木拱

木拱构件以承受轴向压力为主，充分发挥了木材优越的受压性能，因此木拱构件的截面尺寸较小，用料经济。一般拱体截面多为等截面矩形，加工制作方便，在跨中设永久性铰后，便于分段制作和运输。预制的木构件在现场可通过机械化施工进行装配，有效地缩短了工期，提高了施工效率，减少了施工成本。

日本出云体育馆采用木拱-钢拉索混合结构（图 7.3-4）。36 榀木拱呈放射状布置，构件采用带有三个拐折点的胶合木直杆。通过钢拉索沿环状连接木拱，可增强结构的侧向稳定性，有效地解决了拱结构整体刚度差、抗抗非对称荷载能力弱等问题。

2. 木拱的受力特点及设计方法

理想情况下，按合理拱轴确定拱的几何形状，以使结构内的弯矩为零。然而不同的荷载组合，其合理拱轴是不同的，不可能完全消除弯矩。一般采用圆形或抛物线形拱，使其几何形状尽可能接近于合理拱轴。与刚架相比，拱内产生的弯矩较小，故拱更适用于大跨结构。拱几何形状简单，通常采用等截面，三铰拱的设计较三铰刚架简单。拱的截面尺寸按最大内力确定，不需要验收其他截面。设计时，需要处理好拱支座处的水平推力，通常可以通过地基平衡水平推力或设置拉杆，以保证拱结构的稳定性。

1）结构分析

按跨度、曲率半径或矢高，结合建筑造型要求，合理确定拱的轴线方程及几何尺寸。对拱进行计算分析时，按静力平衡条件计算其在不同荷载组合作用下的支座反力和各截面弯矩和轴力。通常将连接节点视为铰接。必要时，可将部分节点简化为半刚性节点。拱结构支座处水平推力较大，设计时可根据实际情况考虑设置水平拉索、斜桩等适当的方式抵抗水平推力，减少建造费用。

2）构件设计

木拱结构中的木构件设计应满足《木结构设计标准》GB 50005—2017 的规定。按最大弯矩截面的抗弯承载力初选截面尺寸，考虑到轴力的存在，截面尺寸宜大些；按弯、压构件验算截面的承载力，考虑平面内稳定性，计算长度按半跨弧长计算，对于出平面的稳定性，计算长度根据侧向支撑的设置情况确定。

3）节点设计

木拱结构节点一般由螺栓、销轴、钢板等组成（图 7.3-5），其中螺栓主要用于传递剪力、抵抗拔力，应按照第 6 章介绍的计算方法和构造要求完成节点设计，其构造应符合《钢结构设计标准》GB 50017—2017 的要求。图 7.3-5（a）为拱脚的铰接连接，适用于荷载较大、截面尺寸较大的情况；图 7.3-5（b）为三铰拱拱顶节点连接的板销铰连接形式，可转动并传递剪力，左右半跨间的竖向力和水平力通过螺栓和钢板传递。在满足承载力和耐久性的基础上，节点要兼顾经济美观和方便制作安装；在露天或潮湿环境下，应注意防止钢材锈蚀。若木材经防腐处理，应避免钢材与防腐剂发生化学反应。

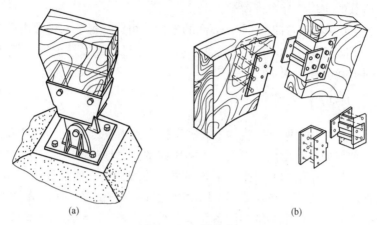

(a)   (b)

图 7.3-5　拱节点

（a）拱脚节点；（b）拱肋对接节点

3. 工程案例

位于加拿大温哥华列治文冬奥会速滑馆是为 2010 年温哥华冬奥会建造的最大建筑。该建筑占地 2.5 公顷，建筑面积 47，000m²，设计 8000 多观众席位。建筑分为三层，地下室为停车库，第一层为主入口、运动员休息、零售店和划桨训练等设施，其上方是跨度 100m、长度 200m 可以进行所有速滑项目比赛的拱形运动馆，采用 14 根单跨 100m 的木拱承受屋面荷载（图 7.3-6a）。

(a)   (b)

图 7.3-6　列治文冬奥会速滑馆

（a）比赛大厅的拱屋面；（b）拱截面

该项目于 2005 年开工建设，2008 年 12 月按时完成，并进行了一系列比赛以测试场馆的功能。

建筑靠近河岸的一侧，有较厚的软弱土层，下部采用桩基础，共打入 400 多根 15m 深的扩孔灌注桩，另一侧为筏板基础，拱形屋顶支撑在斜向混凝土壁墙上。

木拱截面由两片高 1.6m 的 Glulam 组成的倒三角和三角内设置钢框架组成（图 7.3-

6b)，在倒三角底部，钢板暴露在外，形成一个"溜冰刀"形象。倒三角空腔内布置电线管、洒水系统干线和空调机械管道。

每一个拱由 4 对 Glulam 构件组成，每个构件的长度约 24.7m。拱设计时，竖向荷载考虑了屋面雪荷载的非均匀分布等荷载工况。

整个屋盖由 450 块双向弯曲的 660mm 高的木构件组成，每个木构件内由三个 38mm×89mm 的 SPF 组成的空心三角形桁架状截面（V 形）通过钢连接件组成，其顶部用两层胶合板（16mm 和 12mm 厚）覆盖。

7.3.3　张弦木梁结构

张弦木梁结构是一种由刚性木构件上弦、柔性拉索下弦以及上下弦间用木（钢）撑杆连接所形成的一种新型自平衡预应力混合木结构体系，也是一种区别于传统木结构的新型混合屋盖体系。张弦木梁结构通过张拉下弦高强度曲线拉索，使撑杆产生向上的作用力，该力使上弦构件产生与外部竖向荷载作用下相反的内力和位移，从而降低上弦构件的内力，减小结构的变形。张弦木梁结构体系简单、受力明确、木结构形式多样、充分发挥了刚柔两种材料的优势，并且制造、运输、施工简捷方便。

1. 张弦木梁的结构体系及适用范围

在张弦木梁结构设计时，需综合考虑矢跨比、垂跨比、拉索横截面积、预应力大小、撑杆的数量和位置以及上部木构件的结构形式等。对于张弦木结构，垂跨比的变化对节点位移有较大的影响，随着垂跨比增大，结构的挠度会减小。随着拉索的横截面积和撑杆数量的增加，结构刚度增大，但两者增加到一定程度时效果并不明显。撑杆为上部杆件提供了弹性支承，应根据实际工程荷载等影响因素合理布置撑杆，以有效降低竖向位移，大跨张弦木结构的上部多选用木拱结构。

张弦木梁结构按受力特点可以分为单向张弦木结构和空间张弦木结构。

1）单向张弦木结构

单向张弦木结构将数榀张弦木结构平行布置，用连接构件将每相邻两榀平面张弦木结构在纵向进行连接，形成平面内受力为主的张弦木结构。单向张弦木结构设置了纵向支撑索形成的空间受力体系，保证平面外的稳定性，适用于矩形平面的屋盖结构。

单向张弦木结构根据上弦构件的形状可以分为三种基本形式：直线型张弦梁、拱形张弦梁、人字形张弦木梁结构。图 7.3-7 为单向拱形张弦木结构。

直梁型张弦木结构主要用于楼盖结构和小坡度屋面结构，拱形张弦木结构充分发挥了上弦拱的受压优势，适用于大跨度屋盖结构，人字形张弦木结构适用于跨度较小的双坡屋盖结构。

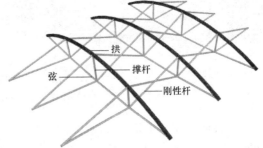

图 7.3-7　单向拱形张弦木结构

2）空间张弦木结构

空间张弦木结构是以平面张弦木结构为基本组成单元，通过不同形式的空间布置所形成的张弦木结构。空间张弦木结构主要有双向张弦木结构、多向张弦木结构、辐射式张弦木结构。

双向张弦木结构由于交叉平面张弦梁相互提供弹性支撑，形成了纵横向的空间受力体系，该木结构适用于矩形、圆形、椭圆形等多种平面屋盖木结构。图 7.3-8 为双向张弦木结构体系。

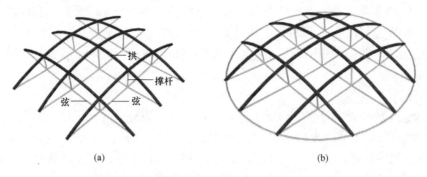

图 7.3-8　双向张弦木结构
（a）矩形平面屋盖木结构；（b）圆形平面屋盖木结构

多向张弦木结构是平面张弦木结构沿多个方向交叉布置而成的空间受力体系，该木结构形式适用于圆形和多边形平面的屋盖木结构。图 7.3-9 为多向张弦木结构体系。

　　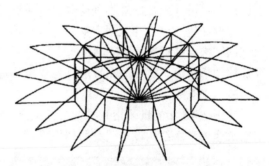

图 7.3-9　多向张弦木结构　　　　　　图 7.3-10　辐射式张弦木结构

辐射式张弦木结构是由中央按辐射状放置上弦梁，梁下设置撑杆，用环向索而连接形成的空间受力体系，适用于圆形平面或椭圆形平面的屋盖木结构。图 7.3-10 为辐射式张弦木结构体系。

2. 张弦木结构的受力特点及设计方法

张弦木结构通过在下弦拉索中施加预应力使上弦压弯构件产生反挠度，使结构在荷载作用下的最终挠度减少，而撑杆对上弦压弯构件提供弹性支撑，改善了结构的受力性能。一般上弦的压弯构件采用拱梁或桁架拱，在荷载作用下拱的水平推力由下弦的抗拉构件平衡，减轻了拱对支座产生的推力，减少了滑动支座的水平位移。

张弦木结构使压弯构件和抗拉构件协同工作，能够充分发挥各种结构材料的性能。整个结构体系自平衡，使得支撑结构的受力大为减少，在已建的大跨木张弦建筑中，屋顶多采取木拱形式，因而使得整个屋顶面形成优美的曲线。如果在施工过程中适当分级施加预拉力和分级加载，将有可能使得张弦木梁结构对支撑结构的作用力减少到最低程度。

1）内力分析

一般大跨张弦木结构由木拱、撑杆和拉索三种基本构件组成，在结构分析时需考虑三种构件自身的结构承载力以及相互间的协同作用。木拱底面布置撑杆，通过撑杆连接下部的预应力拉索，张拉拉索对上部木拱产生向上的荷载作用，形成体系自平衡，利用结构自平衡特性可以减少支座端的水平推力。对拉索施加预应力可以平衡竖向荷载作用下上部构件的变形，拉索也可以防止因木拱节点破坏而造成的连续性破坏。根据截面内力平衡关系，张弦结构在竖向荷载作用下的整体弯矩由上弦构件内的压力和下弦拉索内的拉力形成的等效力矩承担。

2）构件设计

张弦木结构的构件设计主要包括上部木构件设计、撑杆设计和下部拉索设计。木构件设计时应满足《木结构设计标准》GB 50005—2017、《胶合木结构技术规范》GB/T 50708—2012 的各项要求。撑杆设计时，需结合建筑要求合理布置撑杆材料、数量和撑杆间距。由于撑杆下部与拉索相连处刚度较小，应重视撑杆的稳定性。下部拉索设计主要考虑张拉预应力的大小。确定合理的张拉控制应力，首先需要满足结构整体刚度和几何形状的要求，其次考虑抵消上部木构件跨中竖向位移的程度。

3）节点设计

节点设计主要包括张弦木结构的上部木拱连接节点设计和撑杆连接节点设计。上部木拱连接节点设计应根据最不利荷载组合对螺栓进行承压验算及抗弯承载力验算等。撑杆连接节点设计包括撑杆与上部木拱的连接和撑杆与拉索的连接两部分。撑杆与拉索的连接根据《钢结构设计标准》GB 50017—2017 要求验算螺栓强度。撑杆与上部木拱的连接需验算螺栓的承压值，螺栓的布置应满足规范构造规定。

3. 工程案例

建于 2016 年的贵州榕江县的榕江室内游泳馆采用了张弦木结构屋面（图 7.3-11），由南京工业大学木结构设计研究所研发设计。

图 7.3-11　榕江游泳馆张弦木结构屋面

榕江室内游泳馆内设 50m×50m 正式比赛池和 25m×25m 训练池，建筑地下一层，地上两层，建筑高度为 20.05m，总建筑面积 11455m^2。建筑地下室及一层采用混凝土框架体系，二层以上采用木结构体系。考虑建筑外形及结构特性，泳池上部屋盖采用张弦木拱体系。拱的跨度为 50.4m，矢高 4.5m，矢跨比 1/11.2，下弦拉索垂度为 1.5m，为目前国内跨度第一和面积第一的现代木结构屋盖。木拱为 2×170mm×1000mm 双拼胶合木构件，沿弧长三段拼接。木拱采用 6 根木撑杆与主索形成张弦结构，并与纵向索和屋面索形成完整稳定体系。自平衡的张弦木拱支承于滑移支座，可消除支座水平推力，有效降低工程造价。

在张弦木结构设计时，主要考虑撑杆间距、尺寸和张弦预应力设计。预应力张拉控制应力的确定原则是：在张弦梁自重和预拉力作用下，张弦梁跨中产生的反向位移能够抵消单独 1/2 屋面恒载作用下张弦梁跨中产生的竖向位移。

结构整体采用有限元软件 MIDAS/GEN8.0 进行建模计算。

7.3.4 木网架结构

木网架结构是一种三维结构体系，它分为上下两层网格平面，中间使用腹杆连接。木网架结构各杆件之间相互支撑，具有较好的空间整体性，在节点荷载作用下，各杆件主要承受轴力，能够充分发挥材料强度。木网架结构平面布置灵活，空间造型美观，便于建筑造型处理和装饰、装修，能适应不同跨度、不同平面形状、不同支承条件、不同功能需求的建筑物，能应用于大、中跨度的木屋盖结构中。

1. 结构体系及适用范围

1）结构体系

木网架结构的网格平面是由木杆件按正方形、矩形或三角形等规则的基本几何图形布置而成，根据不同的布置形式，可将木网架结构分为两种不同体系：交叉桁架体系和角锥体系。

交叉桁架体系网架以平面桁架为单元，是由两个不同方向的平面桁架相互交叉组合形成。网架中每片桁架的上下弦杆及腹杆位于同一垂直平面内。当两片平面桁架夹角为 90°时，称之为正交网架；呈其他角度时称之为斜交网架。根据桁架方向与建筑外包线平行与否又可分为正放和斜放网架。图 7.3-12（a）为正交正放网架，图 7.3-12（b）为斜交斜放网架。

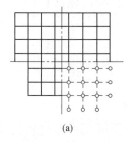 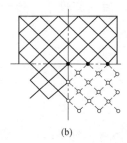 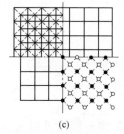 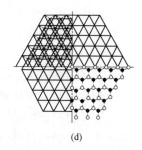

(a)　　　　　　　　(b)　　　　　　　　(c)　　　　　　　　(d)

图 7.3-12　木网架结构常见形式

角锥体系网架以角锥为单元，由角锥单元按照一定规律连接而成。四角锥网架是由锥尖向下的四角锥体所组成，当其四角锥底边及连接锥尖的连杆均与建筑平面边线相平行时，称之为正放四角锥网架，见图 7.3-12（c）；当四角锥各个锥体不再是锥底的边与边相连，而是锥底的角与角相接时，称之为斜放四角锥网架。三角锥网架是由倒置的三角锥角与角相连排列而成，其上下弦杆形成的网格图案均为正三角形，见图 7.3-12 (d)。三角锥网架受力比较均匀，整体刚度也较好，一般适用于大中跨度及重屋盖的建筑物。角锥体系网架比交叉桁架体系网架刚度大，受力性能好。锥体单元可在工厂预制完成，其堆放、运输、安装都很方便。

　　2）适用范围

　　木网架结构是高次超静定的空间结构，这种结构自重轻、空间刚度大、整体性强、抗震性能好，能够适应不同跨度、不同平面形式的建筑。目前已被广泛运用于体育馆、影剧院、展览厅、候车室、飞机场、工业厂房等建筑。

　　2. 结构受力特点及设计方法

　　1）结构受力特点

　　木网架结构的受力特点是空间工作，不同的支承形式具有不同的受力特点，同时也会影响网架的空间性能。常用的支撑方式有周边支承、点支承和三边支承。周边支承是把周边节点均设计成支座节点，搁置在下部的支承木结构上，其优点是受力均匀，空间刚度大，可以不设置边桁架，因此用材量较少，是目前应用最为广泛的一种支承形式。点支承网架的支座可布置在四个或多个支承柱上，支承点多对称布置，并在周边设置悬臂段，以平衡一部分跨中弯矩，减少跨中挠度。点支承网架主要适用于体育馆、展览厅等大跨度公共建筑中。三边支承是把网架四边的其中三个边上设置支座节点，另一边则为自由边，这种支撑形式布置比较灵活，自由边处可以设置成开敞的大门或通道，适用于厂房等建筑。

　　2）结构设计方法

　　木网架结构的内力及位移一般利用有限元法借助计算机求解。一般先初选杆件的截面尺寸，进行整体线性或非线性分析。然后根据求得的各杆内力，按两端铰支的轴心拉杆或压杆验算其强度及稳定性，并对截面尺寸进行必要的调整。也可以通过编制电算程序，验算杆件的强度。

　　3）结构设计注意事项

　　在进行木网架结构设计时，需注意以下事项：

　　(1) 网格尺寸选用

　　短向跨度 l < 30m 时，取 $(1/12 \sim 1/8)l$；短向跨度 l = 30～60m 时，取 $(1/14 \sim 1/11)l$；短向跨度 l > 30m 时，取 $(1/18 \sim 1/13)l$。

　　(2) 腹杆布置规则

　　交叉桁架体系：腹杆倾角 40°～55°；

　　角锥网架：腹杆倾角 60°。

　　(3) 材料选用范围

　　木网架结构的材料多种多样，可以采用原木或工程木材，其中常用的工程木材包括 LVL、CLT、Glulam 等。原木简单方便、工程木材性能较高，可根据工程需求来选用不同的木材。

　　3. 木网架结构工程实例

　　位于日本熊本县的小国町民体育馆（图 7.3-13）屋面采用了平板木网架结构。体育馆建于 1988 年 5 月，该建筑跨度达 56m，长度方向 46m，采用四角锥网架结构，所有杆件均利用当地杉木制作，整个木网架共有 5602 根杆件和 1455 个球形钢节点。每个球形节点均由金属球与 8 根截面边长为 90~170mm 的方形杉木杆件连接而成。带有天然纹理的众多木杆件同体现现代加工工艺的精致金属球节点配合在一起,丰富了室内空间的质感与肌理效果。

图 7.3-13 小国町民体育馆

7.3.5 木网壳结构

木网壳结构即为网状的木壳体结构,或者说是曲面状的木网架结构。木网壳结构的杆件主要承受轴力,结构内力分布比较均匀;它可以采用各种木壳体结构的曲面形式,在外观上可以与薄壳结构一样具有丰富的造型;网壳结构中网格的杆件可以用直杆代替曲杆,便于现场施工。网壳结构兼有薄壳结构和平板网架结构的优点,有着优美的造型、良好的受力性能和优越的技术经济指标,是一种很有竞争力的大跨度空间木结构。

1. 结构体系及其适用范围

1)结构体系

木网壳结构按曲面形式分类主要有筒网壳和球网壳两种基本的结构体系。

筒网壳是单曲面木结构,其横截面常为圆弧形,也可采用椭圆形、抛物线形和双中心圆弧形等。筒网壳以网格的形式及其排列方式分类,有如图 7.3-14 这几种常见形式。联方型网壳(图 7.3-14a)受力明确,屋面荷载从两个斜向拱的方向传至基础,简捷明了;室内呈菱形网格,犹如撒开的渔网,美观大方。其缺点是稳定性较差。弗普尔型和单斜杆型筒网壳(图 7.3-14b、图 7.3-14c)形式简单,用材较少,多用于小跨度或荷载较小的情况。双斜杆型筒网壳和三向网格型筒网壳(图 7.3-14d、图 7.3-14e)具有相对较好的

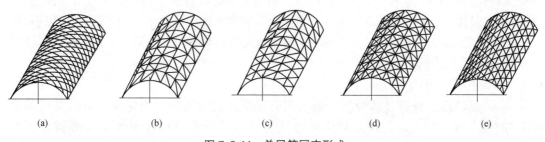

(a)　　　　　(b)　　　　　(c)　　　　　(d)　　　　　(e)

图 7.3-14 单层筒网壳形式

刚度和稳定性，构件比较单一，设计与施工均比较简单，可适用于跨度较大和不对称荷载较大的屋盖中。

球网壳通常是一个空间半球形状，其受力的关键在于球面的划分。球面划分的基本要求有两点：①杆件规格尽可能少，以便制作与装配；②形成的木结构必须是几何不变体。单层球网壳的主要如图7.3-15这几种常见形式。

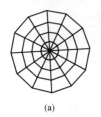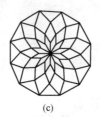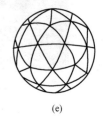

(a)　　　　　　(b)　　　　　　(c)　　　　　　(d)　　　　　　(e)

图7.3-15　单层球网壳形式

肋环型网格（图7.3-15a）只有经向杆和纬向杆，外形酷似蜘蛛网，节点构造简单，刚度较差，通常用于中小跨度的穹顶；施威特勒型网格（图7.3-15b）由经向网肋、环向网肋和斜向网肋构成，刚度较大，能承受较大的非对称荷载，可用于大中跨度的穹顶；联方型网格（图7.3-15c）由左斜肋与右斜肋构成菱形网格，没有径向杆件，造型美观，刚度较好，可用于大中跨度的穹顶；凯威特形网格（图7.3-15d）先用 n 根（n 为偶数，且不小于6）通长的径向杆将球面分成 n 个扇形曲面，然后在每个扇形曲面内用纬向杆和斜向杆划分成比较均匀的三角形网格，这种网格由于大小均匀，刚度好，常用于大中跨度的穹顶中；短程线型网格（图7.3-15e）每条曲线均采用短程线（球面上两点之间最短的曲线），通常将正20面体的每一个正三角形平面再细分成多个正三角形，然后将各节点投射到球面上，形成短程线网格。短程线型网格规整均匀，刚度好，杆件和节点种类在各种球面网壳中是最少的，常用于大中跨度的穹顶。

2）适用范围

木网壳结构兼有杆件结构和薄壳结构的主要特征，造型优美，受力合理，应用范围广泛。木网壳结构既可用于中、小跨度的民用和工业建筑，也可用于大跨度的各种建筑，甚至是超大跨度的建筑也可使用木网壳结构来建造。

2. 结构受力特点及设计方法

1）结构受力特点

筒网壳和球网壳受力特点有所区别。对于筒网壳而言，一般采用两对边支承方式，此时力的传递分为两个方向：沿跨度方向和沿波长方向。沿波长方向以纵向梁的传递为主，沿跨度方向其作用类似于筒拱，需要注意解决拱脚推力问题。对于球网壳，力的传递可以沿各个方向进行，呈现发散状，且其受力均匀性与球面网格的划分有一定的关系，网格划分均匀能提高网壳的受力性能。

2）结构设计方法

木网壳结构的整体计算分析一般采用有限单元法借助计算机完成，可以自行编制专门的程序或利用通用的商业软件进行计算。该类计算可按线弹性小变形假设求得内力和变形，更多的是考虑几何非线性及初始几何缺陷的影响，计算分析结构的屈曲承载能力和变形。完成结构的内力分析并使在保证其整体稳定性的基础上，进行杆件设计。

3) 结构设计

小型网壳可采用圆木、方木杆件，大型网壳则应采用工程木杆件以保证其承载能力。刚性节点连接造价昂贵、制作困难，除通过节点的连续杆件外，杆件连接大多设计为铰接，或在计算中假设为铰接，因此网壳中的杆件是按承受轴心拉、压力和由节间荷载产生的次弯矩来设计计算。

网壳中各杆件一般通过各类金属连接件连接，传力较大的节点及支座节点可采用预埋或插入钢板的方式配以螺栓连接。设计节点时应注意使各杆轴线通过节点中心，尽量减小偏心引起的弯矩；当连续杆件与非连续杆件连接时，例如肋杆与斜向撑杆的连接，尚应注意两者间剪力的传递，必要时可设置剪板。另外，需要说明的是，很难给出网壳结构一种或几种通用的节点形式，设计者应该在充分掌握木结构构件和连接的设计计算原理及其受力性能的基础上，根据建筑具体情况进行合理的节点连接设计。在木结构应用比较普遍的国家和地区，还有节点乃至整个网壳体系的专利产品供选择使用。

3. 木网壳结构工程实例

位于美国华盛顿州塔科马城的塔科马穹顶（Tacoma Dome）设计于 20 世纪 80 年代，这个著名的木结构圆形建筑采用木网壳结构体系（图 7.3-16a），直径达到 162.2m，木网壳矢高 30.5m，是目前全世界净跨距最大的木结构。Tacoma Dome 共使用 414 根主要胶合梁，每一根的尺寸为 222mm×762mm，所有的梁结合成 48 组一样大小的三角形。这些三角形利用专门设计的钢结构连接件多向连接，而三角形内与主胶合梁连接的次梁，则用一般的连接件。Tacoma Dome 建成后，已成为当地的标志性建筑。

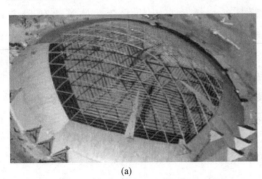
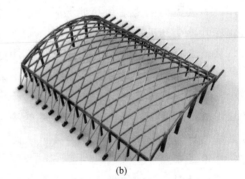

(a)　　　　　　　　　　　　　　　　　　(b)

图 7.3-16　木网壳实例

(a) Tacoma Dome；(b) 上海崇明岛游泳馆

上海崇明岛游泳馆（图 7.3-16b）位于上海崇明县陈家镇。游泳馆建筑高度 21.65m，面积 16995m^2，兼顾实用性和美观性，两侧采用 9m 的钢结构固定支撑，当中 27m 用木结构呈菱形交织的"混搭"，形成一个钢-木混合筒网壳结构。筒壳的矢高为 6m，跨度 45m，矢跨比为 1/9，接近合理拱轴线。外观造型优美，恢宏大气，木结构颜色本身的暖色调，让人在视觉上感到非常舒服。

本章小结

（1）井干式木结构是一种传统的低层木结构形式，是一种木墙体承重结构，墙体一般采用适当加工后的原木、方木和工程木材作为基本构件。承重木墙既要承受竖向荷载，又要抵御地震和风荷载产生的水平作用。木墙相邻两根木料间常设钢销或木销连接，来承担木墙平面内由水平荷载在拼缝处产生的大部分剪力，销连接之间的距离以及每条拼缝间的销数量均应满足相关要求。在结构构造方面，井干式木结构的勒脚、墙体、屋面以及门窗等都有相应的构造要求。

（2）轻型木结构是以经检验认证的规格材为主构成木构件来承受房屋各种平面和空间作用的受力体系。轻型木结构建筑是由主要结构构件（木骨架）与次要结构构件（面板）构成。木骨架通常由规格材（Dimension Lumber）等组成。

（3）轻型木结构的设计方法主要有两种：结构计算设计方法和基于经验的构造设计方法。结构计算设计方法，按照相关的荷载规范、抗震规范计算结构构件、连接所受到的内力，通过计算确定适宜的构件截面和连接方式。基于经验的构造设计法，当一栋建筑物满足国家设计规范规定的设计要求时，抗侧力就可不必计算，而是利用结构本身具有的抗侧力构造体系来抵抗侧向荷载，这内在的抗侧力来自于结构密置的墙骨柱、墙体顶梁板、墙体地梁板、楼面梁、屋面椽条以及各种面板、隔墙的共同作用。当建筑物不满足《木结构设计标准》GB 50005—2017中规定的构造要求时，如当轻型木结构楼层为3层以上且面积超过600m^{2}时，需要进行结构计算，确保构件尺寸和节点还应满足现行规范规定的构造要求。

（4）地震作用和风荷载的水平力通过楼盖最终向墙体传递，构成墙体的墙面板的种类和墙体长度不同，其产生的内力也不同。

（5）楼盖的主要结构功能为：承受垂直荷载包括楼盖自身的重量及楼盖上的固定荷载；在外墙受到风荷载作用时，楼盖起到支撑墙体上下端的作用；在地震作用和风荷载时，楼盖支撑上层剪力墙的基部产生剪切力，并向下层剪力墙传递。

（6）墙体骨架由墙骨柱、顶梁板、底梁板以及承受开孔洞口上部荷载的过梁组成。顶梁板与底梁板的规格材尺寸与等级通常和墙骨柱的规格材尺寸与等级相同。在承重墙中通常应用双层顶梁板。在隔墙中可采用单层顶梁板。所有承重墙和非承重墙都采用单层底梁板。墙体中的双层顶梁板可作为楼、屋盖中的边界杆件。顶梁板的接头一般错开搭接并用钉或螺栓连接。

（7）轻型木结构的楼盖由间距不大于600mm的楼盖搁栅、采用木基结构板材的楼面板和采用木基结构板材或石膏板的顶棚组成。承重木墙、砌体或混凝土墙体也可作为楼盖搁栅的跨中支承。

（8）轻型木结构的屋盖，可采用由结构规格材制作的、间距不大于600mm的轻型桁架；跨度较小时，也可直接由屋脊板（或屋脊梁）、椽条和顶棚搁栅等构成。屋面板应能承受积雪、屋面材料以及施工与维修时工人的重量等荷载。

（9）由钢、工程木、锯木或组合木组成的木柱常作为室内梁的支座。矩形木柱截面尺寸不应小于140mm×140mm，且不小于所支承构件的宽度。当木柱支承在地面混凝土上时，为防止木柱腐烂，木柱根部应用0.05mm厚聚乙烯薄膜或防潮卷材将混凝土与木柱隔开。柱底与基础应保证紧密接触，并应有可靠锚固。在有白蚁的地方，外部木柱应高于地面至少450mm，或用经过加压处理过的防白蚁木柱。若木柱底端到室外地面的净距小于150mm，则应采用经过加压处理的木柱。

（10）轻型木结构中的楼盖梁一般采用木梁或钢梁。木梁可以采用规格材、工程木、组合梁等制成的梁。木梁应根据第4章的相关公式进行结构设计。

（11）轻型木结构是以钉子作为主要连接件，辅助以其他各种剪力墙抗上拔连接件、屋架与墙体紧固件、地梁板锚固件、柱锚连接件、柱帽连接件等。钉的实际数量和大小应根据规范规定和结构图纸，连接用普通钉应达到国外同类产品性能，在搁栅吊、带金、柱帽等连接板上须使用镀锌钉。

（12）高层木结构建筑是指建筑高度大于27m的木结构住宅建筑或建筑高度大于24m的非单层木结构公共建筑和其他民用木结构建筑，按照层数分类时大于9层的为高层木结构建筑。与钢结构、混凝土结构高层建筑一样，高层木结构建筑的可靠性同样取决于它的建筑设计和结构方案，建筑平立面布置应根据7.2节的有关规定进行设计。

（13）现代高层木结构体系主要有梁柱式木框架支撑结构、梁柱式木框架剪力墙结构、正交胶合木剪力墙结构、上下混合木结构和混凝土核心筒木混合结构，其中混凝土核心筒木混合结构是目前国际上高层木结构建筑采用最多的结构形式。

（14）现代大跨度木结构建筑材料主要以CLT、LVL、Glulam、PSL和LSL为主，被广泛应用于体育馆、展览馆、影剧院、航空港候机厅等大型公共建筑和大型厂房、观光农业、飞机装备和大型仓库等工农业建筑。

（15）桁架在建筑结构中常用于屋面，又称为屋架，是屋盖体系中的主要承重构件。现代竹木结构常用的桁架类型有三角形豪式木桁架、梯形豪式木桁架、芬克式桁架、齿板桁架和弓弦式木桁架等。每个桁架类型都有其独特的受力特点和设计方法。

（16）木拱结构是现代大跨度木结构建筑体系中重要的结构类型之一。根据建筑形状的不同，木拱按照外形可分为抛物线拱、半圆式拱两种形式，最大跨度可达60多米。

（17）张弦木梁结构是一种由刚性木构件上弦、柔性拉索下弦以及上下弦间用木（钢）撑杆连接所形成的一种新型自平衡预应力混合木结构体系，也是一种区别于传统木结构的新型混合屋盖体系。张弦木梁结构体系简单、受力明确、木结构形式多样、充分发挥了刚柔两种材料的优势，并且制造、运输、施工简捷方便。

（18）木网架结构是一种三维结构体系，它分为上下两层网格平面，中间使用腹杆连接。木网架结构各杆件之间相互支撑，具有较好的空间整体性，在节点荷载作用下，各杆件主要承受轴力，能够充分发挥材料强度。

（19）木网壳结构即为网状的木壳体结构，或者说是曲面状的木网架结构。木网壳结构的杆件主要承受轴力，结构内力分布比较均匀；它可以采用各种木壳体结构的曲面形式，在外观上可以与薄壳结构一样具有丰富的造型；网壳结构中网格的杆件可以用直杆代替曲杆，便于现场施工。

思考与练习题

7-1　井干式结构的主要受力构件有哪些？

7-2　井干式房屋在保温防水方面有哪些构造措施？

7-3　井干式结构在竖向荷载和水平荷载作用下的内力如何计算？

7-4　井干式结构连接有哪些要求？

7-5　井干式房屋各部分构造有何特点？

7-6　轻型木结构的常见设计方法有几种？分别简要阐述。

7-7　轻型木结构剪力墙的设置应符合哪些规定？

7-8　作用在木结构建筑外墙面的风荷载，通过怎样的路径传递到剪力墙？

7-9　影响轻型木结构楼、屋盖的抗侧向力的因素有哪些？

7-10　墙体骨架各构件之间钉连接构造要求有哪些？

7-11　楼盖、屋盖各构件之间钉连接构造要求有哪些？

7-12　轻型木结构梁、柱的构造要求有哪些？

7-13　简述轻型木结构主要的连接方式。

7-14　多高层木结构常用木材有哪些？各有什么特点？

7-15　多高层木结构常见结构体系有哪些？

7-16　不同结构体系的多高层木结构修建层数分别有什么要求？

7-17　混凝土核心筒木混合结构的结构形式是怎样的，其结构受力特点是什么？

7-18　木桁架按材料分可分为哪几类？按形状分又可分为哪几类？

7-19　齿板桁架各杆件的名称是什么？

7-20　简述木拱的分类及其受力特点。

7-21　简述张弦木梁的受力特点。

7-22　木网架结构主要有哪两种结构体系？它们各自以什么为组成单元？

7-23　木网架结构的支承方式主要有哪几种？

7-24　木网壳结构主要有哪两种结构体系？

7-25　筒网壳有哪些主要形式？各有什么特点？

7-26　球网壳有哪些主要形式？各有什么特点？

第 8 章　竹结构体系

本章要点及学习目标

本章要点：

本章介绍了原竹结构、现代工程竹结构等的常用结构体系、受力特点及连接方式。

学习目标：

掌握原竹结构与现代工程竹结构的受力特点与连接方式及与木结构连接相比的异同点；了解空间竹结构的受力原理。

竹子具有种类繁多，分布广阔，生长快、产量高等特点，因此竹资源在世界为数不多的可再生资源中有着特殊的地位。有研究表明建造相同面积的建筑，竹子的能耗是混凝土能耗的 1/8，是木材能耗的 1/3，是钢铁能耗的 1/50。我国竹类资源丰富，发展竹建筑产业，有利于缓解我国木材的供需矛盾。

随着材料制造技术的发展，竹材在建筑中的应用有越来越多的突破，新型工程竹结构应运而生。竹材在建筑中的应用已从装饰材料、脚手架、小型原竹结构逐步走向多层及大跨结构。结构形式也呈多样化，如框架结构、编织结构、拱结构、穹顶结构、组合结构、拉索结构等。由于竹材独有的形态及硬度高、加工性差、易劈裂等特点，同时较木材含有多种糖类、淀粉和蛋白质等丰富的有机物质，更易腐蚀、虫蛀，所以与木结构相比，竹结构建筑有其特殊性。但竹结构建筑出现较晚，不论是材料、还是结构本身，目前的研究还很不充分，因此，本章仅就几种常见的竹建筑结构体系和节点构造做简要介绍。

8.1　原竹结构

原竹结构就是利用原生竹（可以简单地进行化学、物理防腐、防虫处理）建造的结构。常见的原生竹材抗压强度在 40～80MPa 之间，抗拉强度可达 150MPa，其优良的力学特性和材料本身的经济性使得竹屋成为许多发展中国家重要的建筑形态之一。

原竹杆是一种天然空心薄壁结构构件，轻质高强，通过适当连接，便可直接建造成结构，如三角形屋架就是最常见的传统原竹结构。由于早期的传统竹结构存在防火、防虫、保温、隔声、防腐性能差等缺点，且缺乏完整的理论体系，使得竹材在建筑工程中不仅往往与贫困、落后联系在一起，而且无法得到广泛应用。

然而，随着现代结构分析技术与连接技术的进步以及人们回归自然的诉求愈来愈强烈，原竹结构给建筑师和结构工程师提供了广阔的创作空间，涌现出一个又一个造型独特、富有自然亲和力的现代原竹建筑。现代原竹结构建筑区别于传统原竹建筑的显著特征是结构体系的创新、竹材处理工艺和现代连接技术。

8.1.1　传统原竹结构

原竹用于建筑已有几千年的历史，尤其是在很多亚洲和拉美国家，竹材的使用更为广泛。在竹结构建筑发展的漫长岁月中，许多地区慢慢形成了别具一格的建造传统，竹结构建筑甚至已经成为当地的重要文化象征。

1. 结构形式

传统原竹结构可以概括为一种多支撑的杆件结构体系，最早的竹建筑基本是将竹材砍伐后，不破坏其一节一节的自然形态，将竹材加工成段，采用捆扎、榫卯等连接成一种多支撑的交叉杆式结构体系。竹材坚硬的外层在交叉时一般不会变形，但高硬度、中空圆筒形的竹材也造成加工比木材难度高很多。为避免竹杆压弯、劈裂破坏，人们采用了多支点、交叉杆系等支撑方式分散荷载，增加结构的冗余度，同时传统原竹建筑通常都是采用茅草屋顶、泥加竹编或竹编墙体等措施减轻房屋自重、增加结构抗侧刚度，使其成了一种抗震房屋，很多竹建筑能抵御高烈度地震的冲击。

我国云南傣族采用的全竹干阑式建筑就是比较典型的梁柱承重的框架结构体系，如图 8.1-1 所示，采用原竹做梁柱构件，附加支撑、联系梁、竹编墙体、茅草屋顶等措施减少房屋自重，增加整体结构刚度。地下一层是架空供堆放杂物、饲养家禽，同时也起到防潮通风的作用，楼上 2 层用来居住，非常适合当地的自然条件。

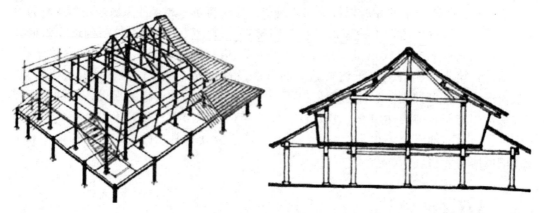

图 8.1-1　云南傣族"干阑式"竹楼骨架图

传统原竹结构可细化为：框架结构、墙体承重结构、框架墙体共同承重的结构。干阑式建筑基本可以归为框架结构体系，绪论中提到的我国台湾民居"竹厝"为框架墙体共同承重，南美洲工匠们擅长的 Bahareque 竹屋可以归为墙体承重的结构体系，由密集的原竹做墙体骨架，骨架上涂抹泥土，原竹通过绑扎连成整体。当然传统竹建筑的屋顶有的采用抬梁式结构，有的采用竹桁架结构。竹编构件也是传统竹建筑中经常用到的一种结构单元，采用竹篾或者细小竹子编织成墙体，附加泥或带草筋的泥墙，当然每隔一定间距有必要还会增加竹杆增加墙体的强度、刚度，通过绑扎或竹钉与竹框架连接。竹编构件也可做屋盖或楼盖单元，下部有原竹梁或檩条橡条支撑，屋顶会有茅草防水保温隔热，当然这种楼盖结构的隔声效果很差。传统原竹建筑体型较小，平面布置较规则，一般不会超过 2 层，不会有太大悬挑或内收，竖向传力构件连续，楼面开洞面积都较小。因传统竹建筑的节点处理大多都是手工直接操作，造成传统竹建筑的技术基本由工匠传承。

2. 连接方式

构造节点与连接技术是原竹结构技术中首要解决的问题。中国传统木结构建筑体系中，榫卯和钉接是最常见的连接方式。但竹材壁薄中空、直径小、硬度高、易劈裂、竹青含蜡等特点使其难以像木材一样方便连接或直接加工成大尺寸的板材或者方材。因此，木结构设计中的胶合连接、钉连接等连接方式在原竹结中并不适用，原竹建筑的节点连接技术一直是限制原竹结构建筑发展的关键因素。

传统的原竹建筑构造节点一般采用绑扎和榫接两种构造方式。绑扎是传统竹建筑中常用的连接方式，绑扎法以绳索将竹材施以柔性连接，其可调节特性适应了竹材截面尺寸的变化。我国云南的少数民族民居，多用棕绳对竹材进行绑扎，到后来开始使用铁丝增强绑扎强度。古人在长期的建造过程中总结出了多种绑扎方法以提高节点强度（图 8.1-2、图 8.1-3），但由于竹材本身圆形的截面，以及绑扎本身的柔性连接特点，使得绑扎节点容易松动，对建筑的稳定性不利，而且传统做法中绑扎件的耐久性不够，同样影响建筑的使用寿命。

榫接是一种传统木结构的典型连接方式（图 8.1-4、图 8.1-5），传统竹建筑用到这种建造方式是一种对木结构的模仿，从某种程度来说这种竹结构方式是由于受到材料、技术、经济等诸多因素限制的一种无奈但又最为直接的选择。这种做法由于竹材中空的特点而有着先天的不足，榫接节点加工处理的余地不大，且经由切削打洞处理后的竹材节点处强度较差，容易产生劈裂与折断。

绑扎对竹材来说有其合理性，但强度和稳定性有一定局限性，且比较费工费时；榫接则是用木材的逻辑来处理竹材，是一种不太合理的竹结构方式。这两种竹结构方式都受到了竹材中空筒体这一独特材料形态的制约，这一特点是竹材具有优良力学特征的同时带来了竹材用于传统建造时不易加工的问题，这一问题的直接反映是传统竹建筑节点难于处理，进而影响坚固性和耐久性。

在传统竹建筑中常将绑扎与榫接结合（图 8.1-6、图 8.1-7），绑扎使榫接节点不易开裂和松动，以此来提高竹节点的强度和稳定性，在实际建造中常将多根竹材绑扎成一整根构件，然后模仿木结构件进行榫接，这种做法可以不破坏单根竹材的完整性，可以使竹材的力学性能得到较好的发挥。这种绑扎与榫接相结合的方式既提高了节点的可操作性，同时保证了节点处受力的相对合理，但这种做法仍然不能达到理想的效果，竹材的材料特征及结构潜力得不到充分发挥。

不管是绑扎还是榫接，节点处的抗剪验算、局部承压验算、抗劈裂验算都是应按照原竹抗剪、抗压、抗劈裂强度进行验算。在验算的基础上应尽量采取多道防线、多冗余度，防止构件破坏引起结构倒塌事故。由于原竹材的不确定性，以及传统节点处理技术过于简单化，易造成房屋在建造或使用过程中出现结构节点不牢靠、易松动、竹材易开裂等问题，降低了建筑的安全性与耐久性，使得传统竹结构仅适用于小体量、小跨度的工程中，限制了竹结构的发展。

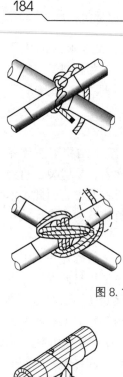
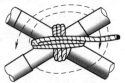
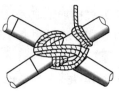

图 8.1-2　绑扎示意图

图 8.1-3　原竹竹竿绑扎

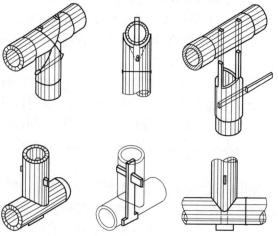

图 8.1-4　榫接示意图

图 8.1-5　原竹竹竿榫接

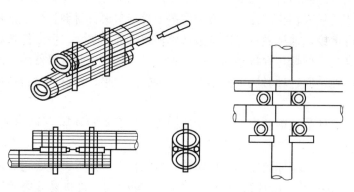

图 8.1-6　平行连接、绑扎与榫接结合示意图

图 8.1-7　原竹竹竿
绑扎与榫接

3. 应用领域

原竹传统建筑因防火、保温、隔热、防腐、防虫、节点的技术构造等技术问题，制约着原竹结构的发展，也影响了原竹建筑的耐久性。影响竹子寿命的主要因素是阳光、湿度变化和虫蛀。在直射阳光和湿度剧烈变化的综合作用下，竹子会出现裂纹，而裂纹又会引起虫蛀，竹竿强度会大幅下降。一般竹结构建筑寿命比较短，安全使用期限基本为 15 年以内。由于以上原因传统原竹建筑具有临时建筑和简易性的特点，传统竹材建筑包括桥梁、亭子、民居、园林内公建，农场和仓库等工业用房。

8.1.2　现代原竹结构

南美洲的哥伦比亚有着世界上最多的现代原竹建筑，建筑师 Oscar Hidalgo 被视为现代竹建筑的创始人，他致力于原竹建筑研究四十多年。他创建的通过结构实验方法研究竹结构的各种可能性，奠定了现代竹研究的基础。而 Simon Velez（西蒙）则是以其独特发明（在原竹节点浇筑混凝土结合螺栓强化原竹节点）而知名，在多项建筑设计中运用他的这一项新技术。

1. 结构形式

现代原竹结构类型与节点构造密切相关，得益于竹结构节点形式的极大进步，一大批美观、绿色、可靠稳定、采用多种结构形式如桁架、拱形、网架等现代原竹建筑不断涌现。

1）框架结构

现代原竹框架结构因竹子的外形尺寸及中空带竹节的特点在混凝土（钢）框架结构的基础上做了很多创新，框架原竹柱可以是单根也可以是多根，多根绑扎成束或散发状，框架梁可以是单根也可以是多根，多根绑扎成束或密集分布。框架节点基本不再采用对原竹有破坏的榫接，南美洲因瓜多竹巨大，多数采用西蒙研发的节点处灌注混凝土采用螺栓连接，越南以武重义为代表的建筑师采用的是细长而柔韧的竹子，基本都是以竹束绑扎为结构单元。因此，现代原竹框架结构多数利用空间巧妙采用支撑、斜撑增加结构冗余度，或者采用有一定强度、刚度的竹墙体增加结构稳定性，如图 8.1-8～图 8.1-11 所示。原竹框架结构的设计要点是要考虑整体结构的刚度、稳定性，竹梁竹柱的强度验算，节点抗剪抗弯验算等。

图 8.1-8　越南林柱餐厅　　　　　　　　　　图 8.1-9　德中同行之家

图 8.1-10　同济大学太阳能竹屋　　　　　　图 8.1-11　Atrevida 度假别墅

2）桁架结构

由于竹建筑基本都是在热带雨林国家，能遮阳避雨的屋顶对建筑的意义非常重大，同时竹子抗拉强度很高，而桁架的杆件都是受轴向力，能充分利用竹杆的抗拉强度、抗压强度，因此，很多屋顶是采用桁架结构实现的。现代原竹建筑桁架可以是平行桁架形成平屋顶（图 8.1-12），也可以是跟柱连成一体的桁架，形成拱形屋顶（图 8.1-13），桁架间距一般都比较小，桁架之间的联系杆也比较密集。竹桁架基本也分两类，高而粗的竹子可以通过榫接、螺栓、钢套等方法连接形成桁架，细而柔韧的竹子可以通过竹束绑扎形成杆件，节点区竹子通过交错绑扎连接。竹桁架结构的设计要点是要考虑竹桁架平面外的稳定性，竹桁架之间的联系构件要加强，竹桁架杆件的强度验算及杆件的连接验算。

图 8.1-12　竹子宿舍　　　　　　图 8.1-13　越南竹屋顶咖啡馆

3）拱结构

因竹子韧性很好，自然形态非常具有亲和力，而且目前多数竹建筑都是低层建筑，有的是标志性的公建，需要大空间，所以采用建筑形态与结构受力特点相融合的拱结构是非常合适，竹子既起装饰美化作用，又是结构材料。细长而柔韧的竹子比较适合做拱结构，竹子绑扎成竹束，经过蒸煮软化后弯曲成需要的形状，然后烘干定型。同时为增加拱的刚度、强度，经常是拱结构与桁架结构的结合使用，如图 8.1-14 所示。大型的竹拱结构在越南以武重义为代表的团队做了很多令人瞩目的公共竹建筑，如图 8.1-14 所示。竹拱结构的设计要点是拱的建筑形状与结构受力的巧妙结合，以及竹拱的强度验算、平面外的稳定性，尤其是竹拱支座的受力分析要注意。

图 8.1-14 越南纳缦会议中心

4）空间结构

有的公建需要大空间及有一定的造型要求，利用高强、韧性大的自然形态竹材，结合空间网格结构，就能达到令人瞩目的建筑效果。将细长的竹子绑扎成竹束组成杆件从两个方向或几个方向按一定的规律布置，通过节点连接形成一种网状空间杆系结构。该结构是多向受力的空间结构，具有跨度大、刚度大、稳定性好的特点；杆件主要承受轴向力，能充分发挥竹材的抗拉和抗压强度高的优势；达到利用较小的杆件建造大跨度结构。当网格结构为平板型时即为网架结构，当网格结构为曲面形状并具有壳体的结构特性时即为网壳结构。空间结构在使用过程中安全度高，结构高度小，不仅可以有效地利用建筑空间，还使建筑室内空间变得美观，如图 8.1-15、图 8.1-16 所示。竹空间结构的设计要点主要是网格单元的选取，既要有美学效果，又要兼顾受力。同时竹子的处理定型也很重要，尤其曲面屋盖，竹子需要软化弯曲定型。杆件之间的连接尤其重要，竹空间结构利用细长竹子会利用绑扎结合钢连接件，利用高粗竹子节点基本通过钢连接件、螺栓、混凝土等刚性连接件。

图 8.1-15 越南 wind and water cafe　　　　图 8.1-16 越南岘海港边酒吧

2. 连接方式

现代建筑对结构受力的合理性、对节点构造的精确性要求越来越高，传统的竹结构方式大多已不能满足现代建筑的标准，因而在竹结构节点引入了金属连接件，让竹材在节点处先将力传递给金属构件，然后再传递给与其相连的竹材。

对于竹材而言，在节点处的受力是最为集中的，而竹材有着易开裂的缺点，因此在节点处最容易开裂，此时在节点处运用承受集中荷载能力强的金属构件能很好地避免竹材的这一缺点，而竹材较强的抗拉、抗压能力等优势则能更好地发挥出来。

现代原竹结构对材料节点的加工处理主要是杆件与金属配件的连接，这使对材料的加工处理趋于工业化和标准化。对于原竹结构，通过在节点处设置金属连接件或者是浇灌混凝土的方式，以标准化的形式适应竹材中空筒体结构所带来的材料的不确定性，突破了竹材自身的材料限制，创造了许多传统构建方式无法完成的现代竹结构作品。现代原竹结构常见的节点构造形式有：螺栓连接、套筒连接、金属箍连接和预制金属件连接，通常这几种节点构件中的两种或多种配合使用，有时再结合浇灌混凝土保证节点的可靠性。

1) 螺栓连接

螺栓固定是原竹节点中最常用的连接方式，也常作为辅助手段和其他方式相结合（图 8.1-17）。螺栓连接一般通过预先对竹材进行打孔，再直接以螺栓作为连接件相连，竹材与竹材之间的荷载是直接通过螺栓传递的，受力较为集中，荷载过大时竹材容易被破坏。螺栓连接可以完成竹子之间的平行连接，在竹与竹的垂直连接节点中，除螺栓外还要依靠预埋件辅助。螺栓连接方式操作简单，适用性广。不足之处是这种节点的强度不够高，竹材打孔处易出现劈裂破坏。

2) 套筒连接

套筒法是通过利用圆筒形金属预制件对竹材进行嵌套的连接方式（图 8.1-18），套筒可分为外套和内嵌两种方式，在螺栓的辅助下可用于竹材之间长度上的连接、多方向连接以及角度的转折，同时可以在套筒和竹筒间填充混凝土，避免螺栓穿过的地方受到较大集中力，使得节点强度极大提高。套筒连接法还可以应用于竹与基础或竹梁与柱之间的连接。由于套筒连接件对竹材尺寸有较高的要求，其构造方式仍有很大的改良余地。不足之处是大部分竹结构件的尺寸不一，连接需在现场结合具体尺寸来完成，有一定的施工难度，且各施工过程相互关联，一旦有构件损坏，更换较为困难。

3) 金属箍连接

在竹材之间的连接方式中，可以采用金属箍与螺栓结合的方式，代替原始的捆绑连接法（图 8.1-19）。正 8 字箍或双 8 字金属箍可以将 2 根或 4 根竹竿捆绑在一起，实现竹材的平行或成组捆绑。异 8 字金属箍可用于连接相互垂直或交叉的竹结构件，例如屋架与檩条之间的连接。U 形金属箍则可以用于竹材和板材间的固定，能有效防止竹构件活动。

4) 预制金属件连接

利用金属预制件的连接方式是将原竹结构与钢结构节点的结合，不仅加强了节点的刚度，还在一定程度上加大了构造的灵活度，提高了建筑形态上的可能性（图 8.1-20）。预制金属件大都是针对具体建筑案例设计，具有一定的特殊性和针对性，常表现出独特的创意，一般较少重复使用。根据不同的建筑结构需求预制特定的金属连接件极大地拓展了现代原竹结构的使用空间。

3. 应用领域

现代竹建筑在世界范围内受到欢迎，案例遍布世界各地，从展览馆到住宅、学校、教堂、交通建筑及咖啡厅、酒吧和度假村等。不管是商业建筑还是住宅建筑，充分展示了竹建筑与自然的和谐、施工速度快、抗震等魅力。随着竹子处理工艺的不断进步，竹建筑慢慢从人们认为的临时性建筑过渡到长期性、永久性建筑。

图 8.1-17 螺栓连接

图 8.1-18 套筒连接

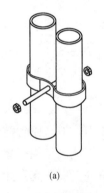 

(a) (b)

(a)

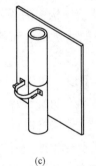 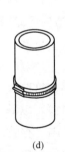

(c) (d)

图 8.1-19 金属箍连接
(a) 8字箍；(b) 异8字箍；
(c) U形箍；(d) O形箍

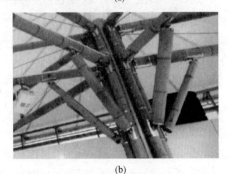

(b)

图 8.1-20 预制金属连接件
(a) "何陋轩"节点构造；
(b) "中德同行"展馆节点

8.1.3 原竹结构设计要求

原竹建筑设计时应注意以下几点：

1）承重原竹宜采用毛竹或材性相近的竹种，并应采用平直、无开裂、无腐朽的竹子，胸径最小在 60mm 以上，竹壁厚度在 5mm 以上，原竹沿其长度的直径变化率，可按每米 9mm 采用，亦可采用当地经验数值或实测数值。竹龄不得小于 4 年。自然晾干到含水率 8%～12%，与当地气候带年平均平衡含水率规定的偏差不应超过＋3%；应按设计要求进行防虫、防腐处理，并宜进行脱糖处理。

2）原竹结构的平、立面布置应规则，各部分的质量和刚度应均匀、连续。结构传力途径应简捷、明确，竖向构件应连续贯通、对齐。承重构件和关键传力部位应增加冗余约束或有多条传力途径。抗侧力构件平面布置应规则对称、侧向刚度沿竖向宜均匀变化，竖向抗侧力构件截面尺寸和材料强度宜自下而上逐渐减小，避免侧向刚度和承载力发生突变。

3）使用竹杆件作为建筑的结构构件时，可采用"竹束"的方法，即将若干根竹杆捆绑在一起。竹束可以将其承受的荷载传给多根竹子，相比单根竹杆，竹束具有更大的承载能力。

4）可以在结构体系中适当位置设计斜撑，分散荷载，斜撑与垂直、水平的构件结合保证了整体结构的稳定性。

5）原竹作为结构和围护材料应采取措施进行防腐、防虫、防火处理，达到国家现行有关标准规定的耐久性、适用性、防火性、气密性、水密性、隔声和隔热性能要求。

8.2　现代工程竹结构

尽管现代原竹结构引入了金属连接件，极大提高了竹结构节点的承载力，但是原竹壁薄中空，尺寸不均匀，截面大小受限，力学性能不稳定的缺点仍未解决，不能满足现代建筑结构对构件几何构型、材料性质的一致性要求，从而制约了竹结构建筑的发展空间。此外，由于竹材的几何不确定性及连接的多样性，尽管圆竹建筑有呈现竹材的自然美的趋势，但也常常给人一种临时建筑的印象。因此，为克服原竹材料在建筑结构中的缺陷，同时最大程度发挥竹材在建筑行业中的优势，现代竹结构建筑成为我国建筑工业新的发展方向。

现代工程竹结构的主要核心是通过一定的物理、力学和化学等手段，利用先进的复合、重组技术，将竹子的各种单元形式（竹条、竹篾、竹单板、竹碎料、竹纤维等）进行组合加工成力学性能稳定的工程竹材（统称为工程竹），以满足现代结构对材料的要求。结构用工程竹材主要有胶合竹、竹集成材和重组竹。因工程竹是在工业化生产中对原竹进行了筛选、分类后的重新组合，剔除了原材料中的缺陷，故工程竹的力学性能比原材料均匀、一致，其强度、刚度均超过常用的结构木材。采用先进胶合技术制造的工程竹无毒、无游离甲醛，是一种理想的绿色建筑结构材料。工程竹建造的房屋结构类似木结构自重轻，抗震性能好，适合装配式施工，尤其适用于快速建设与标准化生产。工程竹结构体系与胶合木结构类似，工程竹的硬度比胶合木大，加工性较差，连接方式需预开孔。工程竹目前因尚无统一的标准体系，产品规格没有胶合木产品全面，检测、验收也没有胶合木规范。

8.2.1 框架式工程竹结构

工程竹梁柱承重框架结构体系是把工程竹柱、工程竹梁和组合楼板作为基本受力构件，通过钢连接件进行拼装而成，是一种可预制的装配式结构。该结构采用钢板螺栓连接梁柱，并对构件进行接长，楼盖采用工程竹搁栅、胶合竹板组合为空心楼板，工程竹梁承受楼板传来的荷载，再由工程竹梁把荷载传递给工程竹柱，最后由工程竹柱把荷载传至基础。墙体由竹胶板、工程竹小径龙骨组成空心墙体，竹组合墙体只起维护和分隔作用，墙体和楼板内同样可以填充各种保温、隔热材料，采取防水、防火措施。我国最早的梁柱式竹结构可能是 2008 年建造于南京林业大学校园内的抗震竹结构示范建筑，该建筑为 2 层框架结构，竣工于 2008 年 9 月，参见图 8.2-1。2017 年，南京林业大学又设计、建造了一幢 3 层的工程竹框架建筑，可能是目前最高的现代竹框架办公建筑。我国研究人员在南京（图 8.2-1）、长沙等地（图 8.2-2）建造了多幢现代工程竹结构示范建筑，使用性能良好。这种梁柱式框架结构体系建筑平面布置灵活，可以取得较大的使用空间；通过合理的结构、节点设计，可使结构具有较好的延性，并有可能向多高层方向发展，适应当今建筑用地高度紧张的客观现实，为进一步拓宽竹结构建筑的适用范围奠定基础。

图 8.2-1　南京林业大学 2 层工程竹示范建筑　　　　图 8.2-2　长沙梅溪湖竹结构示范房

梁柱式框架结构体系的关键技术在于梁柱的节点处理、工程竹的制作工艺，工程竹框架结构与木框架结构比较类似，梁柱节点不像混凝土现浇梁柱节点可以达到完全固接，是半刚性节点。目前常用的节点有：①梁柱木框架结构采用的软钢消能节点，同样适用于工程竹框架结构。该节点由柱套、梁连接钢板和 U 形卡组成。柱套内设有横隔板均匀传递柱的轴向力；梁连接钢板由上下 2 片钢板与柱套连接，梁从侧面放入节点内，用 U 形卡与节点紧固。可将梁、柱连接成具有足够侧向刚度的框架，并通过钢板非线性变形耗能，安装方便。②钢填板或钢夹板螺栓节点，使用较广并施工方便，可完成梁柱内力的传递，需要注意的是螺栓端距、间距、节点验算，目前示范建筑基本参考木结构设计规范；③植筋胶合连接，通过预钻孔、植入钢筋并通过结构胶填实空隙完成梁柱连接，隐藏式节点，外观漂亮，但不适用于梁端剪力较大的情况，因工程竹是各向异性材料，横纹力学强度远低于顺纹强度，会发生工程竹横纹销槽承压破坏。④榫卯连接螺栓加强节点，因榫卯节点削弱构件截面，并对加工精度要求很高，节点依靠摩擦力耗能，是传统木结构节点之一，现代竹木结构在传统节点的基础上进行优化改进，采用了螺栓加强，增加节点的刚度，但此节点也不适用于梁端剪力很大的情况，比较适合小柱距结构，或者通过设计墙体承担一部分荷载同时增加框架结构抗侧刚度，形成框架-墙体承重结构体系。图8.2-3为长沙梅溪湖公园会所竹结构建筑中的一些复杂节点采用钢板螺栓连接的实例。需要指出的是因为工程竹往往比工程木的硬度要高，所以建造时需要控制精度以免造成现场钻孔的困难。

工程竹结构的基础通常为混凝土基础，基础形式常用独立基础或条形基础，基础在柱连接处通过预先浇筑或预埋锚固螺栓与柱端连接板连接，或顶预埋金属连接板或套筒，金属板或套筒通过焊接锚固筋与基础混凝土柱，实现荷载传递（图8.2-4）。

图8.2-3 竹结构梁柱框架结构节点   图8.2-4 梁柱式框架结构基础连接

8.2.2 轻型竹结构

轻型竹结构体系基本来源于轻型木结构体系，由构件断面较小的规格胶合竹材均匀密布（间距一般406～610mm）连接组成的一种结构形式，由主要结构构件（结构骨架）和次要结构构件（墙面板、楼面板和屋面板）共同作用，承受各种荷载，最后将荷载传至基础。这些密置的骨架构件既是结构的主要受力体系，又是内、外墙面和楼屋面面层的支撑构架，还为安装保温隔热层、穿越各种管线提供了空间。国际首座现代轻型竹结构别墅样板房建于湖南大学内（图8.2-5），多座轻型竹结构活动板房亦在四川省广元市北街小学投入使用，其后历经多次余震的考验（图8.2-6）。

图8.2-5 湖南大学现代竹结构别墅   图8.2-6 施工中的竹结构安置教室

轻型竹结构体系主要有两种结构形式：连续墙骨柱式和平台式，其中，平台式是主流结构形式。平台式轻型竹结构由于结构简单和容易建造而常被应用，其主要优点是将楼盖和墙体分开建造，因此，已建成的楼盖可以作为上部墙体施工时的工作平台。

轻型竹结构住宅主要结构构件一般采用工厂预制再搬运至现场拼装，可以利用下层楼层平面作为上层结构的施工平台（图 8.2-7）。竹结构房屋一般采用浅埋基础，除了基础采用湿作业，其他都为干作业。运用竹结构的内外墙系统来代替传统的砖或混凝土砌块内外墙，可以大大减轻建筑物的自重，从而起到减少由建筑物自重所产生的地震作用。

墙体结构由墙骨柱、顶梁板、底梁板和过梁这些构件通过钉连接组成，并且这些构件都是采用一定等级的胶合竹规格材构成。通常墙体可在工作平台上拼装，然后人工抬起就位，墙体骨架也可在工厂先拼装好，再搬运至施工现场就位。墙体主要施工流程：铺放窗户过梁→铺放墙骨→将过梁与墙骨钉接→将顶梁板与墙骨钉接→将底梁板与墙骨钉接→墙体调直角→钉墙面板→竖立墙体并设置临时支撑（图 8.2-8）。

轻型竹结构楼盖体系由间距不大于 610mm 的搁栅、楼面板和石膏板顶棚组成。底层楼盖周边由建筑物的基础墙支承，楼板跨中由梁或柱支承。楼盖搁栅通常采用矩形和工字形截面，当房屋净跨较大，也可采用平行弦桁架。楼盖施工按先梁后板，先主梁后次梁的顺序进行。楼面板与格栅间采用钉连接，次梁与主梁通过角钢或其他连接件连接。

轻型竹结构住宅受力性能类似于轻型木结构住宅结构体系。因此，目前竹结构住宅的抗震设计可以参照轻型木结构住宅设计方法。剪力墙和横隔层（即楼盖、屋盖）形成的侧向力抵抗系统（LFRS）抵抗风或地震产生的侧向力。楼屋盖和剪力墙形成结构的主要抗侧力体系（图 8.2-9）。地震时，水平地震力通过横向水平构件即楼盖和屋盖传至每层剪力墙，每层剪力墙将所受地震力传至底层剪力墙并传递到基础。

图 8.2-7　二层楼盖施工现场

图 8.2-8　墙体装配现场

轻型竹结构住宅与环境亲和，设计人性化，居住舒适方便，建房方便快捷，既可在工厂预制，也可以在施工现场组装。竹结构房屋由于自重轻，地震时吸收的地震力也相对较少，适用于商业建筑或者住宅建筑，在我国的地震多发地区有较大的应用潜力。

8.2.3　现代空间竹结构

随着竹材材料技术的进步、工程竹结构形态的创新以及现代竹结构体系的工业化，同时在建筑结构技术的支持下，以往大量用于钢筋混凝土结构和钢结构建筑中的结构形式，如平面桁架、拱、网架等结构形式，目前也可以灵活应用在工程竹结构建筑中，创造了更加富有创意和丰富的大跨空间竹结构建筑。

平面桁架结构是一种杆件组成的格构式的结构体系，在外力的作用下，桁架结构的杆件内力是轴向的拉力或者压力，受力合理分布也均匀，竹材具有良好的抗拉和抗压性能，能够很好地满足这个结构要求；拱结构为传统的一种大跨度结构形式，主要是发挥材料的抗压性能来实现较大跨度的结构形式，外观呈现为曲面形状，外力作用下，拱结构主要承受轴向压力，应力分布均匀，结构内弯矩降低至最小的限度，可以充分发挥竹材抗压强度高的长处；网架结构被称作为空间桁架结构，一种在空间上展开的桁架，是由杆件按照一定的

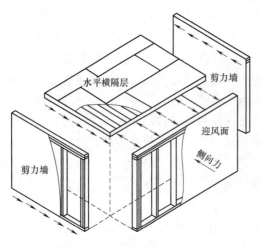

图 8.2-9　轻型竹结构抗侧向力系统

规律组合而成的网状结构，结构的布置很灵活，适应性强，应用范围广，可达较大的跨度，这类结构外观较轻巧，在节点或者平面的外力作用下，杆件主要承受轴向拉力或者压力，能够很好地发挥材料自身的特性，且杆件通过节点连接组合成了拥有整体性效应的结构，此结构整体受弯，拥有面外的刚度，是目前大跨结构当中比较好的结构形式。以上结构体系都可以充分发挥工程竹抗拉、抗压强度高的优势，节点为铰接，采用钢板螺栓节点，既美观又能满足承载力要求。

图 8.2-10 为 Integer China 研究团队在昆明竹结构住宅的基础上，开发的大跨度复合竹框架结构建筑——四川彭州毕马威社区中心。该复合竹结构建筑采用梁柱式框架体系，结构用材为集成竹，集成竹不易开裂而且强度较高，适合应用于大跨度结构中。

(a)　　　　　　　　　　　　　　　　　　(b)

图 8.2-10　四川彭州毕马威社区中心
(a) 建筑俯瞰图；(b) 施工现场

竹材受拉和受压性能好，竹屋架具有轻质高强的特性，很适用于大跨度屋面。桁架体系通过腹杆和弦杆连接成三角形布局来传递荷载，可以实现较大跨度，承受较大的荷载作用，可以预制，组装便捷，是一种较为经济的选择。三角形桁架主要应用在屋面坡度较大

的轻型屋面体系中，其在轻型竹结构建筑中应用比较广泛。如第7章所述，常用的三角形桁架形式有中柱式桁架、芬克式桁架、豪威式桁架等，其中豪威式桁架常用于跨度较大的结构，该桁架腹杆是单斜杆式，斜杆较长主要受拉，竖杆较短受压，力学性能较好。图 8.2-11 为在湖南大学实验室实施的一个 20m 跨胶合竹豪式桁架的实验。

由于大跨结构的受力通常较大，构件截面较大，钉连接与齿板连接不能满足结构要求，目前大直径群栓-钢板连接是大跨竹结构节点构造的最常用方式（图 8.2-12），在设计计算竹结构螺栓节点承载力时可以参考运用现有木结构设计规范。

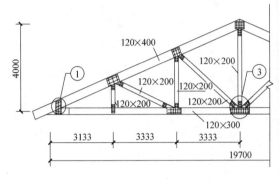

图 8.2-11　常用三角形桁架形式

图 8.2-12　大跨竹结构大直径群栓-钢板连接

工程竹建筑因国家相关规范、标准还没发布，基本都为示范工程。设计要点基本参照木结构设计规范，工程竹力学参数的确定要抽检厂家出厂产品。随着工程竹理论研究、实践积累的进一步发展，相信工程竹建筑会越来越多的涌现，为土木工程领域增添一道亮丽的风景线。

本章小结

介绍了传统原竹结构、现代原竹结构、现代工程竹结构、空间竹结构的受力体系；荷载传递方式与基础的连接方式；构件之间的连接方式及竹结构特有的连接特点。

思考与练习题

8-1　竹结构建筑要适应现代化建筑有哪些问题需要人们继续深入研究？

8-2　传统原竹结构与现代竹结构常用的结构体系主要有哪些？它们之间的差异表现在哪些地方？

8-3　传统原竹结构与现代竹结构常用的连接方式有哪些？它们与木结构连接有哪些异同点？

第9章 竹木结构防护、防火与抗震

本章要点及学习目标

本章要点：
本章重点讨论竹木结构防护、防火与抗震等防灾基本知识。先讨论木材腐朽的发生条件、木结构防腐材料和竹木结构防腐处理方法，再讨论工程木构件的耐火极限，以及重型木结构和轻型木结构的防火设计方法。

学习目标：
(1) 了解腐朽对竹木结构的危害，掌握竹木结构防腐处理方法。(2) 了解火灾对竹木结构的影响，掌握竹木结构防火处理方法和防火设计方法。

木材和竹材优点众多，但它们的可自然降解特性，也正是某些微生物、昆虫赖以生存的条件。木材和竹材作为可燃物，易成为火灾发展和蔓延的导火索，且燃烧时放出大量的热，产生可燃和有毒烟气，助长火势。长时间处于高温环境，或受到菌、虫的侵蚀的木材和竹材及其构件，其力学性能也会明显降低，从而导致结构的破坏，这是竹木结构特有的不足。但采用合理的措施，能够解决竹木结构的防护和防火问题。

9.1 竹木结构防护

木材在使用中除了受火灾、风化、机械等物理、化学方面作用因素造成的破坏外，还常受到微生物的危害产生腐朽或虫蛀，缩短了木材的使用年限，增加了木材的消耗，导致安全隐患。为使木材免受微生物危害，除了可以采用天然耐腐的木材外，还可以采用防腐处理以提高木材的耐腐朽和抗虫害的能力。与天然耐腐材相比，经防腐处理的木材，因其质量稳定、使用周期更长、性价比高以及来源广泛，被广泛应用。

9.1.1 木材腐朽与虫蛀的危害

破坏木材的微生物主要有三类，即真菌类、钻孔虫类和海生钻孔生物。

1. 真菌类微生物

真菌类微生物中，破坏木材强度的以木腐菌为主。木腐菌属于低等植物，其孢子落在木材上发芽生长形成菌丝，菌丝生长蔓延，分解木材细胞作为养料，引起木材腐朽。菌丝密集交织时，肉眼可见，后期发展到一定阶段形成子实体，子实体能产生亿万个孢子，每个孢子发芽后形成菌丝，又能蔓延而危害木材，从而导致恶性循环。

木腐菌在木材上的传播方式主要有两种：一种是接触传播。菌丝可以从木材感染的部位蔓延到邻近健康木材上，这是建筑物中木腐菌传播的普遍方式。菌丝不但能在木材上蔓延，而且可蔓延到混凝土、砖墙上，甚至能越过钢梁达数米以外的另一木构件上蔓延。如果新建或维修建筑时，使用了已受木腐菌感染的木材，则在适合的条件下，木腐菌就可能在木材上蔓延。由于一般木腐菌的孢子与菌丝都能在潮湿的土壤中存在相当长的时间，所以与土壤接触的木材往往是木腐菌侵染的途径。因此，选用健康木材，并在设计和使用中避免木材接触土壤十分重要。另一种是孢子传播。木腐菌产生数量巨大且小而轻的孢子，能随气流漂到任何角落，遇到潮湿木材时，孢子即萌发形成菌丝，然后蔓延到其他部位。为了有效防止木腐菌的侵染（不论是菌丝或孢子传播），应对木材预先用化学药剂进行防腐处理，或使木材处于干燥状态。

通常来说，木腐菌的生长必须同时具备水分、空气、温度和养料四类条件：

1）水分。木材含水率超过 18％就能满足木腐菌生长的条件，当空气湿度过高能使木材的含水率增加到 25％～30％时，就增加了木材受木腐菌危害的可能。若使木材的含水率始终控制在 18％以下，就能够避免木材腐朽。这就是木结构要处理好通风，使木材即使受潮也能很快风干的原因。

2）空气。一般木腐菌的生长需要木材内含有容积的 5％～15％的空气量。当木材长期浸泡在水中，木材内缺乏空气就能免受木腐菌的侵害。

3）温度。木腐菌能够生长的温度范围为 2～35℃，而温度在 15～25℃时大部分能旺盛地生长蔓延，由于该适合人类生存的温度条件与木腐菌相近，所以在一年大部分时间中，木腐菌都能在木材内部生长，通过温度手段不易进行控制。

4）养料。木材的主要化学成分是纤维素、木质素、戊糖和少量其他有机物质。这些都是木腐菌的养料。不同种类的木材，由于其物理和化学性质不同，特别是其内含物的性质和含量不同，其抵抗木腐菌破坏的能力也不一样，有的木材很耐腐（如兴安落叶松、杉木），有的则很容易腐朽（如杨木、樟子松）。

2. 昆虫类微生物

危害木结构的昆虫主要有白蚁和甲虫两大类。在我国，白蚁广泛分布，主要侵害含水率较高的木材；我国的中南、华东一带危害严重的蛀木甲虫主要是家天牛、粉蠹虫和长蠹虫，主要侵害含水率较低的木材。木材遭受昆虫类微生物侵害的规律比真菌类更难预测和控制。比较而言，白蚁的危害远比甲虫广泛而严重。

白蚁是一种活动隐蔽、群居而有组织的节足昆虫，多呈白色或灰白色，属等翅目。白蚁危害对象极为广泛，既可以破坏房屋建筑、木桥、木电杆、枕木、船只、堤坝和纤维织物，也可以破坏立木。白蚁大多喜欢在潮湿和温暖的环境中生长繁殖，主要以木材和含纤维的物质为食物，分布广泛，危害严重，受害的木结构一般不易发现。每一个群体因种类不同，其个体从数百个到百万个，白蚁在世界上共有 2000 多种，我国目前已知的白蚁有400 多种，主要分布在北京以南各省市，特别以南方温暖潮湿地区最多。对木结构危害最大的白蚁，在我国主要有：土木栖类的家白蚁，散白蚁的黄胸、黄肢、黑胸散白蚁；土栖类白蚁的黑翅土白蚁、黄翅大白蚁；在部分地区木栖类铲头堆沙白蚁和截头堆沙白蚁危害也较严重。

白蚁主要有群栖、以木为食、畏光、活动季节性、分飞传播等生活习性：

1）群栖性。一个群体中有明确的分工和严密的组织，以维持整个群体的生存和生活。脱离群体的白蚁在天然情况下是无法生存的，这是白蚁和其他独栖性昆虫的显著特点。

2）以木为食。以木材为主要食料，离不开水分，故蚁巢一般都筑在食物集中、靠近水源处。

3）畏光性。一般在阴暗潮湿的地方隐蔽生活，到巢外取食，故阴暗潮湿的构件易受白蚁危害。但有翅繁殖蚁在分飞时，有向光亮飞的趋光习性。

4）活动季节性。因喜温暖潮湿环境，冬季限于在巢内活动，春暖后，外出活动。

5）分飞传播。群体中的有翅繁殖蚁，在每年一定季节离群分飞，配对建立新群体，这是白蚁主要传播方式。此外，也有在离开现蚁巢到另一场所找寻食料时，发现条件合适，就在新的场所筑巢定居的情况，还有可能通过木材和货物运输而传播。

9.1.2 木材选材与化学防护处理

对于某些建筑物或构筑物，当采用设计或施工方法不能保证木构件的使用耐久性的时候，例如对于直接与混凝土或砌体接触的梁、格栅、桁架等支座部分木材以及与土壤可能接触的柱脚，长期暴露在室外的木构件，就必须采用天然耐腐性强或经化学防护处理的木材。对于建设地区有昆虫的，不分局部或全部，均需做整体结构木材的防护处理。

需要做防护处理的木结构构件或局部分为四类，见表 9.1-1。

木结构的四类使用环境 表 9.1-1

使用分类	使用条件	应用环境	主要生物败坏因子	常用构件
C1	户内，且不接触土壤	在室内干燥环境中使用，能避免气候和水分的影响	虫蛀	木梁、木柱等
C2	户内，且不接触土壤	在室内环境中使用，有时受潮湿和水分的影响，但能避免气候的影响	虫蛀，木腐菌	木梁、木柱等
C3	户外，且不接触土壤	在室外环境中使用，暴露在各种气候中，包括淋湿，但不长期浸泡在水中	虫蛀，木腐菌	木梁等
C4A	户外，且接触土壤或浸在淡水中	在室外环境中使用，暴露在各种气候中，且与地面接触或长期浸泡在水中	虫蛀，木腐菌	木柱等

天然耐腐性是木材固有的抗腐朽性能，这种性能在很大程度上与木材内含物有关。我国主要用材树种和进口木材的耐腐性分类分别见表 9.1-2 和表 9.1-3。

我国主要用材树种的耐腐性分类 表 9.1-2

类别	材别	用材树种名称
耐腐性强	针叶材	柏木、落叶松、杉木、陆俊松、建柏、桧柏
	阔叶材	青冈、栎木（柞木）、竹叶青冈、水曲柳、刺槐、枧木、红栲赤桉、楠木
耐腐性中等	针叶材	红松、华山松、广东松、铁杉
	阔叶材	云南蓝桉、榆木、红椿、荷木、楝木
耐腐性差	针叶材	马尾松、云南松、赤松、樟子松、油松
	阔叶材	桦木、椴木、窿缘桉、木麻黄、杨木、桤木、枫香（边材）、拟赤杨、柳木

我国主要进口木材的耐腐性分类   表 9.1-3

类别	材别	用材树种名称
耐腐性强	针叶材	俄罗斯落叶松、北美红崖柏、黄崖柏、加利福尼亚红杉
耐腐性中等		南方松、西部落叶松、花旗松、北美落叶松、新西兰辐射松、欧洲赤松
耐腐性差		西部铁杉、太平洋银冷杉、欧洲云杉、海岸松、俄罗斯红松、东部云杉、东部铁杉、白冷杉、西加云杉、北美黄松、巨冷杉、西伯利亚松

研究表明，同一种具有天然耐腐性的树种，产自次生林的树木不及产自原始林的树木耐久性强。此外，因为木材的天然耐久性是指心材的耐久性，因此同一树种中，材料的防腐性随着心材比例的增大而增大。所以设计和木材利用中，在采用天然防腐材时，应注意这种区别。

当采用天然耐腐性强的木材，以及控制木材含水率等措施不能满足木材耐久性要求时，须对木材进行防腐处理，将能够抑制危害木材的微生物生长的防腐剂注入木材的内部，毒化木材，以达到木材防腐的目的。

9.1.3　防腐剂

木材防腐、防虫所用化学药剂统称为木材防腐剂（或防护剂）。理想的木材防腐剂应对危害或栖息木材的微生物具有足够的毒性、持久性和稳定性，在木材中有很好的渗透性能，对金属无腐蚀性，无色、无嗅，不影响木材的胶着和油漆性，不降低木材的力学性能，应符合环保要求、使用安全、对人畜无毒或低毒，来源充足、价格低廉。木材防腐剂种类繁多，性能各异，总的来说，主要有油类防腐剂、油溶性防腐剂和水溶性防腐剂三大类。

1. 油类防腐剂

油类防腐剂主要包括煤杂酚油、煤焦油和蒽油，常用来处理枕木、电杆、水工建筑的桩木等在生物性破坏严重而对颜色和气味要求不高的环境中使用。

油类防腐剂主要有广谱性好，能有效防止多种微生物对木材的危害，耐候性好，抗雨水或海水冲刷能力强，能长久地保持在木材中，对金属连接件的腐蚀性低等优点。但也有辛辣气味，处理后木材呈黑色，不便油漆和胶合，燃烧时，会产生大量刺激性浓烟，处理后的木材使用时，由于温度的变化，会产生溢油现象，造成环境污染，含有多环芳香烃等持久性有机污染物，接触皮肤有刺激性等缺点。

2. 油溶性防腐剂

油溶性防腐剂是指一类能溶于有机溶剂中具有防腐能力的化合物，又称有机溶剂型防腐剂。这类防腐剂与煤杂酚油不同，煤杂酚油本身含有几百种有防腐能力的化合物，且不需要溶剂。油溶性防腐剂则是一种或几种有防腐作用的化合物溶解于有机溶剂中组成的防腐剂，主要包括五氯苯酚、环烷酸铜、8-羟基喹啉铜、有机锡化合物、有机碘化合物、唑类化合物等，主要用来处理电杆、桥梁等。

油溶性防腐剂具有溶剂仅作为防腐剂载体注入木材，本身无毒，不挥发，抗流失性好，对金属连接件没有腐蚀性，溶剂挥发后，不提高木材的可燃性，低沸点溶剂的药剂注入木材深度高等优点；适用于涂刷、常温浸渍等处理工艺。但油溶性防腐剂中有机溶剂为可燃物，处理工厂须具备严格的防火措施和良好的通风条件，火灾隐患较高，若需要油漆，处理材必须在溶剂挥发干燥后进行，高沸点溶剂的干燥挥发要较长时间，故需要油漆的构件，一般不宜采用，溶剂不具有耐腐力或耐腐性小，只起载体作用，且价格较贵，处理成本较高。

3. 水溶性防腐剂

水溶性防腐剂由具有防腐能力的盐类组成，防腐作用主要是其活性成分，是目前应用最广泛、种类最多的防腐剂，主要包括单盐防腐剂和复合防腐剂。其中，单盐防腐剂主要包括氟化物、硼化物、砷化物、铜化物、锌化物、五氯酚钠以及烷基化合物等；复合无机盐类防腐剂包括含氟的复合防腐剂、含硼复合防腐剂、酸性铬酸铜（ACC）、氨溶砷酸铜（ACA）、氨溶砷酸铜锌（ACZA）、重铬砷酸铜（CCA）、氨溶季氨铜（ACQ）、铜-硼-唑复合防腐剂（CBA-A）等。水溶性防腐剂被广泛地应用在工业和民用建筑中。

水溶性防腐剂易溶于水，可以水为其载体而注入木材，处理材干燥后，无特殊气味，且表面整洁，不污染其他物品，可油漆和胶合，为不燃物，有些药剂还兼有防火性能，适用于对室内外木构件的处理。但水溶性防腐剂也有不足：木材经该类防腐剂处理后会发生膨胀，且经干燥后才能使用，而干燥又会引起木材收缩，改变了木材的尺寸，所以不宜做成精确尺寸后再进行防腐处理；单盐水载防腐剂不但防腐的范围比较窄，而且不抗流失，而复合水载防腐剂不但扩大了防腐的范围，而且也大大提高了抗流失的性能；但某些药剂单独使用，浓度过高时对金属有腐蚀作用；如木构件对导电性有较高要求，采用水溶性防腐剂时应注意。目前最常用的水溶性防腐剂主要有重铬砷酸铜、氨溶季铵铜和铜唑三种。

1）重铬砷酸铜（CCA）。CCA 可以用盐类配制，也可以用氧化物配制，但均以氧化物表示其活性成分。CCA 具有较高的灭菌、防虫防白蚁、防海生钻孔动物的能力；有效成分能牢固地固定在木材中，持久性好。CCA 广泛应用于室内外的建筑木结构用材的防腐，也可以用来防腐坑木、桩木、枕木、电杆等，或用于海洋用木材的防腐，防止海生钻孔动物的侵害。但由于 CCA 的主要杀菌成分为砷、铬等重金属离子，特别是 CCA 处理木材废弃物的处置给环境带来的危害，至今已经有 20 多个国家限制 CCA 处理木材在民用场合使用，只能在工业上使用。但大多数发展中国家，特别是赤道附近的一些国家仍在使用。

2）氨溶季铵铜（ACQ）。ACQ 是由二价铜盐、烷基铵化合物（主要是二癸基二甲基氯化铵或十二烷基二甲基苄基氯化铵）、氨或胺和水按一定比例组成的木材防腐剂，在抗生物危害方面与 CCA 相媲美，在环境安全性方面更优，主要用于户内外木结构及可与土壤或淡水接触的木构件的防腐处理。

3）铜唑（CuAz）。CuAz 主要由氧化铜（CuO）、戊唑醇和乙醇胺按一定比例构成，戊唑醇具有良好的灭菌防虫效果，CuO 本身就是一种强有力的杀菌剂，因此两者复合后对改善木材耐腐性的效果明显。

木结构构件防护处理采用载药量和透入度两个指标衡量，并符合表 9.1-4 和表 9.1-5 的规定。

不同使用条件下使用的防腐木材及其制品应达到的最低载药量　　　表 9.1-4

防腐剂			活性成分	组成比例(%)	最低载药量(kg/m³)			
类别	名称				使用环境			
					C1	C2	C3.1	C4A
水溶性	硼化合物		三氧化二硼	100	≥2.8	≥4.5	NR	NR
	季铵铜(ACQ)	ACQ-2	氧化铜	66.7	4.0	4.0	4.0	6.4
			二癸基二甲基氯化铵(DDAC)	33.3				
		ACQ-3	氧化铜	66.7	4.0	4.0	4.0	6.4
			十二烷基苄基二甲基氯化铵(BAC)	33.3				
		ACQ-4	氧化铜	66.7	4.0	4.0	4.0	6.4
			DDAC	33.3				
	铜唑(CuAz)	CuAz-1	铜	49	3.3	3.3	3.3	6.5
			硼酸	49				
			戊唑醇	2				
		CuAz-2	铜	96.1	1.7	1.7	1.7	3.3
			戊唑醇	3.9				
		CuAz-3	铜	96.1	1.7	1.7	1.7	3.3
			丙环唑	3.9				
		CuAz-4	铜	96.1	1.0	1.0	1.0	2.4
			戊唑醇	1.95				
			丙环唑	1.95				
	唑醇啉(PTI)		戊唑醇	47.6	0.21	0.21	0.21	NR
			丙环唑	47.6				
			吡虫啉	4.8				
	酸性铬酸铜(ACC)		氧化铜	31.8	NR	4.0	4.0	8.0
			三氧化铬	68.2				
	柠檬酸铜(CC)		氧化铜	62.3	4.0	4.0	4.0	NR
			柠檬酸	37.7				
油溶性	8-羟基喹啉铜(Cu8)		铜	100	0.32	0.32	0.32	NR
	环烷酸铜(CuN)		铜	100	NR	NR	0.64	NR

注：1. 硼化合物包括硼酸、四硼酸钠、八硼酸钠、五硼酸钠等及其混合物；
　　2. 有白蚁危害时 C2 环境下硼化合物应为 $4.5kg/m^3$；
　　3. NR 为不建议使用。

9.1.4　木结构防腐处理

木材防腐处理的目的是选择一种适宜的方法，使所需防腐剂进入木材，并能保持一定的药剂量且分布均匀，这样才能保证处理后的木材在一定环境中使用一定的年限而不至于因腐朽虫蛀而降等或破坏。

防护剂透入度规定 表 9.1-5

木材特征	透入深度或边材透入率		钻孔采样数量(个)	试样合格率(%)
	$t<125mm$	$t≥125mm$		
易吸收不需要刻痕	63mm 或 85%(C1、C2)、 90%(C3、C4A)	63mm 或 85%(C1、C2)、 90%(C3、C4A)	20	80
需要刻痕	10mm 或 85%(C1、C2)、 90%(C3、C4A)	13mm 或 85%(C1、C2)、 90%(C3、C4A)	20	80

注：t 为需要处理木材的厚度，是否刻痕根据木材的可处理性、天然耐久性及设计要求确定。

1. 防腐前预处理

木材种类不同，其液体浸注性的差异相差很大，有些木材防腐剂很易浸入，而有些木材即使加压，防腐剂也很难注入。另外，不同的部位，液体浸注性也有很大差异，一般来说，边材部分由于活细胞具有疏导作用，因此大多数树种都易于注入防腐剂，而心材则由于细胞通道闭塞一般较难注入。所以，对木材进行防腐处理前，应了解木材的液体浸注性，并根据木材防腐处理的质量要求和所用防腐剂的性质，选用适当的处理工艺。

我国主要用材树种及主要进口木材的浸注性分类见表 9.1-6。

我国主要用材树种的浸注性分类 表 9.1-6

类别	材别	用材树种名称
难浸注	国产结构材	落叶松、冷杉、油杉、云杉、各种松木心材
稍难浸注		樟子松、辽东冷杉、铁杉、红松
易浸注		各种松木边材
难浸注	进口结构材	俄罗斯落叶松、欧洲云杉、白云杉、小干松、北美黑松
稍难浸注		太平洋沿岸银杉、西部铁杉
易浸注		新西兰辐射松、南方松、北美黄松

对于难浸注的木材，应进行适当的预处理，以保证防腐剂的透入度和透入均匀性，木材的预处理主要包括木材干燥、机械加工或生物的方法。

1) 木材干燥。用来进行防腐处理的木材，其含水率宜在 35% 左右。如果太干燥，在浸注后会造成严重的开裂现象；如果含水率过高，不利于药剂在木材内的浸注。

2) 机械加工。常用的方法为刻痕和钻孔，汽蒸爆破也能够提高木材的浸注性。刻痕是为了使防腐溶液渗入木材，通过刻痕机在木材表面均匀地刻上浅槽状的小孔的方法 (图 9.1-1)，该方法不但有利于防腐剂在木材内部的浸透，提高防腐剂浸透深度和均匀性，同时也可减少木材的开裂，并能增加干燥速度。一般每 $100cm^2$ 可刻痕 80 条，刻痕深度约 6~8mm。

3) 生物方法。把木材放入水塘中保存，或者向木材喷水，由于细菌对木材细胞壁上纹孔膜的溶解作用，从而扩大了纹孔的小孔，使得木材对化学药剂的渗透性增加。

图 9.1-1　木材刻痕

2. 防腐处理方法

木材防腐处理方法主要有浸渍法、喷洒法和涂刷法。浸渍法包括常温浸渍、冷热槽和加压处理。

1）常温浸渍法。将木材浸入常温防腐剂中进行处理的方法。对易浸注且干燥的木材，效果较好。浸渍时间从几小时到几天，根据木材的树种、截面尺寸和含水率而定。如木材含水率较高时，应适当提高防腐剂浓度。

2）涂刷法。一般用于现场处理。采用油类防腐剂时，在涂刷前应加热；采用油溶性防腐剂时，选用的溶剂应易为木材吸收；采用水溶性防腐剂时，浓度略提高。涂刷一般不应少于 2 次，第一次涂刷干燥后，再刷第二次。

3）喷洒法。该方法比涂刷法效率高，但易造成药剂损失（达 $25\% \sim 30\%$）及环境污染，因而只用于数量较大或难以涂刷的地方。

4）冷热槽浸渍法。这种方法是用两个防腐剂槽（冷槽和热槽），先将木材放入热槽中加热，再迅速移入冷槽中保持一定时间。或只用一个槽，先加热再使防腐剂自然冷却。木材在热槽中加热时，细胞腔内的空气受热膨胀，部分逸出体外；木材移入冷槽后，细胞腔内空气因冷却而收缩，细胞腔内产生负压而吸入防腐剂。故该法处理木材时，木材须充分干燥。采用热冷槽法防腐，适于易浸注木材。

5）高能喷射法。先在木材上钻好小孔，将喷嘴紧紧地插入孔中，在高压下将防腐剂喷入。由于高压，使防腐剂在木材内向四处喷射，这样能使喷射点周围相当大距离的范围内得到较好的防腐处理。

6）熏蒸法。气体的扩散系数要比液体大几个数量级，因此使用低沸点熏蒸剂，在常温、常压下就能扩散到木材中，杀死腐朽菌和木材害虫。常用的熏蒸剂有磷化铝、氯化苦、溴甲烷和硫酰氟等。

7）加压处理法。该法是借助压力将防腐剂压入木材内部较深部位的处理方法。采用此法处理的木材，对于抵抗真菌、昆虫以及其他原因的破坏非常有效，防腐剂可均匀地在木材中渗透，而且渗透度和吸收量可以严格控制。锯材、层板胶合木、胶合板及结构复合木材均应采用加压处理。

8）微生物法。木材细胞间以纹孔膜为横向通道，而细菌对木材纹孔膜具有较强的分解作用，所以在木材中接种细菌，并在适宜环境中放大繁殖，再用加压法处理，能有效提高吸收量和渗透深度。

9）放射线杀虫、灭菌法。放射线元素对木材有灭菌和杀虫作用，所以使用放射性物质发射射线来驱除害虫的方法也正在研究，但是该方法没有预防效果。

10）木材改性法。木材之所以成为腐朽菌腐朽的对象，是因为含有腐朽菌生长和繁殖所需的养料、空气和水分，因此使其缺乏上述条件中的任一条件，腐朽菌就无法生长。对木材进行改性处理，改性材的耐腐性能均有很大提高，如浸渍木、胶压木、塑合木、乙酰化木材、异氰酸化木材，以及氰乙化、环氧处理木材等。同时，这些改性处理还赋予木材其他优良的性质。但是，目前改性木材的处理成本还比较高，一时还很难用到以防腐为主要目的木材处理方面。

9.1.5 竹材防腐处理

1. 竹材的天然耐腐性

竹材与木材相比，其最大的优势即为生长快，一般生长年龄为2~4年，但由于其生长周期过短，导致纤维细胞含量低，薄壁组织多，含有较多淀粉、糖分、蛋白质和其他盐类物质，可为竹材腐朽菌的孢子萌发提供丰富的养分，因此，更容易引起虫蛀和腐朽。根据真菌作用于竹材的生物化学过程，其危害可分为霉变、变色和腐朽三类，其中引起腐朽的真菌有三种：①白腐菌，可分解木质素和纤维素，竹材在分解过程中不变色，保留白色；②褐腐菌，可分解纤维素，留下的木质素形成褐色的网，腐朽材呈褐色，有时部分木质素也会被分解；③软腐菌，在潮湿条件下分解竹材，一般只能分解纤维素，木质素被完全保留。

白腐是使竹材外观变白的腐朽类型，白腐竹材早期变暗，微褐色，并有条纹出现，表面软化，但不发生块状开裂，后期出现干缩。发生白腐的竹材通常只有竹青面褪色变白，其他各方面由于被霉菌和变色菌所产生的大量黑色色素所覆盖而呈黑色。褐腐是使竹材外观变成褐色的腐朽类型，木材褐腐后期，由于碳水化合物的大量消耗，干燥时会发生体积收缩，纵向和横向均深度开裂，形成块状裂缝。但由于竹材无横向组织和心材，竹壁不厚，腐朽较均匀的原因，只有竹筒会发生纵向开裂，而竹片一般无裂缝形成。褐腐是内部腐朽，只有在空气相对湿度较大时，才可在腐朽材表面看到绒毛状菌丝体。褐腐严重地降低竹材强度。软腐是使竹材表面形成不同深度软化层的腐朽类型。在非常潮湿的条件下，竹材表面形成乳酪状软化层，并变为暗褐色，软化层之下的材质完好。软化层被水冲刷时会被带走，使材径变小。与褐腐菌相比，竹材更易被软腐菌和白腐菌侵蚀。

竹材富含硅石（0.5%~4%），但全部的硅石均位于表皮层，竹壁其余部位完全不含。竹材也含有少量树脂、蜡质和单宁酸。但这些物质中没有一种有充分的毒性以赋予竹材天然耐久性，同时却含有大量易受腐朽菌侵蚀的淀粉。木质素对真菌具有一定抗性，但竹材缺少木材中含有大量酚性物质而具有良好天然抗性的心材，木质素含量较针叶材低。一般来说，未经防腐处理的竹材在与地面接触的情况下，其使用寿命不足两年，未与地面接触的可达3~7年，具体因使用环境和气候而异。根据耐久性分级，竹材属于3级（非耐久类）。每年因腐朽、虫蛀和破裂而损失的竹材约占其总产量的10%，因此，竹材防腐至关重要。

2. 竹材防腐处理方法

与木材相类似，腐朽菌败坏竹材必须同时具备养料、水分、温度和空气等要素，因此，竹材防腐的原理为：去除竹材中的营养源或转化营养源为不可食用物质，或隔断腐朽菌生活所需水分和空气。具体措施有物理法和化学法两种。

1) 物理法包括：①水浸，浸水时间一般为 4～12 周。新鲜竹材浸在水中，大部分的竹液被沥出。②烘烤，利用新鲜竹筒表面的油燃烧烘烤，使外表皮迅速干燥并且导致部分炭化以及淀粉和其他糖类分解。③烟熏，利用烟气熏烤竹材可在其表面覆盖一层炭质保护膜以隔断空气，同时降低竹材含水率。④高温干燥，对竹材进行高温干燥，既可以杀死已经进入竹材的菌虫，又可以降低竹材含水率。⑤涂刷，用石灰、焦油等涂料涂在竹材表面以隔断空气。物理法的成本低，操作简便，对环境无污染或污染小，但持久性差，一旦处理材被进一步加工或发生磨损和开裂，腐朽菌还会再度侵害竹材。

2) 化学法主要是用防腐剂处理，以化学药剂浸注或涂刷竹材，这是目前最为常用的竹材防腐方法。防腐剂一般对人体和环境都有不良影响，因此如何改善防霉剂、防腐剂的性能，提高耐久性，降低毒性一直是竹木材防霉、防腐研究的一个重点。目前已开发的低毒高效防霉剂、防腐剂大部分是借鉴于木材而来，主要包括：水溶性的烷基铵类化合物（AAC）、氨溶季铵铜（ACQ）、铜唑（CuAz）、壳聚糖金属配合物（CMC）、硼化物、双二甲基二硫代氨基甲酸铜（CDDC）和油溶性的环烷酸铜/锌、百菌清（CTL）、有机碘化物（IPBC）、拟除虫菊酯等。化学法主要包括熏蒸法、常压浸渍法、喷雾法、涂刷法、冷热槽法、加压浸渍法等，其中加压浸渍法最为普遍。

与木材相比，竹材的可处理性差。从横向看，竹材表面覆盖含硅和蜡质的坚硬薄层，竹材内部缺少木材中径向分布的薄壁细胞和射线细胞等横向传导系统，因此防腐剂难以渗入。从纵向看，竹材的组织是由薄壁细胞和维管束（导管和厚壁纤维）组成，首尾相连的导管使得新鲜竹材中纵向流动迅速，但维管束在竹材中分布不均匀，在竹材外围维管束小而多，在中央部分大而少。离维管束越远，渗透性越低，因此防腐剂在竹材中分布极不均匀。导管仅占竹材体积的 10%，因此防腐剂渗透到导管周围其他组织的能力非常重要，因为未经处理的部分，尤其是薄壁组织，会成为真菌开始侵蚀的突破口。此外，存在于竹材组织细胞腔内的抽提物，在干燥后沉积在细胞壁和纹孔口上，也会降低竹材的渗透性。以上竹材的解剖特征造成其在防腐处理时防腐剂浸入的难度和均匀性。

除了压力浸渍法处理方法外，还有一些特殊方法用于处理液体可渗透性低的竹材，一是提高防腐剂的渗透深度，二是提高防腐剂的抗流失性，比如震荡压力法、刻痕法、细菌侵蚀法、预微波处理法、预压缩处理法等。进一步开发适合竹材防腐的药剂和处理方法是竹材防腐研究工作中需要重点解决的问题。

9.1.6　木结构防护设计

木结构的防护（耐久性）设计，应从材料和结构两个层面解决。通过结构上的构造措施是保证木结构耐久性的首要问题，通常包括三个方面：

1) 第一方面：在结构或构件外部设计围护结构保护，防止木材受到日晒雨淋、冷凝水和潮湿等经常性侵害，不与土壤接触，也不被水浸泡。

2) 第二方面：无法保证木材不受到潮湿作用时，采用天然耐腐木材或经防腐处理的木材。

3) 第三方面：重要构件的关键部位，除了采用构造措施，防止木材受潮外，同时还应采用天然耐腐木材或经防腐处理的木材。

总的来说，采用防潮和通风构造，即使结构或构件偶然淋湿也能尽快风干，其含水率控制在 18% 以下，是保证木构件耐久性、减少翘曲变形、降低霉变腐朽损坏的简单有效措施。

当木构件与混凝土墙或砌体墙接触时，接触面应设防潮层，如油毡、聚氯乙烯（厚度不小于 0.05mm），或预留缝隙。

无地下室的首层地面采用木楼盖时，支承格栅的基础或墙体顶面至少应比室外地面高0.6m。格栅与基础接触面间也应设防潮层，且格栅支承端不应封砌在基础墙中，周围应为宽度不小于 30mm 的间隙，间隙中不可填充任何材料，以避免通风不畅。该木楼盖应架空，与室内土地面间需有足够的距离，通常不小于 0.45m，轻型木结构中也不得小于0.15m。为使其架空的空间内空气流通，周围基础或墙体在该空间高度内需设通风口，通风口外侧设百叶窗，防止雨水浸入，通风口的面积不宜小于楼盖面积的 1/150，当室内土地面上设防潮层时，通风口面积可适当减少。

格栅、梁、桁架等凡支承在混凝土或砌体结构上时，其接触面间均应设防潮层，避免毛细现象而导致木材受潮，其周围也应留有宽度不小于 30mm 的通风间隙，见图 9.1-2。支承处应采用经化学防护处理或用强耐腐的木材作垫木，以代替构件端部作化学防腐处理。

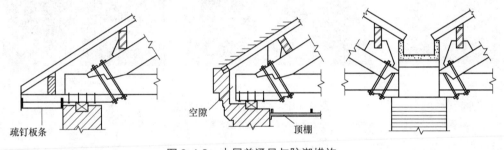

疏钉板条　　　　　　　　　　　空隙　　　　　　顶棚

图 9.1-2　木屋盖通风与防潮措施

轻型木结构建筑的木构件往往被其他围护材料所覆盖，且在围护结构中有保温隔热材料。木结构一旦受潮，木材不易风干，从而为木腐菌的繁殖提供条件。受潮还会使保温材料失效，影响建筑使用。

引起木构架外墙木构件受潮的原因，主要有外侧的雨水渗漏和由于空气传递或水蒸气渗透在墙体内形成冷凝水。木墙应设外墙防水层、隔气层和防潮层来防范，见图 9.1-3。蒸汽压差和室内外空气压差使水蒸气随空气流动而穿越墙体，遇到低于露点温度的界面会产生冷凝水。需设置蒸汽与空气屏障。空气屏障可设在墙的任一侧，蒸汽屏障应设置在墙体温度较高的一侧。例如寒冷的北方，冬季采暖室温高于室外温度，蒸汽屏障应设在墙面内侧；南方炎热的夏季，室内有空调降温，则应设在墙面外侧。通常又将两者合二为一，统称防潮层，采用 0.15mm 厚的聚乙烯塑料膜，设置的位置应按蒸汽屏障定，即在墙的较暖侧。屋盖吊顶中也应设防潮层。

对柱脚金属连接件也应进行合理的耐久性设计，见图 9.1-4。此外，铺地材料选用石子，可有效保护木结构墙角，采用大屋檐和金属墙面挂板，能够有效保护木结构受雨水的侵害，见图 9.1-5。

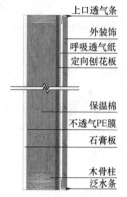

图 9.1-3 单向透气木墙体

上口透气条
外装饰
呼吸透气纸
定向刨花板

保温棉
不透气PE膜
石膏板

木骨柱
泛水条

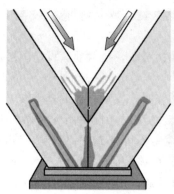

图 9.1-4 金属连接件的耐久性设计

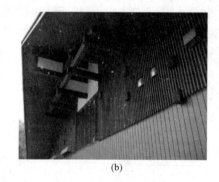
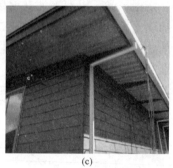

(a)   (b)   (c)

图 9.1-5 木结构墙面防护措施
(a) 墙角铺设石子；(b) 上部大屋檐设计；(c) 金属墙挂板

  当建筑物有悬挑屋面时，应保证屋面有不小于 2% 的坡度；当建筑物屋面有外露悬臂梁时，悬臂梁应用金属盖板保护。对于外露的木拱或柱，应采用泛水板加以保护，泛水板与构件之间预留空隙，泛水板应伸盖过拱基座，见图 9.1-6。

图 9.1-6 维也纳木结构桥梁拱脚防护构造

9.2 木结构防火

火灾是火失去控制而蔓延的一种灾害燃烧现象。火灾的发生必须同时具备能燃烧的物质，助燃的空气、氧气或其他氧化剂，着火源 3 个条件。火灾的高温作用使得结构构件的强度、弹性模量降低，造成变形较大而失效，构件内温度梯度的存在，可能导致构件开裂和过度变形；构件热膨胀，能使相邻构件产生过大位移。这是火灾对一般结构的影响，而竹木结构，由于其组成材料为可燃物，除了以上的影响，结构本身会发生燃烧并不断削弱结构构件的截面，导致结构失效，这个影响在火灾对结构的破坏占据主要作用。

建筑防火设计是为了尽量减少因建筑设计缺陷而受到火灾威胁的可能性。为使建筑火灾的风险最小，建筑防火应采取以下 5 个层次的措施：

1）防止起火、减少建筑物意外起火的可能性，如电线的铺设方法、烟道穿越屋盖的处理等。

2）检测火灾的发生，为逃生与灭火争取时间。需及时及早地发现火情，如根据建筑面积及安全等级设置烟感器等装置。

3）控制火灾蔓延，避免火势扩大。如设置防火分隔区，必要的防火间距、挡火构造，以阻断火焰流窜。

4）设置逃生通道，提供有关人员逃离火灾现场的条件。如防火通道、设置防烟挡板等。

5）灭火，对已发生的火情应能迅速地扑灭。如根据建筑规模和安全等级设置喷淋设备，以便在火灾初期将其扑灭；必要的室内外消火栓，便捷的消防通道，以便消防机构顺利开展灭火工作。

因此，建筑防火安全是一个多方面的系统工程，通过采取多种消防措施达到减小火灾发生的概率、减少火灾造成的直接经济损失和避免或减少人员伤亡的目的。因此，进行防火设计的意义在于：避免或减轻结构在火灾中的失效，避免结构在火灾中局部倒塌造成人员疏散困难；避免结构在火灾中整体倒塌造成人员伤亡，造成直接经济损失；减少火灾后结构的修复加固费用，缩短灾后结构功能恢复周期，减少间接经济损失。

9.2.1 木材的燃烧特性

木材是天然高分子有机化合物，由 90% 的纤维素、半纤维素、木素及 10% 的浸填成分组成，属于固体可燃物。木材在外部热源作用下，温度逐渐升高，火灾中的木材温度高达 800~1300℃。当达到分解温度时产生一氧化碳、甲烷、乙烷、乙烯、醛、酮等可燃性气体。它们通过木材内部的空隙逸出，或由自身积累的压力挤出，在木材表面形成一层可燃气体层，在有足够氧气和热量条件下，这些可燃气体被点燃而燃烧。木材在热分解中形成的焦油成分随着温度的上升分解成低分子物质，同时形成大量可燃气体。可燃性气体燃烧引起木材固相表面的燃烧，然后这种热传导给相邻部位，重新开始加热、热分解、着火、燃烧过程，造成燃烧的蔓延。木材的受火反应分为以下 3 个阶段：

1）一是吸热过程，不发生燃烧。木材受热，温度在 100℃ 以下时，只蒸发水分，不发生分解。温度在 100~200℃ 时，缓慢分解出水蒸气与可燃气体及少量有机酸气体。

2）二是放热过程，发生燃烧，形成木炭。随着温度的提高，分解加速。木材急剧分解时，放出可燃气体及高燃点的焦油成分，若与氧气或氧化剂相遇，则发生氧化反应，放出热和光，俗称为燃烧。而固体剩余物即为木炭。木材在其温度达到400～450℃的时候完全炭化，并在急剧分解的过程中放出大量的反应热，故此过程为放热反应过程。

3）三是发生煅烧，燃烧、煅烧交替反复形成火势。木炭在燃烧高温下与氧气发生反应，即称之为煅烧，其过程产生大量的热又使内层木材发生分解，分解出的可燃气体，又继续燃烧，周而复始，使燃烧煅烧往复交替形成火势。

影响木材燃烧性能的主要因素主要有以下3个：

1）尺寸。一般情况下，在材质相同时，薄板比厚板容易燃烧，主要是细薄木材的比表面积较大，木材受热面大、温度上升快、氧气供应充分，燃烧容易。

2）含水率。木材一般都含有水分，通常新鲜原木含水率为50%左右，气干材含水率约为12%～18%。一般来讲，木材中水分的分布是不均匀的，表面要显得或湿或干，对于大气条件的变化比较敏感，表层含水率对木材的点燃温度和火焰传播速率有着重要影响。

3）导热性。导热性能直接影响材料的燃烧性能。木材的导热性较差，它的平均热传导率是钢铁的1/350。木材的不良导热性表现在火灾中具有良好耐火性能，木材外表面受热时，其内部区域温度的升高相对滞后。燃烧的表面易形成炭化层，增加木材的热绝缘性，隔绝空气中氧气，控制燃烧速度。

实际上可燃气体的燃烧是在距离木材表面一定高度处进行的，形成的炭化层的传热性能仅为木材的1/6，在木材受热分解快速释放的可燃气体时，氧气在木材表面炭化层的扩散受到阻碍，对其内层木材与外界的气相燃烧起到了一定的隔离作用，这不仅延缓了内层的木材达到热解温度，而且也降了了热分解速度，导致分解出的可燃气体透过炭化层参加外表面与空气混合的燃烧速度减慢，因此使炭化层以下的木材受到较好的保护，使深层的木材的炭化速度也随之减慢，这就是大截面木构件虽然没有经过防火处理但仍然具有较长耐火极限的原因。

《木结构设计标准》GB 50005—2017和《多高层木结构建筑技术标准》GB/T 51226—2017分别规定了不同层数木结构建筑中各种构件的燃烧性能和耐火极限要求，如表9.2-1所示。其中燃烧性能分为三类，即不燃烧体、难燃烧体和燃烧体。不燃烧体即材料受到火烧或高温作用时，不起火、不微燃、不炭化；难燃烧体即材料受到火烧及高温作用时，难起火、难微燃、难炭化，当火源移走后，燃烧或微燃立即停止；燃烧体在明火或高温作用下，能立即着火燃烧，且火源移走后，仍能继续燃烧和微燃。显然，裸露的未加阻燃处理的木构件应为燃烧体。构件的耐火极限是指构件从受到火的作用时起，到失去其支承能力或完整性而破坏或失去隔火作用的时间间隔，以小时（h）计。常用的木结构的燃烧性能和耐火极限如表9.2-2所示。

木结构建筑中构件的燃烧性能和耐火极限 表 9.2-1

构件名称	燃烧性能和耐火极限(h)	
	3层以下	4层和5层
防火墙	不燃性 3.00	不燃性 3.00
电梯井墙体	不燃性 1.00	不燃性 1.50
承重墙、住宅建筑单元之间的墙和分户墙、楼梯间的墙	难燃性 1.00	难燃性 2.00

续表

构件名称	燃烧性能和耐火极限(h)	
	3 层以下	4 层和 5 层
非承重外墙、疏散走道两侧的隔墙	难燃性 0.75	难燃性 1.00
房间隔墙	难燃性 0.50	难燃性 0.50
承重柱	可燃性 1.00	难燃性 2.00
梁	可燃性 1.00	难燃性 2.00
楼板	难燃性 0.75	难燃性 1.00
屋顶承重构件	可燃性 0.50	难燃性 0.50
疏散楼梯	难燃性 0.50	难燃性 1.00
吊顶	难燃性 0.15	难燃性 0.25

木结构构件燃烧性能和耐火极限　　表 9.2-2

构件名称		燃烧性能和耐火极限(h)
承重墙	两侧为 15mm 耐火石膏板的承重内墙	难燃性 1.00
	曝火面为 15mm 耐火石膏板,另一侧为 15mm 定向刨花板的承重外墙	难燃性 1.00
非承重墙	两侧为石膏板的非承重内墙 — 1. 两侧均为双层 15mm 耐火石膏板; 2. 双层墙骨柱	难燃性 2.00
	1. 两侧均为双层 15mm 耐火石膏板; 2. 双层墙骨柱交错放置在 40mm×140mm 的底梁板上,墙骨柱 40mm×90mm	难燃性 2.00
	两侧均为双层 12mm 耐火石膏板	难燃性 1.00
	两侧均为 12mm 耐火石膏板	难燃性 0.75
	两侧均为 15mm 普通石膏板	难燃性 0.50
	曝火面为 12mm 耐火石膏板,另一侧为 12mm 定向刨花板的非承重外墙	难燃性 0.75
	曝火面为 15mm 普通石膏板,另一侧为 15mm 定向刨花板的非承重外墙	难燃性 0.75
楼盖	1. 楼面板为 18mm 定向刨花板或胶合板; 2. 吊顶为双层 12mm 耐火石膏板	难燃性 1.00
	1. 楼面板为 15mm 定向刨花板或胶合板; 2. 13mm 隔声金属龙骨; 3. 吊顶为双层 12mm 耐火石膏板	难燃性 0.50
吊顶	1. 木楼盖结构; 2. 木板条 30mm×50mm,间距 400mm; 3. 吊顶为 12mm 耐火石膏板	难燃性 0.25
屋顶承重构件	1. 屋顶椽条或轻型木桁架,间距 40mm 或 610mm; 2. 填充保温材料; 3. 吊顶为 12mm 耐火石膏板	难燃性 0.50

注: 1. 所有墙体中墙骨柱最小截面均为 40mm×90mm,均填充岩棉或玻璃棉,墙骨柱间距均为 400mm 或 610mm;
　　 2. 所有楼盖中均采用用实木格栅或工字木格栅,间距 400mm 或 610mm,均填充岩棉或玻璃棉。

9.2.2　木结构防火设计

木结构的防火首先要注重木结构建筑的防火设计。我国标准规定木结构建筑防火墙间的允许建筑长度不应大于 60m，防火墙间每层的最大允许建筑面积应满足表 9.2-3 的规定。当木结构建筑全部设置自动喷水灭火系统时，防火墙间的每层最大允许建筑面积可按表 9.2-3 的规定值增大 1.0 倍。

木结构建筑的层数、长度和面积　　　　表 9.2-3

层数（层）	防火墙间的每层最大允许建筑面积（m²）	层数（层）	防火墙间的每层最大允许建筑面积（m²）
1	≤1800	4	≤450
2	≤900	5	≤360
3	≤600		

建筑物内某空间发生火灾后，火势会因热气体对流、辐射作用，或者从楼板、墙体的烧损处和门窗洞口向其他空间蔓延扩大，最后发展成为整座建筑的火灾。因此，对于建筑物的大小（高度和面积）而言，在一定时间内把火势控制在着火的一定区域内非常重要。这一目标，是通过划分防火分区来实现的。防火分区就是采用具有一定耐火性能的分隔构件进行划分，能在一定时间内防止火灾向同一建筑物的其他部分蔓延的局部区域（空间单元）。防火分区面积大小的确定应考虑建筑物的使用性质、重要性、火灾危险性、建筑物高度、消防扑救能力以及火灾蔓延的速度等因素。由于木楼盖不能满足防火分区间隔构件的耐火极限要求，木结构建筑通常只能划分竖向防火分区。防火分区间需设防火墙或防火卷帘、水幕等以满足表 9.2-1 的耐火极限和燃烧性能的要求。一个防火分区因火灾引起的结构倒塌，不致殃及相邻防火分区结构的损害甚至倒塌，以将火灾损失控制在较小范围内。

为避免火灾殃及周围建筑，建筑物间应有一定的间距，即防火间距。防火间距的设置要综合考虑与其相邻建筑物的耐火等级，并满足消防车扑救火灾的需要，以及防止火势因热辐射和热对流造成蔓延和节约用地等几个因素。我国标准对木结构建筑之间、木结构建筑与其他耐火等级的建筑之间的防火间距的最小值进行了规定，见表 9.2-4。

木结构建筑的防火间距（m）　　　　表 9.2-4

建筑种类	一、二级建筑	三级建筑	木结构建筑	四级建筑
木结构建筑	8.00	9.00	10.00	11.00

防火间距还与两幢房屋相对的墙面上有无门窗有关。两座木结构建筑之间、木结构建筑与其他结构建筑之间的外墙均无任何门窗洞口时，其防火间距不应小于 4.00m。两座木结构之间、木结构建筑和其他耐火等级的建筑之间，外墙的门窗洞口面积之和不超过该外墙面积的 10% 时，其防火间距不应小于表 9.2-5 的规定。

外墙开口率小于 10% 时的防火间距（m）　　　　表 9.2-5

建筑种类	一、二、三级建筑	木结构建筑	四级建筑
木结构建筑	5.00	6.00	7.00

9.2.3 木结构的防火措施

1. 构造措施

一般木结构工程防火应以构造措施为主。木构件在火的作用下丧失承载力主要有两个原因，即构件外层着火炭化使有效截面减小，炭化层以下木材因温度升高强度降低。因此木结构室内暴露面用耐火的不燃材料覆盖是一种有效的防火措施。轻型木结构墙面、吊顶下设置耐火石膏板是该类建筑可以达到防火安全要求的措施。

如有空腔的夹心木墙、木顶棚或木屋面着火燃烧，由于辐射热聚积，温度高，若无隔断而形成气流，致使火焰流窜，燃烧会特别炽烈。因此，轻型木结构的墙体、楼盖中应设置必要的挡火装置，使竖向空腔长度不超过 3m，水平空腔长度或宽度不超过 20m。

采用吊顶、桁架或椽条时，内部会形成较大的开敞空间，此时必须在这些开敞空间内增加水平挡火构件。如果顶棚不是固定在结构构件而是固定在龙骨上时，应注意在双向龙骨形成的空间内也需增加水平挡火构件。这些空间必须按照下列挡火构造要求分隔成小空间：每一空间的面积不得超过 300m^2；每一空间的宽度和长度不得超过 20m，如图 9.2-1 所示竖向和水平挡火构造。挡火构件可采用厚度为 38mm 的规格材，12.7mm 厚以上的石膏板或 12.5mm 厚以上的木基结构板材，还可以用 0.4mm 厚的钢板。

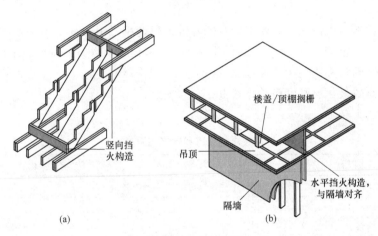

图 9.2-1 挡火装置
(a) 楼梯间竖向挡火；(b) 楼盖中水平挡火

当墙体厚度不超过 250mm 或内填矿棉时，可不增加挡火构造措施。在多数轻型木结构的墙体应用中，墙体的顶梁板和底梁板为主要的挡火构件，见图 9.2-2。

另外，设计和建造木结构房屋时还应考虑对于可能的火源进行控制，如电线和电气插销及开关部位等容易发生火花和着火，需要进行特殊处理，可将电线至于耐火的电线管中，以及对开关等进行局部防火处理等。

2. 抗火设计

对于大截面的实腹构件，如胶合木构件等，因相对表面积小，欧洲等地区国家要求通过计算耐火极限的方法确定最小截面面积。大量试验表明，木构件的炭化速率大约为 0.6～0.7mm/min，对于针叶材，每小时平均炭化厚度为 38mm。

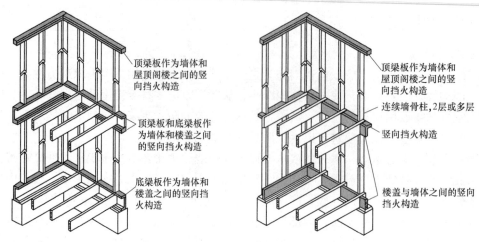

图 9.2-2　两类典型的墙体竖向挡火构造

　　根据我国的《胶合木结构技术规范》GB/T 50708—2012 和美国的 ANSI/AF&PA NDS 等规范，木构件燃烧 t 小时后，有效炭化速率根据式（9.2-1）计算：

$$\beta_e = \frac{1.2\beta_n}{t^{0.187}} \qquad\qquad (9.2\text{-}1)$$

式中　β_e——根据耐火极限 t 的要求确定的有效炭化速率（mm/h）；

　　　　β_n——木材燃烧 1.0h 的名义线性炭化速率（mm/h），采用针叶材制作的胶合木构件的名义线性炭化速率为 38mm/h，根据该炭化速率计算的有效炭化速率和有效炭化层厚度应符合表 9.2-6 的规定；

　　　　t——耐火极限（h）。

有效炭化速率和炭化层厚度　　　　　　　　　　　　　表 9.2-6

构件的耐火极限 t(h)	有效炭化速率 β_e(mm/h)	有效炭化层厚度 T(mm)
0.50	52.0	26
1.00	45.7	46
1.50	42.4	64
2.00	40.1	80

　　上式中的有效炭化速率，除了考虑炭化层，同时还考虑了构件角部以及过渡层对强度的削弱。根据有效炭化速率乘以受火时间能得到有效炭化层厚度。最后按照相关标准规范进行受弯构件的计算、轴心受力构件的计算、拉弯和压弯构件的计算和局部承压的计算等，验算燃烧后的矩形构件承载力时，应采用材料的平均极限强度，并应考虑调整系数。

　　防火设计或验算燃烧后的矩形构件承载能力时，应按第 5 章的规定进行。构件的各种强度值按照采用第 4 章规定的强度特征值，并乘以下列调整系数：抗弯强度、抗拉强度和抗压强度调整系数取 1.36；验算时，受弯构件稳定系数和受压构件屈曲强度调整系数应取 1.22。受弯和受压构件的稳定计算时，应采用燃烧后的截面尺寸，弹性模量调整系数应取 1.05。

　　当考虑体积调整系数时，应按燃烧前的截面尺寸计算体积调整系数。

木构件燃烧后（图 9.2-3）的几何特征的计算公式应按照表 9.2-7 的规定采用。

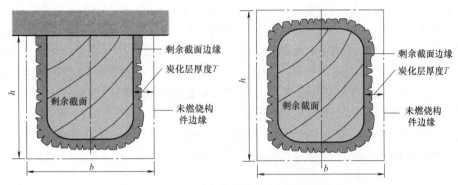

图 9.2-3 三面曝火和四面曝火构件截面简图

木构件燃烧后的几何特征 表 9.2-7

截面几何特征	三面曝火时	四面曝火时
截面面积（mm²）	$A(t)=(b-2\beta_e t)(h-\beta_e t)$	$A(t)=(b-2\beta_e t)(h-2\beta_e t)$
截面抵抗矩（主轴方向）（mm³）	$W(t)=\dfrac{(b-2\beta_e t)(h-\beta_e t)^2}{6}$	$W(t)=\dfrac{(b-2\beta_e t)(h-2\beta_e t)^2}{6}$
截面抵抗矩（次轴方向）（mm³）	—	$W(t)=\dfrac{(h-2\beta_e t)(b-2\beta_e t)^2}{6}$
截面惯性矩（主轴方向）（mm⁴）	$I(t)=\dfrac{(b-2\beta_e t)(h-\beta_e t)^3}{12}$	$I(t)=\dfrac{(b-2\beta_e t)(h-2\beta_e t)^3}{12}$
截面惯性矩（主轴方向）（mm⁴）	—	$I(t)=\dfrac{(h-2\beta_e t)(b-2\beta_e t)^3}{12}$

注：h 为燃烧前截面高度（mm）；b 为燃烧前截面宽度（mm）；t 为耐火极限时间（h）；β_e 为有效炭化速率（mm/h）。

3. 化学防火处理

火灾中木材外侧的炭化层虽然能够保护内部木材，但木材成炭即其释放热和可燃或有毒气体的过程，这些释放的热和可燃气体助长火势，虽然建筑的结构安全性能够维持，但却增加了人们逃生和救援的难度。为提高木结构的防火能力，木构件可进行化学防火处理，通常有两种方法，一种为在构件表面涂装防火涂料，另一种为采用加压浸渍方式对木材进行阻燃处理，这两种方法都可以使木构件达到耐火极限的要求。对木构件进行化学防火处理，可延迟点燃时间、降低火焰传播速度和减小热与烟的释放。

防火涂料涂刷在木构件表面，其防火原理根据化学成分可分为以下 4 种：①将经处理的构件与高温隔离，通常为厚型防火涂料；②防火涂料在高温作用下融化，形成不能穿透的硬壳覆盖在构件表面，使其隔绝氧气；③防火涂料层大量吸热，使受保护的木构件表面处于燃点以下；④防火涂料在高温作用下，迅速膨胀，形成厚度较大的一层隔热层，阻止火焰的蔓延，保护木构件。

防火涂料有溶剂型和水溶型两类。溶剂型涂料耐水性能好，但属易燃化学品，施工期间需做好防火工作。防火清漆是一种透明涂料，不影响木纹外露，一般用于高档装修工程或结构外露要求表面处理较高的场合。

木材浸渍阻燃剂一定程度上可以改变木材的燃烧性能。目前常用的浸渍木材阻燃剂通常为无机盐类、硼化合物、磷酸、磷酸铵、磷酸二铵、硫酸铵、氮和氯化锌等。研究表明，采用硼-脲醛树脂，人造板阻燃性能有效提高，但力学性能降低；采用无机阻燃剂改性木材通常吸湿性较大，使用中易霉变，或处理材表面无法涂饰或胶合。硼类化合物虽然有降低材料力学性能等不足，但能有效降低火焰传播速度、阻止有焰燃烧，降低氧化作用，且无危害而广泛用于阻燃剂。能够用作木材阻燃剂的还有热固性树脂，树脂能够与木材基团发生化学反应，因此改性后还能提高力学性能。

与未处理木材一样，防火处理后木材仍具有质轻、易加工、安装和施工便利、费用低、无须维护和保养等优点，可满足木结构建筑的设计要求。

9.3   抗震设计方法

9.3.1   抗震基本原理

近年来一些地震中木结构抗震表现的调查显示，竹木结构由于具有较好的变形能力，地震时抗倒塌能力较强，但竹木结构的节点连接刚度较差，对其在地震作用下的抗震能力依然需要重视。从历次地震中的遇难人数及居住木结构房屋导致的死亡人数中证明，除了1995 年 1 月 14 日的神户地震外，在地震的情况下由木结构房屋导致的死亡人数是非常少的。木结构建筑良好的抗震表现来自木材本身的特性，轻质以及结构体系的高次超静定。然而，并非所有的木结构在地震中都是安全的，形状不规则的木结构建筑在地震中的损坏比较严重。为了保障木结构房屋的抗震性能，应制定明确的抗震设计方法，用于指导木结构建筑的抗震设计。

竹木结构抗震设计时应尽量降低地震力，同时保持足够的刚度，以避免过度变形。也就是说，当结构遭受小震时，结构需要足够的强度控制弹性侧移和避免非结构的损坏。在中震和大震时需要足够的强度和延性避免过度的非弹性变形，以限制结构的损坏。因此为了保证可靠的结构性能，结构设计需考虑刚度、强度和延性的平衡。

9.3.2   抗震计算分析

1. 建筑规则性

木结构建筑的结构体系平面布置宜简单、规则，减少偏心。楼面宜连续，楼面不宜有较大凹入或开洞；竖向布置宜规则、均匀，不宜有过大的外挑和内收。结构的侧向刚度宜下大上小地逐渐均匀变化，结构竖向抗侧力构件应上下对齐；结构薄弱部位应采取措施提高抗震能力。当建筑物平面形状复杂、各部分高度差异大或楼层荷载相差悬殊时，可设置防震缝，防震缝两侧均应设置墙体；当设置防震缝时，防震缝的最小宽度不应小于100mm；烟囱、风道的设置不应削弱墙体和楼盖、屋盖。当墙体或楼盖、屋盖被削弱时，应对墙体或楼盖、屋盖采取加强措施。当采用砖砌烟道时，应加强楼盖、屋盖与砖砌烟道之间的连接；如存在挑檐，应采用良好的连接。

对于不规则结构，分为平面不规则和竖向不规则，其中平面不规则包括扭转不规则、凹凸不规则和楼板连续不规则，竖向不规则包括侧向刚度不规则、竖向抗侧力构件不连续和楼层承载力突变。设计时要求木结构建筑中不宜出现表 9.3-1 中规定的一种或多种不规则类型。

木结构不规则结构类型表 表 9.3-1

序号	结构不规则类型		不规则定义
1	平面不规则	扭转不规则	扭转不规则:楼层最大弹性水平位移(或层间位移)大于该楼层两端弹性水平位移(或层间位移)平均值的 1.3 倍; 严重扭转不规则:楼层最大弹性水平位移(或层间位移)大于该楼层两端弹性水平位移(或层间位移)平均值的 1.5 倍
2		上下楼层抗侧力单元不连续	上下层抗侧力单元之间的平面错位大于楼盖格栅高度的 4 倍或平面错位大于 1.2m; 同一垂直平面内的上下层抗侧力单元错位。
3		楼层抗侧力突变	抗侧力结构的层间抗剪承载力小于相邻上一楼层的 65%
4	竖向不规则	侧向刚度不规则	1. 该层的侧向刚度小于相邻上一层的 70%; 2. 该层的侧向刚度小于其上相邻三个楼层侧向刚度平均值的 80%; 3. 除顶层或出屋面的小建筑外,局部收进的水平向尺寸大于相邻下一层的 25%
5		竖向抗侧力构件不连续	竖向抗侧力构件的内力采用水平转换构件向下传递
6		楼层承载力突变	抗侧力结构的层间受剪承载力小于相邻上一楼层的 80%

2. 地震作用计算

1) 水平地震作用力计算

木结构地震作用计算方法与其他结构形式类似,对于平立面规则、层数低的木结构建筑可采用底部剪力法进行计算。对于多高层木结构、大跨木结构、木-混凝土混合结构、木-钢混合结构应采用振型分解法并辅以时程分析法进行计算。

采用底部剪力法进行木结构地震作用的计算,可将结构各层质量等效集中于若干质点,如图 9.3-1 所示采用反应谱理论确定结构地震影响系数、自振周期等参数,结构的水平地震作用标准值应按下式计算:

$$F_{EK} = 0.72\alpha_1 G_{eq} \tag{9.3-1}$$

式中 α_1——相应于结构基本自振周期的水平地震影响系数,应按《建筑抗震设计规范》GB 50011—2010 的规定确定;

G_{eq}——结构等效总重力荷载;对于单层坡屋顶建筑取 $1.15G_E$（G_E 结构总重力荷载代表值);对于单层平屋顶建筑取 $1.0G_E$;对于多层建筑取 $0.85G_E$。

采用振型分解法或者时程分析法进行木结构地震作用计算时,应在结构的两个主轴方向分别计算水平地震作用并进行抗震验算,各方向的水平地震作用应由该方向的抗侧力构件承担。有斜交抗侧力构件的结构,当相交角度大于 15°时,应分别计算各抗侧力构件方向的水平地震作用。质量和刚度分布明显不对称的结构,应计入双向水平地震作用下的扭

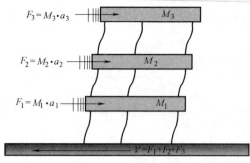

图 9.3-1 底部剪力法

转影响；其他情况，可采用调整地震作用效应的方法计入扭转影响。

除扭转特别不规则或楼层抗侧力突变外，重型木结构可按采用底部剪力法进行抗震计算；有扭转特别不规则或楼层抗侧力突变的重型木结构房屋，应采用振型分解反应谱法或时程分析法进行抗震计算，并应考虑双向地震作用下的扭转效应；空间木结构可采用振型分解反应谱法；对于体型复杂或重要的大跨度结构，应用时程分析法进行补充计算。

2）水平地震作用力分配

轻型木结构房屋估算双向水平地震作用下的扭转影响时，规则结构不进行扭转耦联计算时，平行于地震作用方向的两个边榀其地震作用效应应乘以增大系数。一般情况下，短边可按 1.15、长边可按 1.05 采用，当扭转刚度较小时，宜按不小于 1.3 采用；明显不规则结构应按扭转耦联振型分解法计算，各楼层可取 2 个正交的水平位移和 1 个转角共 3 个自由度，进行地震作用和作用效应计算；对于具有薄弱层的轻型木结构房屋，薄弱层剪力应乘以增大系数 1.15。

重型木结构房屋的地震作用计算时，结构抗侧承载力设计和层间位移计算时，宜将节点按铰接节点考虑；结构体系应设置必要的支撑或抗震墙等抗侧力构件，以满足整体结构抗侧力要求。当有可靠工程应用经验或试验验证时，重型木结构节点可采用半刚性或刚性节点考虑。按半刚性节点设计的梁柱结构，在建筑物纵向的两端或中部，宜设置支撑或抗震墙以避免结构在罕遇地震下的整体倒塌。

由地震作用产生的水平力，均应由木基结构板材和规格材组成的抗震墙承担。当地震作用方向上的楼层水平剪力按柔性设计法进行分配时，楼层地震剪力按抗侧力构件从属面积上重力荷载代表值的比例分配，如图 9.3-2（a）所示。此时水平剪力的分配可不考虑扭转影响，取总水平地震剪力的 20%，按刚度分配到非承重抗震墙。

当地震作用方向上的楼层水平剪力按刚性设计法进行分配时，楼层地震剪力按抗侧力构件层间等效抗侧刚度的比例分配，如图 9.3-2（b）所示；同时应计入扭转效应对各抗侧力构件的附加作用，如图 9.3-3 所示；对承重抗震墙的水平剪力乘以调整系数 1.1。

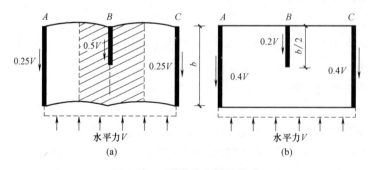

图 9.3-2 楼盖剪力传递模式

（a）柔性楼盖；（b）刚性楼盖

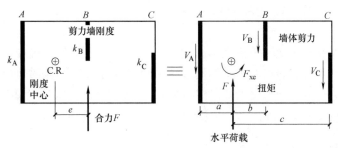

图 9.3-3 非对称刚性楼盖的地震力分配

3. 阻尼比取值

结构在振动过程中，输入的能量使结构振动进而转变为结构的动能，该能量逐渐损耗殆尽。因为输入和损耗的能量是守恒的，当能量逐步耗尽后，结构系统即恢复静止。系统消耗输入的能量的能力，定义为系统的阻尼。影响结构耗能能力的原因有：

1）结构构件振动时，使机械能转化为热能进而消散的内摩擦作用；

2）结构在空气、水等其他介质中振动而产生的摩擦作用；

3）构件以及构件和支座间相对位移造成的接触面上的摩擦，是弹塑性变形中重要的耗能来源；

4）非结构构件自身的内摩擦和与结构构件的摩擦而损耗能量，是结构耗能能力的重要组成部分；

5）地基土的内摩擦消耗的能量；

6）结构附加的耗能件，如各类阻尼器和耗能构件。

由于建筑结构本身阻尼的机制非常复杂，例如使用的材料、结构形式、尺寸、节点形式、非结构构件的摩擦、阻尼器及耗能构件的使用等都会一定程度的影响结构的阻尼，可以认为阻尼在一定程度上是一个小范围的随机变量。根据相关试验研究，以抗震计算的两水准作为划分界限，将木结构建筑以 125gal 为临界点划分为弹性阶段和弹塑性阶段。结构设计中可以偏保守得按照如下的方法确定木结构建筑的阻尼比：

1）在抗震设防计算第一水准中，结构在多遇地震下处于弹性阶段，地震波加速度峰值在 125gal 以下时，可以认为结构振动没有造成建筑本身的损伤。此时结构振动中内摩擦较少，阻尼的耗能能力没有被大幅的激发，木结构的阻尼比较小，建议取 3%；

2）由于地震波加速度峰值逐渐提高，结构逐渐进入抗震设防第二水准中的弹塑性阶段，当地震烈度达到六度罕遇地震（125gal 及以上）时，结构损伤积累下，刚度退化，内摩擦增多，阻尼比大幅提高，可取到 5%。

4. 构件截面抗震验算

由地震作用引起的剪力，由抗震墙和楼、屋盖共同承受。

截面验算时，梁柱承载力抗震调整系数取 $\gamma_{RE} = 0.80$，其他各类构件（偏拉、受剪）取 $\gamma_{RE} = 0.85$，阻尼比取 0.05。验算结构各楼层的最小水平地震剪力时的剪力系数 λ，7 度时取 0.016，8 度时取 0.032；对于竖向不规则结构的薄弱层，尚应乘以 1.15 的增大系数。

对于轻型木结构，6 度时的轻型木结构房屋应允许不进行截面抗震验算，但应满足构造要求；7度和7度以上的轻型木结构房屋的抗侧力构件应进行多遇地震下的截面抗震验算。

对于重型木结构，6度时的重型木结构房屋应允许不进行截面抗震验算，但应满足构造要求；7度和7度以上的重型木结构房屋应采用弹性方法计算多遇地震下的构件承载能力和结构层间位移。对于大型木结构公共建筑、不规则木结构建筑及高度超过10m的木结构建筑，应按弹塑性方法验算结构在罕遇地震下的层间位移。

9.3.3　抗震构造措施

1. 轻型木结构房屋

抗震墙、楼盖和屋盖的骨架木构件的宽（厚）度不应小于40mm，骨架的最大间距为600mm；面板可横向或竖向（纵向）铺设，抗震墙和屋盖相邻面板之间应留有不小于3mm的缝隙，楼盖面板、楼盖天花板以及屋盖天花板的相邻面板接缝可不留缝；木基结构板材的尺寸不应小于1.2m×2.4m；经常处于潮湿环境条件下的应采用有防护涂层的钉子。

楼、屋盖抵抗水平力的结构功能实际上是按照工字梁设计的，因此，必须保证其边缘构件的整体连续性以及平面内的剪切强度。抗震墙和楼、屋盖骨架木构件的开孔或缺口中，楼、屋盖和顶棚搁栅的开孔直径不得大于搁栅高度的1/4，且距搁栅边缘不得小于50mm；允许在楼、屋盖和顶棚搁栅上开缺口，但缺口必须位于搁栅顶面，缺口距支座边缘不得大于搁栅高度的1/2，缺口高度不得大于搁栅高度的1/3；承重墙墙骨柱截面开孔或开凿缺口后的剩余高度不应小于截面高度的2/3。非承重墙不应小于40mm；墙体顶梁板的开孔或开凿缺口后的剩余高度不应小于50mm；除在设计中已作考虑，否则不得随意在桁架构件上开孔或留缺口。

楼、屋面板及墙面板采用木基结构板时与支承构件的钉连接要求，见表9.3-2。

覆面板钉连接的要求　　　　　　　　　　　　表 9.3-2

覆面板厚度 （mm）	连接件的最小长度（mm）			钉的最大间距 （mm）	钉距面板边缘 （mm）
	普通圆钉 或麻花钉	螺纹圆钉 或木螺丝	U 形钉		
$t \leqslant 10$	50	45	40	沿板边缘支座 150 沿板跨中支座 300	10
$10 < t \leqslant 20$	50	45	50		
$t > 20$	60	50	不允许		

注：木螺丝的直径不得小于3.3mm；U形钉的直径或厚度不得小于1.6mm。

轻型木结构钉连接要求见《木结构设计标准》GB 50005—2017附录 N.2。

轻型木结构墙段的局部尺寸限值，宜符合表9.3-3的要求。局部尺寸不足时应采取局部加强措施弥补。

由多根规格材用钉连接做成组合截面梁，应符合《轻型木结构建筑技术规程》DG/T 308—2059—2009第6.6.2条的要求。

2. 重型木结构房屋

构件连接中应避免横纹受拉现象的产生。多个紧固件不宜沿顺纹方向布置成一排，以免产生横纹受拉。紧固件在连接中的边距、端距以及间距等应符合《胶合木结构技术规范》GB/T 50708—2012 的有关规定。

房屋的局部尺寸限值（m） 表 9.3-3

部位	局部尺寸
承重窗间墙最小宽度	≥0.6m 且≥$h'/4$
外墙尽端到门窗洞边的最小距离	
内墙阳角到门窗洞边的最小距离	
底层车库门或大门洞尽端墙最小宽度	

注：h' 为墙面板高度

悬臂连续梁与简支梁之间的连接可采用悬臂梁托，一般将简支梁作为被承载构件，简支梁的竖向荷载通过连接件传递到悬臂梁，由偏心荷载引起的构件的转动由螺栓承载。悬臂连续梁的抗拉承载力由附加扁钢承载，扁钢与悬臂梁托之间不宜焊接。当扁钢与悬臂梁托之间采用焊接时，扁钢与胶合梁之间则需通过槽孔采用连接。尚应符合《胶合木结构技术规范》GB/T 50708—2012 第 8.3.1、8.3.2 条的规定。

檩条的布置和固定方法应符合《胶合木结构技术规范》GB/T 50708—2012 第 8.3.6 条的规定。在设防烈度 8 度及 8 度以上地区，檩条应固定在山墙的卧梁埋件上。

拱和木梁之间的锚固以及拱与钢梁之间的连接应符合《胶合木结构技术规范》GB/T 50708—2012 第 8.6.2 条的规定。

胶合门架的实心挑檐与空心挑檐的连接应符合《胶合木结构技术规范》GB/T 50708—2012 第 8.5.5 条的要求。实心挑檐中，六角头木螺丝应有足够的长度，以保证螺纹在主构件中的贯入长度的要求。

胶合木梁与砌体或混凝土结构的连接应符合《胶合木结构技术规范》GB/T 50708—2012 第 8.2 节的规定。

本章小结

本章讨论了木材腐朽与虫蛀的分类、木材腐朽的发生条件、木结构防腐材料，以及竹木结构防腐处理方法和措施；再讨论建筑防火设计的意义、木材的燃烧特性、工程木构件的耐火极限，以及重型木结构和轻型木结构的防火设计方法；最后介绍了竹木结构的抗震设计的基本原理、计算方法和构造措施。

思考与练习题

9-1 现代木结构建筑抗震设计计算原则，与混凝土、钢结构体系有何区别？

9-2 结合第 7 章，现代木结构建筑不同结构体系，分别适用于哪种抗震计算方法？

9-3 分析重型木结构和轻型木结构的防火方法的区别？

第 10 章　竹木结构试验与检测

本章要点及学习目标

本章要点：

本章介绍了木结构材料、构件、连接节点以及整体结构性能的试验与检测方法；木结构的防火性能试验与检测方法；木结构的耐久性性能试验与检测方法。

学习目标：

(1) 掌握各项指标的试验与检测方法；(2) 熟悉检测数据处理与分析方法。

10.1　材料物理力学性能试验

10.1.1　含水率

木材含水率分为绝对含水率和相对含水率。含水率的测定方法主要有：①重量法；②蒸馏法；③电测法；④微波法。

蒸馏法是采用与水相对密度不同且不相溶的溶剂，将含水木材置于溶剂中蒸馏，最后使水和溶剂分离，该方法程序较为复杂。电测法是根据木材中水分含量与电导（或电阻），或与介电系数、损耗角正切间的关系来测定含水率。该方法测定的深度较浅，测定的含水率范围较小（7%～23%范围内较精准），精度较低（要做温度和木材密度修正）。微波法的原理是电磁波可以被自由旋转的水分子所吸收，测定范围大。

作为科研和检测常用的是重量法（或称烘干法）。木材含水率测定是在试件上截取边长为 2cm 的试样，胶合木含水率测定是在长度方向上截取长度 1～5cm 适当大小的试件，先称取试件初始质量，然后放入烘箱，烘至恒重，此时再称出试件的绝干质量。试件初始质量与绝干质量的差即为水分质量，将此与绝干质量之比作为试件的绝对含水率 w_1，按式（10.1-1）计算：

$$w_1 = \frac{m_1 - m_0}{m_0} \times 100\%\qquad(10.1-1)$$

与初重之比称为相对含水率 w_2，按式（10.1-2）计算：

$$w_2 = \frac{m_1 - m_0}{m_1} \times 100\%\qquad(10.1-2)$$

式中　w_1——绝对含水率（%），精确至 0.1%；

　　　w_2——相对含水率（%），精确至 0.1%；

　　　m_1——初始质量（g），木材精确至 0.001g，胶合木精确至 0.01g；

m_0——绝干质量（g），木材精确至 0.001g，胶合木精确至 0.01g。

绝对含水率与相对含水率可根据式（10.1-3）和式（10.1-4）作相互换算：

$$w_1 = \frac{w_2}{1-w_2} \tag{10.1-3}$$

$$w_2 = \frac{w_1}{1+w_1} \tag{10.1-4}$$

10.1.2 密度

木材的密度指单位体积木材的质量。木材的体积和质量都是随着含水率的变化而变化的，因此木材的密度应加注测定时的含水率。密度分为绝干密度、气干密度。

密度测定的方法有：①排水法；②体积测量法；③水银测容器法；④快速测定法；⑤饱和含水率法。

常用的测定方法是排水法、体积测量法。排水法测定是试样应先使其达饱水状态，利用水的密度，试样入水后排出的重量，与试样体积数相等的原理。对于不规则的饱水试样可用排水法。

对于形状规则的试样常用体积测量法测定木材密度，试件上截取名义尺寸为边长 2cm 的立方体试样，用千分尺分别测出试件尺寸，算出初始体积 V_1，称出试样初始质量 m_1，放入烘箱烘至绝干后，再次测量试件尺寸，算出绝干体积 V_0，称出绝干质量 m_0。

试样含水率为 w 时的气干密度按式（10.1-5）计算：

$$\rho_w = \frac{m_1}{V_1} \tag{10.1-5}$$

试样的体积干缩系数按式（10.1-6）计算：

$$K = \frac{V_1-V_0}{V_0 \times w} \times 100 \tag{10.1-6}$$

试样含水率为 12% 时的气干密度按式（10.1-7）计算：

$$\rho_{12} = \rho_w[1-0.01(1-K)(w-12)] \tag{10.1-7}$$

试样含水率在 9%～15% 范围内按上式计算有效。

试样的全干密度按式（10.1-8）计算：

$$\rho_0 = \frac{m_0}{V_0} \tag{10.1-8}$$

式中　m_1——初始质量（g），精确至 0.001g；

　　　m_0——绝干质量（g），精确至 0.001g；

　　　V_1——初始体积（cm^3），精确至 0.001cm^3；

　　　V_0——绝干体积（cm^3），精确至 0.001cm^3；

　　　w——气干状态下试件含水率（%），精确至 0.1%；

　　　ρ_w——含水率为 w 时的气干密度（g/cm^3），精确至 0.001g/cm^3；

　　　ρ_0——绝干密度（g/cm^3），精确至 0.001g/cm^3；

　　　ρ_{12}——含水率为 12% 时的气干密度（g/cm^3），精确至 0.001g/cm^3；

　　　K——试样的体积干缩系数（%），精确至 0.001%。

10.1.3　胶合性能

胶合木制造用胶粘剂可分为Ⅰ类和Ⅱ类。Ⅰ类胶粘剂可用于所有使用环境的胶合木制造。Ⅱ类胶粘剂可用于使用环境1和使用环境2胶合木的制造，但胶合木使用环境温度要低于50℃，见表10.1-1。

胶合木构件使用环境　　　　　　　　　　　　表10.1-1

使用环境1	每年内,在相对于温度20℃和仅有几周空气相对湿度超过65%条件的环境,在此环境下,对于绝大多数针叶材来说,年平均平衡含水率不超过12%
使用环境2	每年内,在相对于温度20℃和仅有几周空气相对湿度超过85%条件的环境,在此环境下,对于绝大多数针叶材来说,年平均平衡含水率高于12%,但不超过20%
使用环境3	每年内,木材平衡含水率高于使用环境2条件下的木材平衡含水率,例如构件完全暴露在室外大气中。对绝大多数针叶材来说,年平均平衡含水率超过20%

胶粘剂的胶合性能要具有足够的强度和耐久性，以保证胶合木构件的预期使用寿命。常用的检测参数包括：胶缝完整性、胶缝剪切强度。

胶缝完整性的检测有：浸渍剥离、煮沸剥离、减压加压剥离三种方法。

胶缝完整性检测通过试验，测定试件两端面所有胶层的剥离长度，计算两端面胶层的总剥离率及单一胶层（层板宽度拼接胶层除外）的最大剥离率。

总剥离率按式（10.1-9）计算：

$$总剥离率=\frac{两端面剥离长度综合}{两端面胶层长度综合}\times100\% \qquad (10.1\text{-}9)$$

单一胶层最大剥离率按式（10.1-10）计算：

$$单一胶层最大剥离率=\frac{两端面单一胶层最大剥离长度}{两端面单一胶层总长度}\times100\% \qquad (10.1\text{-}10)$$

在测定剥离长度时，由于木材干燥开裂、节子等木材本身的破坏引起的剥离不记。对于使用环境3条件的胶合木构件，要连续进行两次试验。

试件两端的总剥离率在5%以下，并且任一胶层的最大剥离长度不大于该胶层长度的1/4。

胶缝剪切强度检测过程中，如果胶合木层板的层数过多，难以进行全部胶层检测，也要在胶合木构件厚度方向上的上、中、下三个区域分别截取不少于3个胶层的试件。若层板的层数少于10层，则全部胶层均应检测。

胶缝剪切强度试件的截取如图10.1-1所示，试验如图10.1-2所示。

试件条的数量应根据胶合木的宽度来确定，如表10.1-2所示。

胶合木剪切强度试件条数量确定　　　　　　　表10.1-2

胶合木宽度 b(mm)	试件条数量(根)
$b\leqslant100$	1
$100<b\leqslant160$	2
$b>160$	3

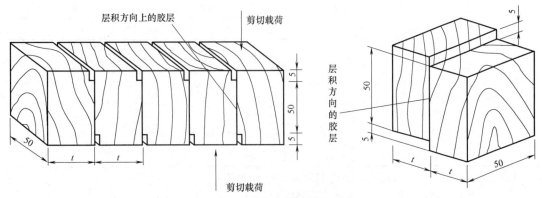

图 10.1-1 胶缝剪切强度试件

图 10.1-2 胶缝剪切强度试验

试样含水率为 w 时的胶缝剪切强度按式（10.1-11）计算：

$$\tau_{\mathrm{w}} = \frac{P_{\max}}{bt} \tag{10.1-11}$$

试样含水率为 12% 时的胶缝剪切强度按式（10.1-12）计算：

$$\tau_{12} = \tau_{\mathrm{w}}[1 + 0.03(w - 12)] \tag{10.1-12}$$

式中 τ_{w}——含水率为 w 时的胶缝剪切强度（MPa），精确至 0.1MPa；

      τ_{12}——含水率为 12% 时的胶缝剪切强度（MPa），精确至 0.1MPa；

    $P_{\max}$——胶层破坏荷载（N），精确至 10N；

      b——试样受剪段宽度（mm），精确至 0.1mm；

      t——试样受剪段厚度（mm），精确至 0.1mm；

      w——气干状态下试件含水率（%），精确至 0.1%。

剪切试验完成后，需观察剪切面破坏类型，并估算出木破率。所有胶层的平均剪切强度至少达到 6.0MPa。对于针叶材、杨木等密度为 0.5g/cm³ 或密度更小的阔叶材，如果木破率为 100%，横截面上所有胶层的剪切强度应不小于 4.0MPa。所有胶层的剪切强度及木破率应符合表 10.1-3 要求。所有胶层的平均木破率和任一单值要超过表 10.1-3 中剪切强度对应的木破率。介于表 10.1-3 列出的剪切强度之间的值所对应的木破率应通过线性插值法获得。

木破率和剪切强度之间的对应关系   表 10.1-3

剪切强度(MPa)		最小木破率(%)	
平均	6	平均值[a]	90
	8		75
	≥11		40
单值	≥4,<6	单值[b]	100
	6		75
	≥10		20

注：1. 木破率指木质接头破坏时木材本体破坏占破坏面积的面积百分数；
    2. a 对于平均值，木破率＝144－9×最小木破率；
    3. b 对于单值，当剪切强度不小于 6MPa 时，木破率＝153.3－13.3×最小木破率。

10.1.4 顺纹抗拉性能

1. 清材

木材顺纹抗拉强度取决于木材纤维的强度、长度、纹理方向和木材密度。顺纹拉伸破坏主要是纵向的撕裂和纤丝间的剪切。木材顺纹抗拉强度指沿试样顺纹方向，以均匀速度施加拉力至破坏，所得荷载与试件受拉截面积的比值。试件按图 10.1-3 所示截取，试验如图 10.1-4 所示。

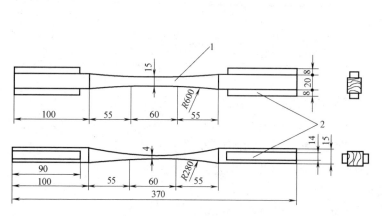

图 10.1-3 木材顺纹抗拉强度试件尺寸
1-试样；2-木夹垫

图 10.1-4 木材顺纹抗拉试验

软质木材试件，应在夹持部分的窄面，附以 90mm×14mm×8mm 的硬质木夹垫，用胶粘剂固定在试件上。

试样含水率为 w 时的顺纹抗拉强度按式（10.1-13）计算：

$$\sigma_w = \frac{P_{max}}{bt}$$
(10.1-13)

试样含水率为 12％时的阔叶材顺纹抗拉强度按式（10.1-14）计算：

$$\sigma_{12} = \sigma_{w}[1+0.015(w-12)] \qquad (10.1\text{-}14)$$

式中 σ_{w}——含水率为 w 时的顺纹抗拉强度（MPa），精确至 0.1MPa；

       σ_{12}——含水率为12%时的顺纹抗拉强度（MPa），精确至 0.1MPa；

       P_{max}——破坏荷载（N），精确至 10N；

       b——试样受拉段宽度（mm），精确至 0.1mm；

       t——试样受拉段厚度（mm），精确至 0.1mm；

       w——气干状态下试件含水率（%），精确至 0.1%。

试样含水率在 9%～15% 范围内按式（10.1-14）计算有效。

当试样含水率在 9%～15% 范围内时，对针叶材可取 $\sigma_{12} = \sigma_{w}$。

2. 层板

胶合木加工制造过程中，当层板的长度不能满足胶合木构件长度要求时，可以纵向接长，接长方式可以采用指接、斜接及其他接长方式。指接层板的抗拉强度 5%分位值应大于或等于表 10.1-4 目测分等层板性能指标或表 10.1-5 机械分等层板强度指标。

目测分等层板性能指标   表 10.1-4

树种及层板等级					弹性模量（MPa）		抗弯强度（MPa）		抗拉强度（MPa）	
SZ1	SZ2	SZ3	SZ4	SZ5	平均值	5%分位值	平均值	5%分位值	平均值	5%分位值
I_d					14000	11500	54.0	40.5	32.0	24.0
II_d	I_d				12500	10500	48.5	36.0	28.0	21.5
III_d	II_d	I_d			11000	9500	45.5	34.0	26.5	20.0
	III_d	II_d	I_d		10000	8500	42.0	31.5	24.5	18.5
		III_d	II_d	I_d	9000	7500	39.0	29.5	23.5	17.5
			III_d	II_d	8000	6500	36.0	27.0	21.5	16.0
				III_d	7000	6000	33.0	25.0	20.0	15.0

机械应力分等纵向接长层板抗拉强度指标   表 10.1-5

分等等级		M_E3	M_E4	M_E5	M_E6	M_E7	M_E8	M_E9	M_E10	M_E11	M_E12	M_E14	M_E16	M_E18
抗拉	平均值	12.5	14.5	16.5	18.0	20.0	21.5	23.5	24.5	26.5	28.5	32.0	37.5	42.5
	5%分位值	9.5	10.5	12.0	13.5	15.0	16.0	17.5	18.5	20.0	21.5	24.0	28.0	32.0

层板和指接层板的抗拉试件截取如图 10.1-5 所示，抗拉试验装置如图 10.1-6 所示。

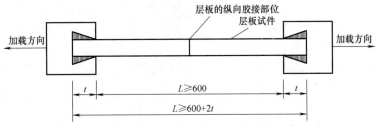

图 10.1-5 指接层板抗拉试验示意图及试件尺寸（mm）

从每块试样层板上截取试件，试件的宽度和厚度与层板的宽度和厚度相同，层板最薄弱部位应距夹持部位 300mm 以上，对于指接层板，指接部位应位于试件的中央位置。

试样含水率为 w 时的阔叶材层板顺纹抗拉强度按式（10.1-15）计算：

$$\sigma_w = \frac{P_{max}}{bt} \qquad (10.1-15)$$

试样含水率为 12% 时的阔叶材层顺纹板抗拉强度按式（10.1-16）计算：

$$\sigma_{12} = \sigma_w[1 + 0.015(w - 12)] \qquad (10.1-16)$$

式中　σ_w——含水率为 w 时的顺纹抗拉强度（MPa），精确至 0.1MPa；

σ_{12}——含水率为 12% 时的顺纹抗拉强度（MPa），精确至 0.1MPa；

P_{max}——最大抗拉荷载（N），精确至 10N；

b——层板试件宽度（mm），精确至 0.1mm；

t——层板试件厚度（mm），精确至 0.1mm；

w——气干状态下试件含水率（%），精确至 0.1%。

对针叶材可取 $\sigma_{12} = \sigma_w$。

图 10.1-6　指接层板抗拉试验

在检测过程中层板的抗拉强度应根据层板的宽度按照表 10.1-6 的系数进行调整。

层板抗拉强度指标宽度调整系数　　　　　　　　　　　表 10.1-6

层板宽度尺寸 b(mm)	调整系数	层板宽度尺寸 b(mm)	调整系数
$b < 150$	1.00	$200 \leqslant b < 250$	0.90
$150 \leqslant b < 200$	0.95	$b \geqslant 250$	0.85

10.1.5　横纹抗拉性能

结构用木材或胶合木横纹抗拉试验试件的制作如图 10.1-7 所示，试验如图 10.1-8 所示。

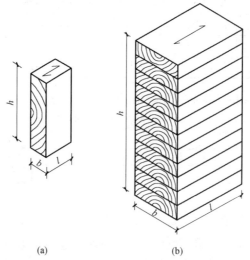

(a)　　　　　　　(b)

图 10.1-7　结构用木材或胶合木横纹抗拉试件

(a) 结构用木材；(b) 胶合木

结构用木材或胶合木横纹抗拉强度按式（10.1-17）计算：

$$\sigma_{qo}=\frac{P_{max}}{bl} \qquad (10.1\text{-}17)$$

式中　σ_{qo}——横纹抗拉强度（MPa），精确至 0.1MPa；

　　　P_{max}——破坏荷载（N），精确至 10N；

　　　b——试样宽度（mm），精确至 0.1mm；

　　　l——试样长度（mm），精确至 0.1mm。

图 10.1-8　结构用木材或胶合木横纹抗拉试验

10.1.6　顺纹抗压性能

1. 清材

木材顺纹抗压强度指沿木材顺纹方向以均匀速度施加压力至木材破坏，破坏荷载与试件受压截面积的比值即为木材顺纹抗压强度。

顺纹抗压强度检测的试件尺寸为 30mm×20mm×20mm，长度为顺纹方向，试验如图 10.1-9 所示。

试样含水率为 w 时的顺纹抗压强度按式（10.1-18）计算：

$$\sigma_{w}=\frac{P_{max}}{bt} \qquad (10.1\text{-}18)$$

试样含水率为 12% 时的顺纹抗压强度按式（10.1-19）计算：

$$\sigma_{12}=\sigma_{w}[1+0.05(w-12)] \qquad (10.1\text{-}19)$$

式中　σ_{w}——含水率为 w 时的顺纹抗压强度，（MPa），精确至 0.1MPa；

　　　σ_{12}——含水率为 12% 时的顺纹抗压强度（MPa），精确至 0.1MPa；

图 10.1-9　木材顺纹抗压试验

　　　P_{max}——破坏荷载（N），精确至 10N；

　　　b——试样受压段宽度（mm），精确至 0.1mm；

　　　t——试样受压段厚度（mm），精确至 0.1mm；

　　　w——气干状态下试件含水率（%），精确至 0.1%。

试样含水率在 9%～15% 范围内按上式计算有效。

2. 足尺木材或胶合木

足尺木材或胶合木构件（无柱效应）顺纹抗压强度检测时，应保证木材或胶合木受压构件轴心受力，匀速加载直至破坏。应采用正方形截面，试件的截面边宽不宜小于 60mm，高度不应大于截面宽度的 6 倍，两端面必须平整、相互平行并垂直于纵轴线。

木材的主要缺陷应位于试件截面宽度和试件顺纹长度的中央位置，靠近试件端部 1 倍截面宽度的长度范围内不得有斜纹以外的其他任何缺陷，且木纹倾斜率不应大于 10%。

试件安装时应将一个球座放置在试件的上部端面上，试件的几何轴线对准球座和试验机的中心线，并应从两个方向对正，如图 10.1-10 所示。

足尺木材或胶合木构件的顺纹抗压强度按式（10.1-20）计算：

$$\sigma_w = \frac{P_{\max}}{bt} \qquad (10.1\text{-}20)$$

式中　σ_w——足尺木材或胶合木构件顺纹抗压强度（MPa），精确至 0.1MPa；

$P_{\max}$——破坏荷载（N），精确至 10N；

b——受压试件宽度（mm），精确至 0.1mm；

t——受压试件厚度（mm），精确至 0.1mm。

图 10.1-10　胶合木柱顺纹抗压试验

10.1.7　横纹承压性能

木构件横纹承压比例极限是根据试验测定的荷载-变形曲线，按下述规则确定比例极限点的坐标位置：曲线上该点的切线与荷载轴夹角的正切值，应取该曲线直线部分与荷载夹角的正切值的 1.5 倍，以该点坐标对应的荷载值作为该试件横纹承压的比例极限。

木构件横纹承压按其受力方式可分为三种形式：

1) 全表面横纹承压（图 10.1-11a）；

2) 局部表面横纹承压（图 10.1-11b）；

3) 尽端局部表面横纹承压（图 10.1-11c）。

试件应从结构实际用材中选取，其材质应保证截面上无髓心或钝棱；在承压范围内无木节；无水平方向或斜向裂缝，竖向裂缝的深度不得大于试件截面高度的 1/5。试件尺寸按其承压方式确定：对全表面横纹承压为 120mm×120mm×180mm；对局部表面横纹承压和尽端局部表面横纹承压

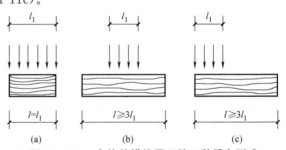

图 10.1-11　木构件横纹承压的三种受力形式

为 120mm×120mm×360mm。若受条件限制，允许采用 80mm×80mm×120mm 和 80mm×80mm×240mm 的试件分别代替以上两种试件，但其试验结果应乘以尺寸影响系数予以修正。对常用树种木材，可取修正系数等于 0.9。

在安装试件时，其上下均应设置厚度不小于 20mm 的钢垫板，垫板表面应光洁平整，与试件贴合无肉眼可见缝隙，如图 10.1-12 和图 10.1-13 所示。

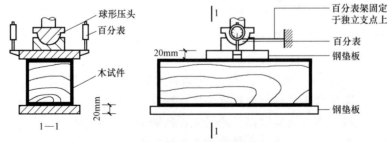

图 10.1-12　横纹承压比例极限加载图

1）对全表面横纹承压横纹承压比例极限应按式（10.1-21）计算：

$$\sigma = \frac{F_b}{bl} \qquad (10.1\text{-}21)$$

2）对局部表面和尽端局部表面横纹承压比例极限应按式（10.1-22）计算：

$$\sigma = \frac{F_b}{bl_1} \qquad (10.1\text{-}22)$$

图 10.1-13　横纹承压试验

式中　σ——横纹承压比例极限（MPa），精确至 0.1MPa；

　　　F_b——比例极限荷载（N），精确至 10N；

　　　b——试件宽度（mm），精确至 0.1mm；

　　　l——试件长度（mm），精确至 0.1mm；

　　　l_1——试件承压面长度（mm），精确至 0.1mm。

10.1.8　抗弯性能

1. 清材

木材抗弯强度亦称静曲强度，或弯曲强度，是木材承受横向荷载的能力。

试样尺寸为 300mm×20mm×20mm，在试样长度中央位置以均匀速度加载至破坏，抗弯检测只做弦向试验，即径向尺寸为宽度，弦向为高度。试验如图 10.1-14 所示。

试样含水率为 w 时的抗弯强度按式（10.1-23）计算：

$$\sigma_w = \frac{3P_{max}l}{2bh^2} \qquad (10.1\text{-}23)$$

图 10.1-14　清材抗弯强度试验

试样含水率为 12% 时的抗弯强度按式（10.1-24）计算：

$$\sigma_{12} = \sigma_w[1 + 0.04(w - 12)] \qquad (10.1\text{-}24)$$

式中　σ_w——含水率为 w 时的抗弯强度（MPa）精确至 0.1MPa；

　　　σ_{12}——含水率为 12% 时的抗弯强度（MPa），精确至 0.1MPa；

　　　P_{max}——破坏荷载（N），精确至 10N；

　　　b——试样宽度（mm），精确至 0.1mm；

　　　h——试样厚度（mm），精确至 0.1mm；

　　　w——气干状态下试件含水率（%），精确至 0.1%。

试样含水率在 9%～15% 范围内按上式计算有效。

木材抗弯强度最低值应符合表 10.1-7 要求。

2. 层板

胶合木构件制造过程中需对所用层板进行目测分等或机械分等。在机械分等时，对于没有纵向接长的层板应采用三分点加载，求出层板的弹性模量。对于纵向接长的指接层板应采用四分点加载，求出层板的抗弯强度，以进行层板分等。

木材种类	针叶材				阔叶材				
强度等级	TC11	TC13	TC15	TC17	TB11	TB13	TB15	TB17	TB0
最低强度（MPa）	44	51	58	72	58	68	78	88	98

木材抗弯强度检验标准　　　　　　　表 10.1-7

没有纵向接长的层板，试样的宽度和厚度与层板相同，层板的最弱位置（最大缺陷的部位，如节子等）置于试件长度方向的中央位置，试样的长度为厚度的 25 倍以上，采用图 10.1-15 方式进行加载。

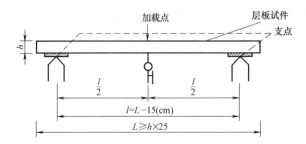

图 10.1-15　未纵接层板抗弯弹性模量试验示意图

层板试样含水率为 w 时的抗弯弹性模量按式（10.1-25）计算：

$$E_w = \frac{\Delta P l^3}{4 \Delta y b h^3} \tag{10.1-25}$$

层板试样含水率为 12％时的抗弯弹性模量按式（10.1-26）计算：

$$E_{12} = E_w[1 + 0.015(w-12)] \tag{10.1-26}$$

式中　E_w——含水率为 w 时的抗弯弹性模量（MPa），精确至 0.1MPa；

　　　E_{12}——含水率为 12％时的抗弯弹性模量（MPa），精确至 0.1MPa；

　　　ΔP——弹性范围内上、下限荷载之差（N），精确至 10N；

　　　Δy——对应 ΔP 跨距中央的挠度（mm），精确至 0.01mm；

　　　b——试样宽度（mm），精确至 0.1mm；

　　　h——试样厚度（mm），精确至 0.1mm；

　　　w——气干状态下试件含水率（％），精确至 0.1％。

对于未纵向接长层板的弹性模量应符合表 10.1-8 要求

机械应力分等纵向接长层板抗拉强度指标　　　　　　　表 10.1-8

分等等级	M_E3	M_E4	M_E5	M_E6	M_E7	M_E8	M_E9	M_E10	M_E11	M_E12	M_E14	M_E16	M_E18
平均弹性模量	3000	4000	5000	6000	7000	8000	9000	10000	11000	12000	14000	16000	18000

有纵向接长的指接层板，试样的宽度和厚度与层板相同，层板的胶结部位位于试件长度方向的中央位置，试样的长度为厚度的 25 倍以上。

指接层板含水率为 w 时的抗弯强度按式（10.1-27）计算：

$$\sigma_w = \frac{P_{max} l}{b h^2} \tag{10.1-27}$$

指接层板含水率为 12％时的抗弯强度按式（10.1-28）计算：

$$\sigma_{12}=\sigma_{\mathrm{w}}[1+0.04(w-12)]\qquad(10.1-28)$$

式中　σ_{w}——含水率为 w 时的抗弯强度（MPa），精确至 0.1MPa；

　　　σ_{12}——含水率为 12％时的抗弯强度（MPa），精确至 0.1MPa；

　　　$P_{\max}$——破坏时加载点总荷载（N），精确至 10N；

　　　b——试样宽度（mm），精确至 0.1mm；

　　　h——试样厚度（mm），精确至 0.1mm；

　　　w——气干状态下试件含水率（％），精确至 0.1％。

指接层板的抗拉强度 5％分位值应大于或等于表 10.1-4 目测分等层板性能指标或表 10.1-9 机械分等层板强度指标。

机械应力分等纵向接长层板抗拉强度指标　　　　　　　表 10.1-9

分等等级		M_E3	M_E4	M_E5	M_E6	M_E7	M_E8	M_E9	M_E10	M_E11	M_E12	M_E14	M_E16	M_E18
抗弯	平均值	21.0	24.0	27.0	30.0	33.0	36.0	39.0	42.0	45.0	48.5	54.0	63.0	72.0
	5％分位值	16.0	18.0	20.5	22.5	25.0	27.0	29.5	31.5	34.0	36.5	40.5	47.5	54.0

10.1.9　顺纹抗剪性能

1. 清材

当木材受大小相等、方向相反的平行力，在其垂直于与力接触面的方向，使物体一部分与另一部分产生滑移所引起的应力，称剪应力。木材抵抗剪应力的能力称为抗剪强度。木材剪切通常有顺纹剪切、斜纹剪切、横纹剪切以及滚动剪切。木材使用中最常见的是顺纹剪切。

木材顺纹剪切根据受力方向又分为：径向剪切和弦向剪切，如图 10.1-16 所示。

单位为毫米

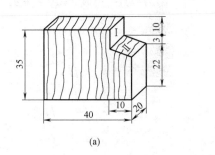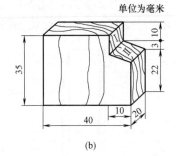

(a)　　　　　　　　　　　　　　(b)

图 10.1-16　木材顺纹抗剪试样

(a) 弦面试样；(b) 径面试样

木材顺纹抗剪试验按图 10.1-17 所示进行。

试样含水率为 w 时的顺纹抗剪强度按式（10.1-29）计算：

$$\tau_{\mathrm{w}}=\frac{0.96P_{\max}}{bl}\qquad(10.1-29)$$

试样含水率为 12％时的顺纹抗剪强度按式（10.1-30）计算：

$$\tau_{12}=\tau_{\mathrm{w}}[1+0.03(w-12)]\qquad(10.1-30)$$

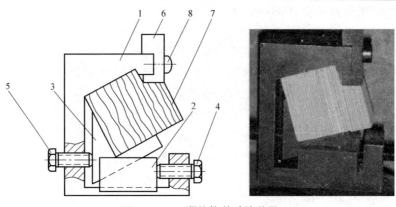

图 10.1-17   顺纹抗剪试验装置

1—附件主杆；2—楔块；3—L形垫块；4、5—螺杆；6—压块；7—试样；8—圆头螺钉

式中　τ_w——含水率为 w 时的顺纹抗剪强度（MPa），精确至 0.1MPa；

　　　τ_{12}——含水率为 12% 时的顺纹抗剪强度（MPa），精确至 0.1MPa；

　　P_{max}——破坏荷载（N），精确至 10N；

　　　b——试样受剪面宽度（mm），精确至 0.1mm；

　　　l——试样受剪面长度（mm），精确至 0.1mm；

　　　w——气干状态下试件含水率（%），精确至 0.1%。

试样含水率在 9%～15% 范围内按上式计算有效。

2. 结构用木材或胶合木

对于结构用木材或胶合木的顺纹抗剪强度，其采用 (300±2)mm×(32±1)mm×(55±1)mm 的试件，试件两侧用适当的胶粘剂与钢板紧密相连，如图 10.1-18（a）所示。钢板的厚度应在 10±1mm 之间。

通过对钢板施加力，加载方式如图 10.1-18（b）所示，以使木材发生剪切破坏，从而得出结构用木材或胶合木的顺纹抗剪强度。

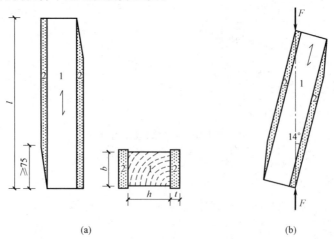

图 10.1-18   结构用木材或胶合木顺纹抗剪试验

结构用木材或胶合木顺纹抗剪强度按式（10.1-31）计算：

$$\tau_{\mathrm{w}} = \frac{P_{\max}\cos14°}{bl} \qquad (10.1\text{-}31)$$

式中　τ_{w}——顺纹抗剪强度（MPa），精确至 0.1MPa；

　　　$P_{\max}$——破坏荷载（N），精确至 10N；

　　　b——试样宽度（mm），精确至 0.1mm；

　　　l——试样长度（mm），精确至 0.1mm。

10.1.10　销槽承压强度

　　木材销槽承压强度是木结构螺栓连接节点设计的一个重要参数。

　　目前销槽承压强度的测定主要有：半孔和全孔两种方法。半孔法测试过程中螺栓不能发生弯曲，加载面指接作用于半孔上的螺栓进行平压，如图 10.1-19（a）所示；半孔法测试简单，易于实现，试验结果误差较小，由于测试过程中螺栓不发生弯曲，测试结果能够准确反映木材整体的销槽承压强度。全孔法试验要求较高，试验结果的影响因素较多，更接近木材销槽承压的实际受力状态，如图 10.1-19（b）所示。

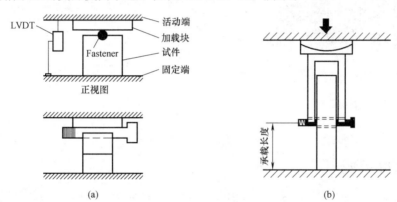

图 10.1-19　木材销槽承压强度加载方法

(a) 半孔法；(b) 全孔法

　　半孔法的试件如图 10.1-20（a）所示，长度大于等于 50mm 或 4 倍的螺栓直径，宽度大于等于 50mm 或 4 倍的螺栓直径，厚度大于等于 38mm 或 2 倍的螺栓直径。全孔法的试件如图 10.1-20（b）所示，宽度大于等于 50mm 或 4 倍的螺栓直径，厚度大于等于 38mm 或 2 倍的螺栓直径，受压端长度大于等于 50mm 或 4 倍的螺栓直径，非受压端长度大于等于 50mm 或 2 倍的螺栓直径，加载装置如图 10.1-21 所示。

　　通过试验可以得到在荷载作用下的荷载-位移曲线，将通过荷载-位移曲线上某对应的销槽承压荷载与螺栓直

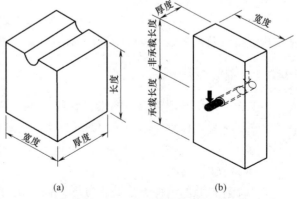

图 10.1-20　木材销槽承压强度试件

(a) 半孔法试件尺寸；(b) 全孔法试件尺寸

径和构件厚度乘积的比值称为销槽承压强度。

确定销槽承压荷载的判定方法有：5％偏移法、5mm 最大位移法。通常采用 5％偏移法，即试验得到的荷载-位移曲线上与初始线性阶段平行的直线沿水平方向偏移 5％螺栓直径的位移，该斜直线与曲线的交点对应的荷载即为销槽承压荷载，如图 10.1-22 所示。

图 10.1-21   木材销槽承压试验装置

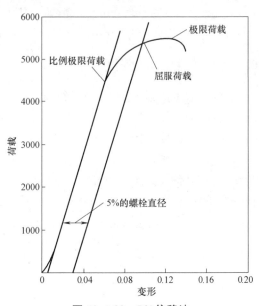

图 10.1-22   5％偏移法

10.2   构件试验

构件试验是通过物理力学方法，测定和研究构件在静荷载作用下的强度、刚度、抗裂性等基本性能和破坏机制，分析、判定构件的工作状态与受力情况。

由于静力检测的荷载大多采用分级逐步施加，因此便于控制加载速度，调整加载历程，并能保证在施加下一级荷载前有充分的时间仔细观察结构变形的发展，得到最明确和最清晰的结构荷载。

构件静力检测可分为受弯、受压构件检测以及连接检测。其中受弯构件包括木梁、木基结构板材以及木桁架。连接检测包括齿连接、钢销连接等。

10.2.1   轴心受压试验

本方法适用于测定整截面的锯材或胶合矩形截面构件轴心受压失稳破坏时的临界荷载，是在保证承重柱承受轴心压力的条件下，匀速加载直至破坏的过程中取得所需要的数据和信息。

1. 试验设计及制作

轴心压杆试验的试件可采用正方形截面，试件的截面边宽不宜小于 100mm，长度不应小于截面边宽的 6 倍，为保证试验准确性，制作试件时，木材的主要缺陷应位于试件长度中央 1/4 长度范围内，靠近杆件端部 1 倍截面宽度范围内不得有斜纹以外的其他任何缺陷，且斜纹率不应大于10％。

为使木柱试验的结果能与其基本材性作对比，在制作试件前，应从靠近压杆两端面的试材中切取标准小试件，每端各取顺纹受压强度小试件和弹性模量小试件均不应少于3个。轴心压杆试件和标准小试件宜同时制作、同时试验。若不能及时试验，轴心压杆试件和标准小试件应存放在同一环境中，保证不改变木材已达到的室内气干平衡含水率状态。

2. 试验装置

轴心压杆试验的支承装置应具有各向自由转动的作用，能够准确地轴心传力，通常可采用球铰或者双向刀铰。

当采用球铰作为轴心压杆试验的支承装置时，球的半径宜小，以利于转动灵活和准确对中。通常球面半径可为试件截面尺寸最大边（试件与球座之间的承压面）的1～2倍。球座的上下面应为正方形的平面并应具有可与试件的承压面准确对中的、对准球心的十字形刻划线。球座的正方形表面应略大于试件的承压面。

当采用双向刀铰作为轴心压杆试验的支承装置时，双向刀铰（图10.2-1）应保证可在试件截面的相互垂直的两个轴线上绕任何方向转动。刀口接触面宜小，保证转动灵敏。双向刀铰的上下表面也应为正方形，并具有对准中心的十字形刻划线或有其他保证对中的方法。双向刀铰应预先固定在试验机的上下压头上。柱顶部和底部的双向刀铰的刀口放置方向应保证在任何方向柱的计算长度保持不变。

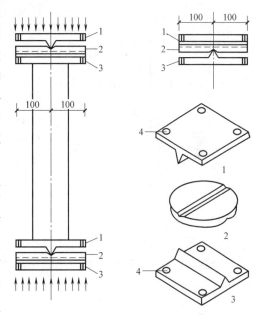

图 10.2-1 双向刀铰加载
1、3-带刀口的矩形钢板；2-有双向刀槽的圆形钢板；4-孔径16 螺栓 $\phi10$

轴心压杆试验试件轴线的对中方法，除有专门要求按物理轴线对中外，对验证性、检验性和一般的研究性目的试验均可采用几何轴线对中。采用几何轴线对中的方法，应保证构件截面的几何中心、双向刀铰的中心和试验机压头的中心重合在一条纵向轴线上。采用物理轴线对中时，应在加载后，观察试件同一截面的四个侧面的应变值是否相等，若不相等，应调整试件位置，直至测得应变值与其平均值相差不超过5％。试验如图10.2-2所示。

3. 量测内容及加载

轴心压杆试验时，量测内容有顺纹受压应变值、杆件侧向挠度。

量测顺纹受压应变值应在柱的长度中央截面的4

图 10.2-2 胶合木柱轴心受压试验

个侧面粘贴标距为 100mm 的电阻应变片各一片。杆件侧向挠度的测定,应在试验柱长度中央截面的两个方向各安设一个位移传感器,位移传感器可采用行程为 50mm、最小读数为 1/100mm 的位移计或者 X-Y 函数记录仪测定。侧向位移传感器布置时,为防止侧向位移较大时,位移受阻或触针滑脱,其触针尖端不宜与柱的表面直接接触,可采用拉线、垂球和转向滑轮等方式布置位移传感器。

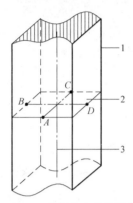

图 10.2-3　电阻应变片粘贴位置
1-试件;2-试件中央截面;3-试件中线;
A、B、C、D—粘贴电阻应变片的位置

在正式加荷之前,应对安装好的试验柱进行预压,使它进入正常的工作状态,同时检查试验装置是否可靠和所用测量仪表的工作是否正常。因此试验加载时,先按照预估破坏荷载的 1/50 施加预加荷载 F_0。初加荷载到 F_0 后,用静态电阻应变仪测应变值,再加荷到 F_1 后测相应的应变值,卸荷到 F_0,反复进行 5 次,取其中相近的 3 次读数的平均值为计算初始偏心和初始弹性模量的应变值。然后卸载到 F_0,随即以均匀的速度连续逐加荷,每级荷载为 ΔF,并读出每级荷载下的应变值。轴心压杆试验,宜采用连续均匀加荷方式,并在约 6~10min 内荷载从零到达破坏。ΔF 约取预估的破坏荷载的 1/15~1/20,F_1 值约取为 ΔF 的 1~2 倍。应变片位置如图 10.2-3 所示。

4. 试验结果处理

1) 轴心压杆试验测得的初始弹性模量可按下式计算:

$$E_0 = \frac{F_1 - F_0}{A(\varepsilon_1 - \varepsilon_0)} \tag{10.2-1}$$

式中　ε_0、ε_1——分别为按上述规定方法测得的、在荷载 F_0 和 F_1 三次作用下的、4 个侧面的应变值读数的平均值;

　　A——构件截面的面积(mm^2);

　　E_0——构件的初始弹性模量(N/mm^2)。

2) 构件的初始相对偏心率可按下式计算:

对 BD 方向的初始相对偏心率为:

$$m_{BD} = \frac{\varepsilon_B - \varepsilon_D}{\varepsilon_B + \varepsilon_D} \tag{10.2-2}$$

对 AC 方向的初始相对偏心率为:

$$m_{AC} = \frac{\varepsilon_A - \varepsilon_C}{\varepsilon_A + \varepsilon_C} \tag{10.2-3}$$

式中,ε_A、ε_B、ε_C、ε_D 分别为构件的 A、B、C、D 四个侧面上的三次应变值读数的平均值。

3) 轴心压杆失稳破坏时的临界应力及其与标准小试件顺纹抗压强度的比值,可分别按下列公式计算:

$$\sigma_{cri} = \frac{F_u}{A} \tag{10.2-4}$$

$$\frac{\sigma_{cri}}{f_c}=\frac{F_u}{Af_c} \tag{10.2-5}$$

式中　σ_{cri}——轴心压杆试件失稳破坏时的临界应力（MPa），记录和计算到三位有效数字；

　　　f_c——木材标准小试件顺纹抗压强度。

4）轴心压杆试验失稳破坏时的等效弹性模量及其与标准小试件顺纹受压弹性模量的比值可分别按下列公式计算：

$$E_{epu}=\frac{F_u l^2}{\pi^2 I} \tag{10.2-6}$$

$$\frac{E_{epu}}{E}=\frac{F_u l^2}{\pi^2 IE} \tag{10.2-7}$$

式中　l——轴心压杆的计算长度（mm）；

　　　I——轴心压杆的截面惯性矩（mm⁴）；

　　　E——标准小试件顺纹受压弹性模量（N/mm²）；

　　　F_u——杆件破坏时的荷载（N）；

　　E_{epu}——轴心压杆试验失稳破坏时等效弹性模量（N/mm²），记录和计算到三位有效数。

10.2.2　偏心受压试验

本方法适用于测定整截面的锯材或胶合木材矩形截面构件偏心受压时的破坏荷载。本方法是采用偏心压力均匀地分布于试件的端部截面（图10.2-4）、试件两端的偏心距相等、匀速加荷、单向弯曲的方法，在加荷直至破坏的过程中取得所需要的数据和信息。偏心压杆的试验设计中应采取措施保证垂直于弯曲平面的压屈破坏的估计荷载大于弯曲平面内破坏的偏心荷载的估计值。

1. 试件及制作

试件截面的最小边宽不宜小于60mm。在弯曲平面内，试件的最小长细比不宜小于35；试件的最大长细比应根据试验设备的净空尺寸决定，但不宜超过150。试件压力的相对偏心率宜在0.3～10的范围内。偏压试件试材的材质标准应取Ⅱ等材，最大缺陷（木节等）应位于长度中央1/2长度范围内；对试件的加工以及试件的原始资料、记录等事项，均应

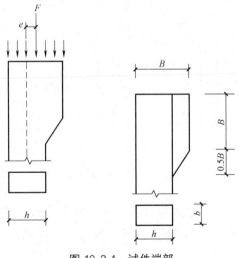

图10.2-4　试件端部

符合本标准要求。在制作试件之前，应从靠近两个端面的试材中切取标准小试件，每端各切取顺纹受压强度试件3个、顺纹受压弹性模量试件3个、静力弯曲试件3个。

2. 试验仪表和设备

试验设备的净空尺寸应取试件长度及其有关支承和加荷装置的总和尺寸，并应保证试件在试验的全过程中，仅沿指定方向挠曲，但对变形又不受约束设备的部件应不妨碍试件

的对中校准。偏压试验可根据实际条件选用长柱试验机或承力架进行试验。每批试验的所有试件，不分长细比大小，均应用同一设备进行试验。

当采用千斤顶施加荷载时，应注意如下问题：千斤顶活塞在加荷的全过程中应具有足够的行程，千斤顶的吨位应与该批试件的最大承载能力相适应；千斤顶应牢固固定在承力架底部的横梁上。千斤顶液压缸的外表面上应标出用于试件对中的、分别位于两轴互相垂直的纵剖面内的两对轴线。千斤顶活塞的顶面应保持水平，安装每根试件时，均应用水准尺进行检验。

当采用压力传感器测定荷载大小时，应选择吨位约等于该批试件的最大荷载的 1.2 倍的压力传感器。对截面长边约 100mm 的试件，宜采用 150kN 的压力传感器。

测量偏压试件的挠度应采用量程不小于 100mm 的挠度计或位移传感器。对大挠度试件，宜安装滑动标尺测量试验后期的挠度值。

偏压试件需在其长度中点和上、下支承处布置测量挠度的仪表。对有特定目的的试验，应将仪表布置在其所需测定变形的地点。

测量试件边缘纤维的应变宜采用电阻应变仪。电阻应变片宜分别布置在试件长度中点处的弯曲凹侧和凸侧。电阻应变片的标距宜为 100mm。

3. 试验步骤

偏压试件两端应采用单向刀铰支承（图 10.2-5），在单向刀铰的刀槽与试件的端面之间，应设置厚度不小于 20mm 的刨光的钢压头板。刀槽与钢压头板应有构造连接。刀槽的中心线与试件的轴线之间的距离应构成所需的偏心距（图 10.2-5）。

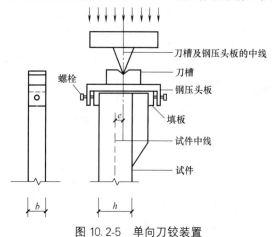

图 10.2-5　单向刀铰装置

当采用承力架进行偏压试验时，在试件上端单向刀铰的刀刃应固定在承力架的上部横梁上；而在下端单向刀铰的刀刃宜固定在压力传感器上。两个刀刃的中线应上下对直，并与千斤顶液压缸外表面上标出的一对轴线重合。每根试件安装就位完毕，均应检查上、下刀刃是否对准。

单向刀铰的刀槽及钢压头板应固定在试件的端部，钢压头板两侧宜各附有一块用于试件就位微调的、带丝孔和螺栓的钢板。偏心压杆试验当采用连续均匀加荷方式，加荷速度宜控制在从零开始连续加荷至试件破坏的全过程所经历时间为 6～10min；若采用分级加荷方式，宜控制试验全过程历时 15min。

4. 试验结果处理

偏心压杆试验结果的相对值分别按下列公式计算：

1）相对偏心率

$$m = \frac{6e}{h} \tag{10.2-8}$$

2）构件破坏时压应力的相对值

$$\frac{\sigma_c}{f_c}=\frac{F_u}{bhf_c} \tag{10.2-9}$$

3）构件破坏时杆端初始偏心弯矩产生的弯曲应力的相对值

$$\frac{\sigma_m}{f_m}=\frac{beFu}{bh^2fm} \tag{10.2-10}$$

式中　e——初始偏心距，荷载与构件轴线之间的距离（mm）；

　　　F_u——破坏荷载（N）；

　　　h——构件实际截面的高度（mm）；

　　　b——构件实际截面的宽度（mm）；

　　　f_c——标准小试件的顺纹抗压强度（N/mm^2）；

　　　f_m——标准小试件的抗弯强度（N/mm^2）；

　　　σ_c——在初始偏心距为 e 的条件下构件破坏时的压应力（N/mm^2）；

　　　σ_m——在杆端初始弯矩作用下构件破坏时的弯应力（N/mm^2）。

10.2.3　梁抗弯试验

　　本方法适用于测定梁受弯时的弹性模量和强度。横梁包括整截面的锯材矩形截面受弯构件，由薄板叠层胶合的工字形、矩形截面受弯构件以及侧立腹板胶合梁。

　　梁的受弯试验应采用对称的四点受力和匀速加荷的方法，用以观测荷载和挠度之间的关系，获得所需的各种数据和信息，如图 10.2-7 所示。测定梁的纯弯曲弹性模量，应采用在规定的标距内测定在纯弯矩作用下的挠度的方法，据此测定的最大挠度值来计算纯弯曲弹性模量；测定梁的表观弹性模量应采用全跨度内最大的挠度来计算。测定梁的抗弯强度，应使梁的测定截面位于规定的标距内承受纯弯矩作用直至破坏时所测得的最终破坏荷载来确定。

　　测量梁在荷载作用下产生的挠度时，可采用 U 形挠度测量装置，如图 10.2-6 所示。根据《木结构试验方法标准》GB/T 50329—2012　第 5.2.2 条：梁试件的长度跨度与截面高度的比值宜取 18，两端支点处试件的外伸长度不应少于截面高度的 1/2。此 U 形装置应满足自重轻而又具有足够的刚度的要求，可采用轻金属（例如铝）制作。在 U 形装置的两端应钉在梁的中性轴上，在此装置的中央安设百分表用来测量梁中央中性轴的挠度。当梁跨度很大时，亦可采用挠度计直接测量梁两端及跨度中央的位移值而求得梁的挠度。

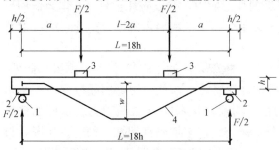

图 10.2-6　全跨度挠度的测量装置

1—滚轴支座；2—支座钢垫板；3—加载钢垫板；

4—U 形挠度测量装置

图 10.2-7　胶合木梁抗弯试验

梁在纯弯矩区段内的纯弯弹性模量应按下式计算：

$$E_m=\frac{al_1^2\Delta F}{16I\Delta w} \tag{10.2-11}$$

式中　a——加荷点至反力支座之间的距离（mm）；

　　　l_1——量挠度的 U 形装置的标距（mm），此处等于 5h；

　　　ΔF——荷载增量（N），在比例极限以下，此处等于 F_0 与 F_1 之差；

　　　I——实际截面的惯性矩（mm⁴）；

　　　Δw——在荷载增量 ΔF 作用下，在测量挠度的标距为 l_1 的范围内所产生的中点挠度（mm）；

　　　E_m——在纯弯矩内段内的纯弯弹性模量（N/mm²），应记录和计算到三位有效数。

梁在全跨度内的表观弯曲弹性模量应按下式计算：

$$E_{m\rho pp}=\frac{a\Delta F}{48I\Delta w}(3l^2-4a^2)\tag{10.2-12}$$

式中　a——加荷点至反力支座之间的距离（mm）；

　　　l——测量挠度的标距（mm），此处取梁的跨度；

　　　ΔF——荷载增量（N），在比例极限以下，此处等于 F_1 与 F_0 之差；

　　　I——实际截面的惯性矩（mm⁴）；

　　　Δw——在荷载增量 ΔF 作用下在全跨度内所产生的中点挠度（mm）；

　　$E_{m\rho pp}$——在全跨度内梁的表观弯曲弹性模量（N/mm²），应记录和计算到三位有效数。

梁的抗弯强度应按下式计算：

$$f_m=\frac{aF_u}{2W}\tag{10.2-13}$$

式中　a——加荷点至反力支座之间的距离（mm）；

　　　W——实际的截面抵抗矩（mm）；

　　　F_u——最后破坏时的荷载（N）；

　　　f_m——梁的抗弯强度（N/mm²），应记录和计算到三位有效数。

10.2.4　墙体低周反复荷载试验

墙体抗侧力试验包括单调加载试验和低周反复加载试验，其中单调加载试验主要考察墙体试件的抗侧强度和刚度，以及极限状态下的变形能力，并以破坏位移 Δf 作为低周反复加载试验的控制位移 Δm；低周反复加载试验主要为了考察墙体的刚度退化、强度退化以及耗能能力。

各试件在侧向力作用下的水平位移通过布置于框架角部的 LVDT 位移计测得。此外，要想研究木框架-夹板剪力墙组合结构中的侧向力分配关系，必须明确加载过程中外侧木框架和内填夹板剪力墙各自承担的水平剪力值。为此，在木框架-夹板剪力墙试件的框架柱上共布置 16 个应变片（左柱 S1～S8，右柱 S9～S16）来量测框架柱上的应变情况，目的是利用这些应变数据来计算框架柱的内力。下面以图 10.2-8 为例来进行详细说明。

假设作用在木框架-夹板剪力墙试件上的侧向力为 Q、木框架的左柱内剪力为 $Q1$、木框架右柱内剪力为 $Q2$、内填夹板剪力墙的剪力为 $Q3$，则 Q 应等于 $Q1$、$Q2$、$Q3$ 之和，其中 $Q1$ 和 $Q2$ 的大小可通过如下方法计算得到：

1）首先在每根框架柱上选取反弯点附近 1.2m 长的弹性变形区段（经纯框架试验的验证，在整个加载过程中该区段的始终处于弹性变形阶段），通过应变片 S1～S16 分别测得该区段上下截面的应变情况。需要提到的是，每一截面的内外两侧各贴有两个应变片，取平均值作为柱内外两侧的应变。

2）根据所测得的应变情况，换算出各框架柱的内力，如图 10.2-8 所示。对于所取弹性变形区段，其截面上的应变存在如下等量关系：

$$\begin{cases} \dfrac{N}{EA}+\dfrac{M}{EW}=\varepsilon_{\max} \\ \dfrac{N}{EA}-\dfrac{M}{EW}=\varepsilon_{\min} \end{cases} \tag{10.2-14}$$

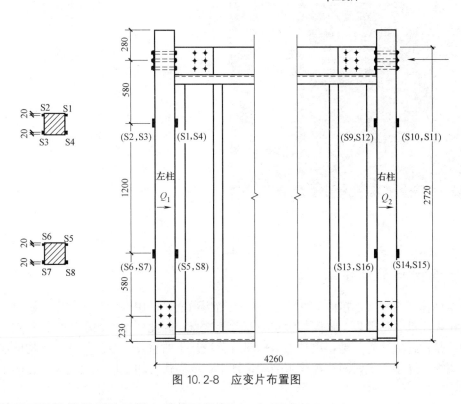

图 10.2-8　应变片布置图

随后可以换算得到该区段上下截面的弯矩，如下式：

$$M_t=\frac{(\varepsilon_{t\max}-\varepsilon_{t\min})EW}{2} \tag{10.2-15}$$

$$M_b=\frac{(\varepsilon_{b\max}-\varepsilon_{b\min})EW}{2} \tag{10.2-16}$$

低周反复加载的试验标准较多，如美国材料与试验协会的 ASTM E2126-09 标准、欧洲的 CEN-12512（2001）标准以及国际标准化协会的 ISO-16670（2003）标准。

加载控制方法则主要分为力控制加载、位移控制加载以及力与位移混合控制加载三种。ISO-16670（2003）标准的位移控制加载，主要分两阶段：

1）第一阶段以单调加载试验得到的破坏荷载作为控制位移 Δm，依次进行幅值为 $1.25\% \Delta m$、$2.5\% \Delta m$、$5\% \Delta m$、$7.5\% \Delta m$ 和 $10\% \Delta m$ 的单次循环加载，中间没有停顿，加载速率保持在 10mm/min。

2) 第二阶段分别以 20%Δm、40%Δm、60%Δm、80%Δm、100%Δm 和 120%Δm 为幅值的三角波依次进行三个循环加载，直至试件出现明显破坏，加载速率保持在 40mm/min；在本阶段的加载过程中，每一位移幅值的三个循环结束后，都将试验稍作停顿，以便于对试验现象进行记录。

试验图及计算简图如图 10.2-9 和图 10.2-10 所示。

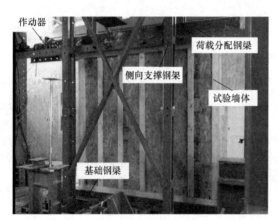

图 10.2-9　剪力墙抗侧力试验

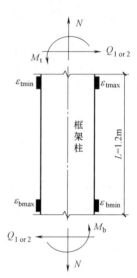

图 10.2-10　框架柱内力计算简图

10.3　连接与节点试验

在木结构建筑中，连接件的性能直接影响结构强度、使用寿命和可靠性，同时，木材具有抗拉强度低、易劈裂、强度随含水率变化等缺点，因此，木结构中连接技术的应用是否合理，是设计成败的关键，也是木结构建筑营造技术的重要环节。传统木结构的连接点一般采用榫卯连接方式，而在现代木结构设计中，取而代之的是标准化、规格化的金属连接件。

木结构中的金属连接件种类繁多，随着近几年的发展，更是层出不穷。根据实践中的使用情况和国外各类木结构中金属连接件设计规范，大体可分为：钉类、螺栓和销类、木结构铆钉、剪盘和裂环、齿板、构架以及梁托。

10.3.1　齿板连接试验

齿板连接的检测是保证齿板连接中木构件不破坏的前提下，对齿板连接试件匀速加载直至破坏的过程，主要用于测定木结构齿板连接的齿板极限承载力、板齿抗滑移极限承载力、受拉极限承载力和受剪极限承载力。

试验前，应测量齿板基板的厚度，精确到 0.02mm，齿板连接试件加工完成后，应测量连接每侧齿板的长度和宽度，精确到 1.0mm。试验时，应按 0.1 倍预估破坏荷载进行预加载，加载过程中不应出现夹具打滑等现象，齿板连接试验的加载应匀速进行，并在 5～20min 之内达到试件的极限承载力。当采用位移加载时，加载速度应为 1.0mm/min±

0.2mm/min，并记录加载速度。当齿板连接试件破坏或者荷载出现明显下降时，应停止加载。

对板齿极限承载力和抗滑移极限承载力试验，齿板长度应取试验时板齿发生破坏的最大长度，并按下面四种情况进行试验：

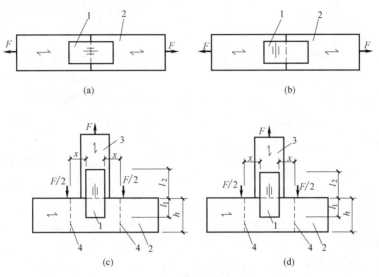

图 10.3-1 齿板试件类型

1—齿板；2—水平木构件；3—竖向木构件；4—夹具内侧边沿线

1）荷载平行于木纹及齿板主轴（$\alpha=0°$，$\beta=0°$）（图 10.3-1a）；
2）荷载平行于木纹但垂直于齿板主轴（$\alpha=0°$，$\beta=90°$）（图 10.3-1b）；
3）荷载垂直于木纹但平行于齿板主轴（$\alpha=90°$，$\beta=0°$）（图 10.3-1c）；
4）荷载垂直于木纹及齿板主轴（$\alpha=90°$，$\beta=90°$）（图 10.3-1d）。

对板齿连接受拉极限承载力试验，齿板长度应取试验时板齿被拉断时的长度，并分别按上述的荷载平行于齿板主轴（图 10.3-1a）和荷载垂直于齿板主轴（图 10.3-1d）这两种情况进行试验。

对齿板连接受剪极限承载力试验，齿板长度应取试验时齿板沿剪切面发生剪切破坏的长度。试件可以设计成单剪（图 10.3-2a）或双剪（图 10.3-2b），并应根据齿板主轴与木纹之间的夹角 θ，按表 10.3-1 所列情况分别进行试验。

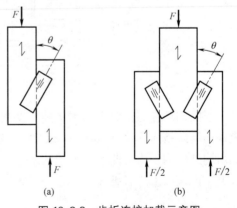

图 10.3-2 齿板连接加载示意图

齿板主轴与木纹之间的夹角 θ 表 10.3-1

θ	0°	30°T	30°C	60°T	60°C	90°	120°T	120°C	150°T	150°C

注：角度后面的符号"T"表示齿板连接为剪-拉复合受力情况；符号"C"表示齿板连接为剪-压复合受力情况；0°与 90°表示纯剪情况。

10.3.2　销类连接试验

圆钢销连接试验方法适用于测定木结构圆钢销连接（图 10.3-3）承弯破坏时的承载能力和变形。圆钢销连接试验是在保证钢销双剪连接顺木纹对称受力的条件下，匀速加载直至破坏的过程中测得接合缝间的相对滑移变形和其他信息。

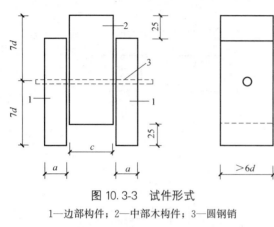

图 10.3-3　试件形式
1—边部构件；2—中部木构件；3—圆钢销

试验的加载程序如下：估算当钢材达到屈服点时钢销连接试件所承受的力 F；加载到 $0.3F$，持续 30s；卸载到 $0.1F$，再持荷 30s；按每级荷载 $0.1F$ 加载到 $0.7F$，每级加载的时间间隔为 30s；加载到 $0.7F$ 后，减慢加载速度，仍逐级加载至时间破坏。

试验前，百分表的铁制夹具应安设在试件的前后两侧，宜靠近边部木构件上端，百分表的触针应位于中部木构件的中心线上。钢销连接试件应平稳安放在试验机下压头的钢板上，试件的轴心线应对准试验机上、下压头的中心，如图 10.3-4 所示。

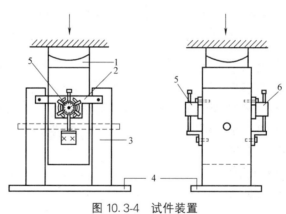

图 10.3-4　试件装置
1—球座；2—夹具；3—试件；4—钢板；5、6—百分表

当圆钢销在试件的中部木构件中发生弯曲且在边部木构件表面出孔处销的末端上翘而表现出反向挤压现象，试件的相对变形达到 10mm 以上；或者圆钢销在试件的中部及边部木构件中均发生弯曲，圆钢销的末端虽无明显上翘现象，但试件的相对变形达到 15mm 以上。出现以上二者破坏特征之一时，即可终止试验。

10.3.3　螺栓连接试验

螺栓连接是测试短期静载荷作用下，木材或木制品的单个螺栓连接强度和刚度。

对于平行于纹理方向加载的构件，拉伸时最小端距为 7 倍螺栓直径，压缩时为 4 倍的螺栓直径，当研究不同端距的影响时，可进行调整。对于横纹方向加载的构件，非加载方向的最小边距应为 1.5 倍螺栓直径，加载方向的最小边距应为 4 倍的螺栓直径，当研究不同边距的参数影响时，边距可进行调整。

　　螺栓连接顺纹方向的拉伸试验比压缩连接试验精确度更高，因此，可优先采用拉伸载荷。顺纹拉伸连接试验方法如图 10.3-5 所示，构件端部的连接设计是保障加载时端部不会先发生破坏。当两个试件的外加载荷是偏心荷载时，使用对称加载。顺纹压缩连接试验方法如图 10.3-6 所示，在施加载荷时使用球面轴承座；垂直于纹理或强度轴的压缩连接试验方法如图 10.3-7 所示，在支撑件之间保持至少 3 倍的横向构件深度的距离。

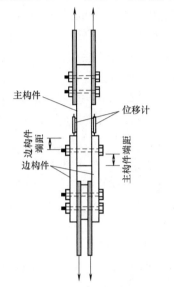

图 10.3-5　顺纹拉伸的单螺栓连接试验装置　　　图 10.3-6　顺纹压缩单螺栓连接试验装置

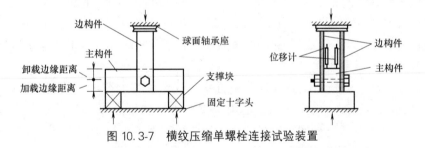

图 10.3-7　横纹压缩单螺栓连接试验装置

　　螺栓连接试验量测内容有滑移、加载速率、试件尺寸参数。除静力拉伸、压缩加载外，该试验装置也可以进行单螺栓连接的循环加载测试。

　　试验结果处理采用 5％ 的偏移法，即试验得到的荷载-位移曲线上与初始线性阶段平行的直线沿水平方向偏移 5％ 螺栓直径的位移，该斜直线与曲线的交点对应的荷载即为屈服荷载。初始刚度刚度为载荷-位移曲线的初始线性部分的直线的斜率。比例极限荷载为荷载位移曲线初始偏离线性直线部分的荷载。

10.3.4　节点低周反复荷载试验

　　结构连接性能研究是受力性能研究的最重要组成部分。钢填板螺栓节点用于木结构连接有着独特的优势，其优异的力学特性、良好的美学效果都是其他节点无法比拟的。现代木结构梁柱节点一般采用胶合木梁柱螺栓-钢填板节点。图 10.3-8 为一个胶合木梁柱螺栓-

图 10.3-8　木结构梁柱节点低周反复荷载试验

钢填板节点的试验例子。通过单调加载试验，得出刚度、极限承载力等试验结果；通过低周反复加载试验，得出强度、滞回曲线等试验结果；分析结果，研究经自攻螺钉增强后的胶合木梁柱螺栓-钢填板节点的延性与耗能性能；结合节点刚度、强度、延性、退化率和能量耗散等方面对结构受力机理进行综合分析，与未采用自攻螺钉的节点进行性能对比，并且判断经自攻螺钉增强后的节点是否具有足够的承载力和足够的变形耗能能力来抗御地震作用。

试验主要测量胶合木梁柱螺栓-钢填板节点的抗弯能力、梁柱之间的转角，弯矩通过电液伺服作动器推力与加载点距离求得。位移计 W1 测量梁顶端的水平位移，位移计 W2、W3 测量梁相对于柱的转角，位移计 W4、W5 测量钢填板相对于柱的转角，位移计 W6 测量作动器竖向倾斜值，应变片 Y1 测量梁端螺栓核心区木材的微应变，应变片 Y2 测量梁底端木材的微应变，应变片 Y3 测量钢填板的微应变。

1. 单向加载制度

加载时采用单向匀速位移控制加载方式，参照美国 ASTM D1761—88 试验标准，整个试验过程分为两个阶段，即预加载阶段、正式加载阶段。在预加载过程中，首先将试件加载至预估极限荷载的 10% 并持续 2min，然后进行卸载，待完全卸载 2min 后，所有仪表值清零后开始正式加载阶段。正式加载过程中，采用位移速度为 5mm/min 的推力加载，当试件荷载下降至极限荷载的 80% 或者试件出现严重破坏或变形时停止加载。

2. 低周反复加载制度

加载时采用在梁端施加低周反复荷载方案，选用位移加载，加载制度可以参照美国 ASTM-E2126 试验标准，该标准主要适用于梁柱木框架节点以及轻型木剪力墙等试件。ASTM-E2126 共介绍了三种加载方案，此外，加载制度也可以采用如图 10.3-9 所示的国

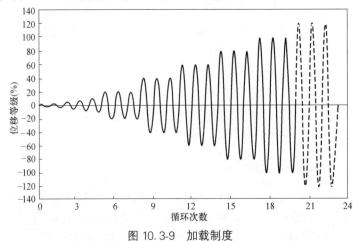

图 10.3-9　加载制度

际化标准协会 ISO 16670 的位移控制程序。

10.4 防火与防腐检测试验

10.4.1 防火性能试验

木结构建筑防火性能指标主要表现为燃烧性能和构件耐火极限。

1. 建筑材料及构件燃烧性能

木结构建筑物的防火性能依赖于建筑构件和建筑材料的防火性能,其中建筑材料的防火性能一般用建筑材料的燃烧性能来表述。建筑材料的燃烧性能是指其燃烧或遇火时所发生的一切物理和化学变化,这项性能由材料表面的着火性和火焰传播性、发热、发烟、炭化、失重,以及毒性生成物的产生等特殊性来衡量。

我国国家标准《建筑材料及制品燃烧性能分级》GB 8624—2012 将建筑材料的燃烧性能分为以下四个等级:A 级,不燃性建筑材料;B1 级,难燃性建筑材料;B2 级,可燃性建筑材料;B3 级,易燃性建筑材料。对于木结构建筑,其建筑材料燃烧性能的试验方法有:建筑材料不燃性试验方法、建筑材料难燃性试验方法和建筑材料可燃性试验方法。对应的试验方法标准有:《建筑材料不燃性试验方法》GB/T 5464—2010、《建筑材料难燃性试验方法》GB/T 8625—2005、《建筑材料可燃性试验方法》GB/T 8626—2007。

1)不燃性试验方法

试验装置主要包括燃烧炉、观察镜、热电偶、温度记录仪、调压器、交流稳压电源、计时器、称重仪和干燥皿。

试验入炉即开始计时,炉内温度稳定在(750±5)℃,加热试验时间为 30min,当某个热电偶未达到终温平衡才应延长试验时间,当试验的最长燃烧时间已达到 20s 以上,则试验可提前结束。试验结束后,将试验及其剥落物收集后置于干燥皿中冷却至室温再称重。

2)难燃性试验方法

试验装置主要包括燃烧竖炉及控制仪表两部分。燃烧竖炉主要有燃烧室、燃烧器、试件支架、空气稳流器及烟道等部分组成。燃烧竖炉的控制仪表包括流量计、热电偶、温度记录仪及温度显示仪表等。

试件放入燃烧室后,燃烧时间为 10min,当试件上的可见燃烧确已结束或烟气平均温度超过 200℃时,试验用火焰可提前中断。

3)可燃性试验方法

试验装置主要包括燃烧试验箱、燃烧器及试样支架等组成。

试验可采用边缘点火或者表面点火的方法,装好的试验夹垂直固定在燃烧试验箱中,燃烧器倾斜 45°。试验点火 15s 后移开燃烧器,计量从点火开始至火焰到达刻度线或试件表面燃烧焰熄灭的时间。

2. 建筑构件耐火极限测定

建筑构件的耐火极限的高低,是决定木结构建筑防火安全程度的关键因素。建筑构件的耐火极限是指构件在标准耐火试验中,从受到火的作用时算起,到失去稳定性或完整性或隔热性为止，这段抵抗火作用的时间，一般以小时（h）计算。

耐火稳定性指在标准耐火试验条件下，承重或非承重建筑构件在一定时间内抵抗垮塌的能力。耐火完整性指在标准耐火试验条件下，建筑分隔构件当某一面受火时，能在一定时间内防止火焰和热气穿透或在背火面出现火焰的能力。耐火隔热性指在标准耐火试验条件下，建筑分隔构件当某一面受火时，能在一定时间内其背面温度不超过规定值的能力。

耐火试验的测定设备和装置有：耐火试验炉、炉压测量和控制设备、燃烧系统、试件变形测量仪器、加载设备和约束设备。

耐火性能试验应采用明火加热，使试件受到与实际火灾相似的火焰作用。试验炉炉内温度随时间而变化，其变化规律应满足下列函数关系，表示该函数的曲线即为"标准时间-温度曲线"，如图 10.4-1 所示。

$$T-T_0=345\lg(8t+1) \tag{10.4-1}$$

式中 T——升温到 t 时刻的平均炉温（℃）；

T_0——炉内的初始温度，应在 5～40℃范围之内；

t——试验所经历的时间（min）。

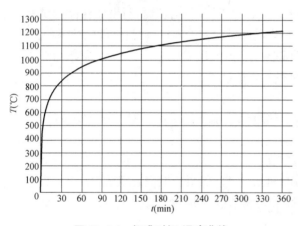

图 10.4-1   标准时间-温度曲线

承重构件的试验加载应根据实际使用情况确定，并在试验前制定实验方案。主要结构构件加载及受火面可参照如下规定：

1）墙：垂直加载，一面受火。荷载沿着试件的整个宽度，通过加载梁均匀施加或用千斤顶在选定的各点施加。

2）梁：垂直加载，两侧和底部三面受火。在梁的计算跨度的 1/8、3/8、5/8、7/8 处四点加载，加载点的最小间距为 1m。荷载应通过荷载分配板传递到梁上，分配板的宽度不超过 100mm。

3）柱：垂直加载，垂直方向的所有面受火。中心受压柱应沿试件轴线方向加载；偏心受压柱应采用偏心加载与轴线加载相结合的方法进行加载。

4）楼板、屋顶：均匀加载，底面受火。其任何单点的荷载不应超过总荷载的 10%。如果必须模拟集中荷载，加载头与楼板或屋顶表面之间的接触面积分别不大于 400cm^2 或总表面积的 16%。

10.4.2   防腐性能试验

腐朽、虫蛀是木材的严重缺点之一。木结构若处于容易腐朽、虫蛀的条件下，3～5年就可能使强度显著下降，甚至倒塌。木材腐朽是由于木腐菌侵害所引起的。只要条件适宜，木腐菌便会在木材表面，尤其是在木材端部或裂缝处生长蔓延，破坏木材的物理、力学性能，造成木材的腐朽。防腐朽的有效措施是控制木结构在使用期间的含水率不超过18%以及运用防腐剂。

　　木材的防腐、防虫及防火和阻燃处理所使用的药剂，以及防腐处理的效果，即载药量和透入度要求，与木结构的使用环境和耐火等级密切相关，如有差错，轻则影响结构的耐久性和使用功能，重则影响结构的安全。

　　由于木材防腐剂多是化学制剂，使用不当很有可能会危及健康。因此严格要求所使用的药剂符合设计文件的规定，并应有产品质量合格证书和防腐处理木材载药量和透入度合格检验报告。如果不能提供合格检验报告，则应按《木结构试验方法标准》GB/T 50329—2012 的有关规定进行检测，载药量和透入度合格的防腐处理木材，方可工程应用。通常，载药量以每立方米木材中防腐剂的公斤数来计算，而透入度则用防腐剂的渗入度表示，渗入深度越大，则受保护的高压处理木材越不可能受到破坏。检验木材载药量时，应对每批处理的木材随机抽取 20 块并各取一个直径为 5～10mm 的芯样。当木材厚度小于等于 50mm 时，取样深度为 15mm（即芯样长度为 15mm）；厚度大于 50mm 时，取样深度为 25mm。对透入度的检验，同样在每批防护处理的木材中随机抽取 20 块并各取一个芯样，但取样深度应超过规定的值。试验对比如图 10.4-2 所示。

  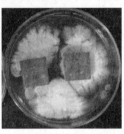 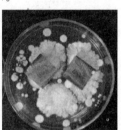

　　　　对照组　　　　　　　　ACQ-D防腐　　　　　　　　UF防腐　　　　　　　　PF防腐

图 10.4-2　木材防腐试验

　　木结构防护应按照表 10.4-1 规定的不同使用环境进行检测。木构件防护剂透入度的检测应符合下列规定：

　　1）每检验批随机抽取 5～10 根构件，均匀钻取 20 个（油性药剂）或 48 个（水性药剂）芯样。

　　2）检测方法采用化学药剂显色的方法，测量样品被浸润部分显色长度。

　　木构件防护剂保持量的检测应符合下列规定：

　　1）现场取样后带回实验室，采用化学滴定方法或 X 射线荧光分析仪的方法。

　　2）透入度和保持量的测试样品，在取样时，应避开裂纹、木节、刻痕孔和避免过于靠近构件端部等。

　　透入度和保持量的测试应按照《木结构试验方法标准》GB/T 50329—2012 进行，测试结果应符合表 10.4-2 的要求。

木结构使用环境　　　　　　　　　　　　　　　　　　表 10.4-1

使用分类	使用条件	应用环境
C1	户内,且不接触土壤	在室内干燥环境中使用,能避免气候和水分的影响
C2	户内,且不接触土壤	在室内环境中使用,有时受潮湿和水分的影响,但能避免气候的影响
C3	户外,但不接触土壤	在室外环境中使用,暴露在各种气候中,包括淋湿,但不长期浸泡在水中
C4A	户外,且接触土壤或浸在淡水中	在室外环境中使用,暴露在各种气候中,且与地面接触或长期浸泡在淡水中

锯材、方材或原木载药量检测　　　　表 10.4-2

类别	防腐剂		活性成分	组成比例（%）	最低载药量（kg/m³） 使用环境			
	名称				C1	C2	C3	C4A
水溶性	硼化合物		三氧化二硼	100	2.8	4.5	NR	NR
	季铵铜 ACQ	ACQ-2	氧化铜	66.7	4.0	4.0	4.0	6.4
			二癸基二甲基氯化铵 DDAC	33.3				
		ACQ-3	氧化铜	66.7	4.0	4.0	4.0	6.4
			十二烷基苄基二甲基氯化铵 BAC	33.3				
		ACQ-4	氧化铜	66.7	4.0	4.0	4.0	6.4
			DDAC	33.3				
	铜唑 CuAz	CuAz-1	铜	49	3.3	3.3	3.3	6.5
			硼酸	49				
			戊唑醇	2				
		CuAz-2	铜	96.1	1.7	1.7	1.7	3.3
			戊唑醇	3.9				
		CuAz-3	铜	96.1	1.7	1.7	1.7	3.3
			丙环唑	3.9				
		CuAz-4	铜	96.1	1.0	1.0	1.0	2.4
			戊唑醇	1.95				
			丙环唑	1.95				
	唑醇啉 PTI		戊唑醇	47.6	0.21	0.21	0.21	NR
			丙环唑	47.6				
			吡虫啉	4.8				
	酸性铬酸铜 ACC		氧化铜	31.8	NR	4.0	4.0	8.0
			三氧化铬	68.2				
	柠檬酸铜 CC		氧化铜	62.3	4.0	4.0	4.0	NR
			柠檬酸	37.7				
油溶性	8-羟基喹啉铜 Cu8		铜	100	0.32	0.32	0.32	NR
	环烷酸铜 CuN		铜	100	NR	NR	0.64	NR

注：1. 硼化合物包括硼酸、四硼酸钠、无硼酸钠、八硼酸钠等及其混合物；
　　2. NR 为不建议使用。

不同使用环境下，木构件防护剂透入度检测应按照表 10.4-3 进行。

锯材、方材或原木防护剂透入度检测表　　　　表 10.4-3

木材特征	透入深度或边材透入率		钻孔采样数量（个）	合格率（%）
	$t < 125mm$	$t \geq 125mm$		
无刻痕	63mm 或 85%（C1、C2）、90%（C3、C4A）		20	80

续表

木材特征	透入深度或边材透入率		钻孔采样数量(个)	合格率(%)
	$t<125mm$	$t\geqslant125mm$		
刻痕	10mm 或 85%(C1、C2)、90%(C3、C4A)	13mm 或 85%(C1、C2)、90%(C3、C4A)	20	80

胶合木构件防护剂透入剂度应按照表10.4-4进行。

胶合木防护药剂载药量检测（胶合前防腐处理）　　表 10.4-4

防腐剂			最低载药量(kg/m³)			
			使用环境			
类别	名称		C1	C2	C3	C4A
水溶性	硼化合物		2.8	2.8	NR	NR
	季铵铜 ACQ	ACQ-2	4.0	4.0	4.0	6.4
		ACQ-3	4.0	4.0	4.0	6.4
		ACQ-4	4.0	4.0	4.0	6.4
	铜唑 CuAz	CuAz-1	3.3	3.3	3.3	5.5
		CuAz-2	1.7	1.7	1.7	3.3
		CuAz-3	1.7	1.7	1.7	3.3
		CuAz-4	1.0	1.0	1.0	2.4
	唑醇啉 PTI		0.21	0.21	0.21	NR
	酸性铬酸铜 ACC		NR	4.0	4.0	8.0
	柠檬酸铜 CC		4.0	4.0	4.0	NR
油溶性	8-羟基唑啉酮 Cu8		0.32	0.32	0.32	NR
	环烷酸铜 CuN		NR	NR	0.64	NR

10.5 结构性能试验与检测

10.5.1 墙体隔声测试

1. 木结构墙体隔声原理

木结构墙体分内墙和外墙。外墙在木结构住宅中不仅起着保温隔热的作用，同时还担负着阻止声音传递的任务；内墙主要起分隔空间的作用，目前在我国隔声设计规范中还没有提出内墙的隔声要求。

从目前的木结构建筑中的墙体结构来看，其结构形式多为双层轻质墙板复合结构，即"板-龙骨（空腔、岩棉或玻璃棉）-板"结构，墙板材料一般为纸面石膏板、水泥纤维板、木基结构板等，每面墙体可以是单层或双层，两面墙体可选用不同的板材。当声波作用在一侧墙板时，先使该侧墙板受迫振动，然后通过空气层及连接件（声桥）的耦合作用，使另一侧墙板相应地做受迫振动，从而向内侧空间辐射噪声。

　　影响木结构墙体隔声性能的有木龙骨、保温层、空气层、门窗等因素。木龙骨在木结构墙体中充当声桥的角色，声桥主要起到传递能量的作用，同样墙体大小下，龙骨间距的布置和龙骨规格的大小，会决定着空气层的大小，一般认为，当空气层增加 51mm 时，墙体的隔声量应该增加 5dB 左右。保温层多是填充的柔软多孔的吸声材料，对隔声有着良好的影响。一般填充了多孔吸声材料，附加隔声量按 5dB 以上来计算。

　　2. 隔声性能检测

　　隔声性能的检测，按检测内容可分为空气隔声性能检测及撞击隔声性能检测；按检测对象可分为建筑构件隔声性能检测及建筑物隔声性能检测。建筑构件隔声性能检测一般在实验室进行，建筑物隔声性能检测在建筑物建成后现场进行。

　　建筑构件隔声实验室由两个相邻的混响室组成，两室之间有试件洞口，用来安装试件。两个混响室一个是声源室，一个是接收室。测量仪器系统主要包括发声系统及接收系统两部分。发声系统由信号发声器、滤波器、功率放大器及扬声器组成。接收系统由传声器、声级计（或性能相当的其他设备）组成。测量设备的要求见《声学　建筑和建筑构件隔声测量　第 3 部分：建筑构件空气声隔声的实验室测量》GB/T 19889.3—2005。

　　建筑构件隔声量的测量原理是入射到受测试件上的声功率 W_i 与透过试件的透射声功率 W_2 之比值，取以 10 位底的对数乘以 10，单位为"dB"。

10.5.2　墙体传热测试

　　轻型木结构墙体时刻受到室内外的热作用，在墙体内外时刻发生着热量交换，时刻有热流流经墙体。而在热流流经墙体发生热量交换的过程中，主要有三个过程：墙体表面的吸热与放热以及墙体本身的传热。通常将墙体表面吸热和表面放热看作是对流换热，将墙体本身的传热看作是导热，而空气层一般以辐射传热为主。

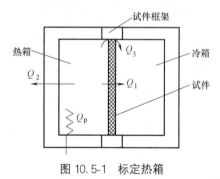

图 10.5-1　标定热箱

　　1. 热箱法测试

　　根据我国《绝热稳态热传递性质的测定—标定和防护热箱法》GB/T 13475—2008，在试验室可采用标定热箱法测量墙体的传热系数，图 10.5-1 为装置原理图。

　　标定热箱法的检测原理是根据一维稳态传热理论，通过控制试件两侧温度达到恒定温差为被测墙体提供稳态传热环境。箱体壁采用高热组材料制成，尽量减小流过箱体框架的热量。在试验正式开始前需要对仪器进行标定，获得流过箱体箱壁的散热量以及框架侧向迂回的散热量。通过设定冷、热箱温度，形成特定温差，使热量从热箱流经墙体到冷箱，待墙体传热达到稳定平衡后，通过采用 T 形热电偶获得墙体两侧冷箱、热箱温度及墙体冷、热面温度，根据输入热箱内的总功率，测得的流过箱体箱壁的散热量 W 及框架侧向迂回散热量，采用式（10.5-1）、式（10.5-2）和式（10.5-3）计算传热系数。

$$R = A(t_{si} - t_{se})/(Q_p - Q_2 - Q_3) \tag{10.5-1}$$

$$K = (P - Q_2 - Q_3)/A(t_h - t_c) \tag{10.5-2}$$

$$K = 1/(R_i + R + R_e) \tag{10.5-3}$$

式中　　K——总传热系数 $[W/(m^2 \cdot K)]$；

R——构件的传热系数 $(m^2 \cdot K/W)$；

P——输入热箱的总功率 (W)；

Q_2——通过热箱箱壁的散热量 (W)；

Q_3——通过试件框架侧向迂回的散热量 (W)；

A——试件测试部分的面积 (m^2)；

t_h、t_c——分别为热箱和冷箱环境的空气温度 $(℃)$；

t_{si}、t_{se}——分别为试件热面和冷面的温度 $(℃)$；

R_i、R_e——分别为墙体内外表面换热阻。

2. 热流计法测试

根据《绝热材料稳态热阻及有关特性的测定—热流计法》GB/T 10295—2008 的要求，可直接采用热流计法测量墙体的传热系数。该方法是基于单层平壁稳态传热原理，即在稳定的传热过程中，采用热流计测量流经试件的热流密度及采用 T 形热电偶测量试件两侧的温度，即可根据式（10.5-4）、式（10.5-5）和式（10.5-6）计算出试件的热阻、传热阻和传热系数。

$$R = (t_h - t_c)/E \cdot C \qquad\qquad (10.5\text{-}4)$$

$$R_0 = R_i + R + R_e \qquad\qquad (10.5\text{-}5)$$

$$K = 1/R_0 \qquad\qquad (10.5\text{-}6)$$

式中　　R——试件热阻 $(m^2 \cdot K/W)$；

t_h、t_c——分别为墙体热面及冷面的温度 $(℃)$；

E——热流计度数 (mV)；

C——热流计侧头系数 $[W/(m^2 \cdot mV)]$；

R_0——试件传热阻 $(m^2 \cdot K/W)$；

R_i、R_e——分别为墙体内外表面换热阻，根据《民用建筑热工设计规范》GB 50176—2016，分别取 $0.11m^2 \cdot K/W$ 和 $0.04m^2 \cdot K/W$；

K——传热系数 $[W/(m^2 \cdot K)]$。

10.5.3　楼盖振动测试

在木结构建筑中，楼盖、屋架和墙体是三个主要结构系统，其中木楼盖是最为常见的结构系统，而且又是唯一一个与居住者有身体接触的系统。因此，楼板任何性能上的缺陷或不足都会给居住者带来烦恼，主要原因是居住者在居住环境中的动力运动造成的木楼板振动，像走路、跑步和跳跃等日常活动行为。木楼盖振动性能取决于刚度、质量、阻尼。

木结构楼盖的测试主要包括三个参数：一是静态集中荷载测试，确定 1kN 集中载荷下楼盖中央搁栅的静态挠度；二是模态分析测试，确定楼板的自振频率和对应的模态阻尼比；三是冲击激励测试，确定楼盖对一个激励载荷的实时响应。

1. 静态集中荷载测试

该测试的目的是为了确定 1kN 集中载荷下楼盖中央搁栅的静态挠度。测试可以在楼盖的上表面也可以在楼盖的下表面进行。

2. 模态分析测试

测试包括三个主要类型的仪器：一是使楼盖产生振动的激发器，二是将激励信号和振动响应信号拾取传递的系统，三是对信号处理的信号分析仪。现场模态测试中，激励的类型选择比较关键，激励类型有打击器产生的随机激励，有冲击器产生的冲击激励，两种相互补充。

3. 冲击激励测试

冲击激励引发的振动为瞬态振动，通常采用如力锤、球击、脚后跟冲击等方式来实现。瞬态振动最开始振幅最大，然后随时间延长振幅逐渐衰减。感兴趣的频率段由冲击力脉冲时间和幅值来决定，而持续时间和幅值又取决于冲击器的重量、冲击器冲击头的形状、冲击器冲击头与测试楼盖两个位置的动力性能及冲击速度。冲击器越重，冲击脉冲的幅值越大，持续时间越长。冲击器冲击头和楼板表面越软，冲击脉冲强度越小，而持续时间越长。冲击器冲击头曲率越大，冲击脉冲持续的时间越长。冲击速度越大，冲击脉冲的幅值越大。

10.5.4　结构动力性能

获取现代木结构建筑周期、阻尼比等动力特性的方法有很多，理论计算、振动台测试、现场实测都可以达到预期的目标，其中对现有木结构建筑建筑进行动力特性实测是一种最能体现实际情况的办法，也是使用最广泛的方法。

动力特性现场实测中往往使用自由振动法、脉动法、强迫振动法等手段。其中脉动法借助大地微动，假想激励源是随机的，其频谱为一定带宽内的均匀的白噪声，而且建筑振动为白噪声激励下的各态历经随机过程，与时间无关。满足上述假设条件下，在测量建筑动力特性时，可以不需要激振器或激振锤等额外激励，测试工作量少、效率高，只需要采集足够长度的地脉动激励和结构响应，即可保证测量结果精确，是一种经济且高效的测试方法。

对于单自由度体系动力问题，一般只需测试结构的基本频率，但对于复杂的多自由度体系动力问题，有时还需要测试结构的高阶频率、振型参数以及阻尼系数。由于工程结构的结构形式种类较多，动力特性相差较大，结构动力特性试验的方法也不完全相同，下面介绍几种比较常用的结构动力特性测试方法。

1. 自由振动法

自由振动法，即设法使结构产生自由振动，利用记录仪器记下结构自由振动的衰减曲线，由此可计算出结构的基本频率和阻尼系数，而通过量测各点在同一时刻的位移值可以获得结构相应频率下的结构振型。

使结构产生自由振动的方法很多，通常可以采用突加荷载法和突卸荷载法。比如在工业厂房中可以利用吊车突然刹车制动引起厂房自由振动；对体积较大的结构，可对结构预加初位移，实验时突然释放预加位移，从而使结构产生自由振动。另外可利用反冲激振器使结构产生自由振动，近年来国内也已研制出多种型号的反冲激振器，该方法特别适用于桥梁、烟囱、古塔、高层建筑等高大建筑物。采用自由振动法测试时，为了观察结构的整体振动情况，需要在结构纵、横向多布置几个拾振器，且拾振器应该布置在结构振幅较大的地方，具体记录下的衰减曲线如图 10.5-2 所示。

1）频率

在图 10.5-2 中，可以根据相邻波峰（波谷）之间的时间间隔确定结构的基本周期，由此求得结构基本频率 $f = 1/T$；同时为了提高准确度，也可以取若干个波的总时间除以波数得出平均值作为基本周期，其倒数为基本频率。

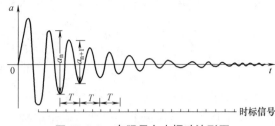

图 10.5-2 有阻尼自由振动波形图

2）阻尼

由图 10.5-2 可知，结构阻尼的存在，使得结构自由振动的振幅不断减小，直至振幅为零。因此，我们可以根据自由振动中振幅衰减的大小来确定结构的阻尼比。具体计算公式如下：

$$\zeta = \frac{1}{\pi K} \ln \frac{a_n}{a_{n+1}} \tag{10.5-7}$$

式中　　ζ——阻尼比；

a_n、a_{n+1}——波谷（波峰）振幅；

　　　K——相隔周期数。

3）振型

在某一自振频率下，结构振动时各点位移之间存在一定的比例关系。在某一固定时刻，将结构上的各点位移连成一条曲线，则这条曲线就是结构在某一固有频率下的振动形式，简称为该固有频率下的结构振型。

当采用自由振动法进行结构动力特性测试时，一般只能测试到结构的基本频率及其对应的主振型，无法测试到高阶频率及对应振型。

2. 强迫振动法

强迫振动法，也可称为共振法，其基本原理是利用特殊激振器对结构施加周期性简谐荷载，使结构产生稳定的强迫简谐振动，从而通过测试结构的受迫振动，得到结构的相关动力特性参数。

测试前应对结构进行简单的动力分析，初步了解结构可能出现的各种振动频率和对应振型曲线。根据试验结构情况与试验目的的不同，激振器的安装位置和激振方向会有所差别；与此同时，测试过程中激振器位置应始终保持不变，否则测试结果将受到影响。

1）频率

根据结构动力学相关知识，当激振器的频率与结构自身固有频率相等时，结构会出现共振情况。因此，可以通过连续改变激振器的频率使结构产生共振的方法获得结构的固有频率。对于需要测定结构的若干个固有频率时，通过从小到大连续改变激振器的频率使结构依次产生第一次共振、第二次共振等，可以得到结构的第一阶频率、第二阶频率等，相关记录曲线如图 10.5-3 所示。

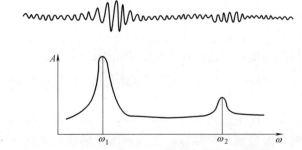

图 10.5-3 共振时的振动图形和共振曲线

2）阻尼

由结构动力学知识可知，单自由度结构体系在有阻尼强迫振动时，其放大系数为：

$$u(\theta)=\frac{1}{\sqrt{(1-\frac{\theta^2}{w^2})^2+4\zeta^2\frac{\theta^2}{w^2}}}\qquad(10.5-8)$$

若以 $u(\theta)$ 为纵坐标，θ 为横坐标，可以绘出结构的共振曲线，具体如图 10.5-4 所示。根据半功率法，可以由共振曲线确定结构阻尼比为：

$$\zeta=\frac{n}{w_0}=\frac{1}{2}\frac{w_2-w_1}{w_0}\qquad(10.5-9)$$

3）振型

当结构发生共振时，同时记录下各拾振器的振动数据，通过比较各点的振幅和相位可以获得对应频率下的振型图，具体如图 10.5-5 所示。

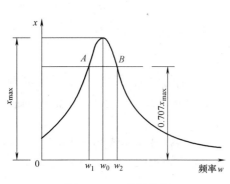

图 10.5-4　共振曲线

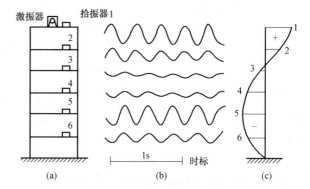

图 10.5-5　用共振法测建筑物振型
（a）传感器布置；（b）时程曲线；（c）振型特征

3. 脉动法

脉动法，也称环境激励法。工程结构在地面脉动以及风和气压等引起的扰动下会产生脉动，这些脉动可以反映出结构的动力特性。因此，使用拾振器、放大器和记录仪等仪器将结构的脉动过程记录下来，通过参数识别技术可以获得结构的相关动力特性，比如自振频率、振型参数和阻尼系数等。从分析结构动力特性的目的出发，应用脉动法测试结构的动力特性时应注意如下几点：

1）记录仪器频带需足够宽，满足环境随机振动引起的各种频率分量；

2）避开其他规则的振动影响；

3）观测应保持足够长的时间且需要重复几次；

4）记录仪器的纸带应可变且有足够快的速度，以适应各种刚度的结构；

5）布置测点应沿高度及水平方向上同时布置仪器，如仪器数量不够，可分批测量，但需要有一台仪器保持位置不动；

6）每次观测应记录当时天气及环境因素，用于后续分析。

近年来随着计算机技术及 FFT 理论的普及发展，采用脉动法（环境激励法）来测试和分析建筑结构动力特性的方法已被广泛应用于动力分析研究中。

本章小结

　　本章内容主要阐述了木材与胶合木的基本性能检测：密度、含水率等物理性能；抗拉、抗压、抗弯、抗剪，销槽承压、胶合性能等力学性能；胶合木构件的轴压、偏压，梁弯曲试验，墙体的性能检测，常用的齿板、销类、螺栓连接及节点检测，材料的防火与防腐试验；木结构建筑的隔声、隔振及结构动力性能检测。

思考与练习题

　　10-1　简述含水率不同检测方法适用对象及各自的区别。

　　10-2　简述木材与胶合木顺纹抗压强度试件尺寸、试验条件的区别。

　　10-3　简述胶合木梁抗弯强度、弹性模量试验值与特征值、设计值间的关系。

　　10-4　简述木结构墙体、节点的低周反复荷载试验，各国不同试验标准间的差异。

第 11 章　轻型木结构工程算例

11.1　工程概况

拟新建一栋木结构会所，总建筑面积为 $1427m^2$，共计 2 层，每层面积超过 $600m^2$，一层高为 3.6m，二层高为 3.0m，主要功能房间有办公室、客房、接待厅、医务室、洗衣房等。建造地点位于合肥，设计分组为第一组，抗震设防烈度为 7 度 （0.1g），基本风压为 $0.35kN/m^2$。

11.2　结构选型及布置

建筑结构方案设计应主要考虑建筑物的功能要求，力求建筑物的美观，同时兼顾结构布置尽量规则，受力合理，并满足抗震设防要求，便于结构设计。综合考虑建筑和结构设计的要求，采用轻型木结构体系作为主要承重体系，又因一层接待大厅为大空间结构，局部拟采用梁柱承重的胶合木框架结构，建筑平面图、立面图见图 11.2-1～图 11.2-3。轻型木结构体系的布置原则根据《木结构设计标准》GB 50005—2017 中有关轻型木结构的要求进行布置，做到承重墙体尽量满足刚度均匀、荷载传递路线直接明确、墙体上下尽量对齐等要求。

主要依据的规范（规程）：
1）《建筑结构可靠性设计统一标准》GB 50068—2018；
2）《建筑结构荷载规范》GB 50009—2012；
3）《木结构设计标准》GB 50005—2017；
4）《混凝土结构设计规范》GB 50010—2010；
5）《建筑地基基础设计规范》GB 50007—2011；
6）《建筑抗震设计规范》GB 50011—2010；
7）《钢结构设计标准》GB 50017—2017。

11.3　荷载统计、计算

本工程构件材料主要采用 SPF（云杉-松-冷杉）规格材、花旗松胶合木、OSB 板（定向刨花板）。

11.3.1　基本荷载

1. 恒荷载
恒荷载按照楼面、屋面及墙体实际材料计算。

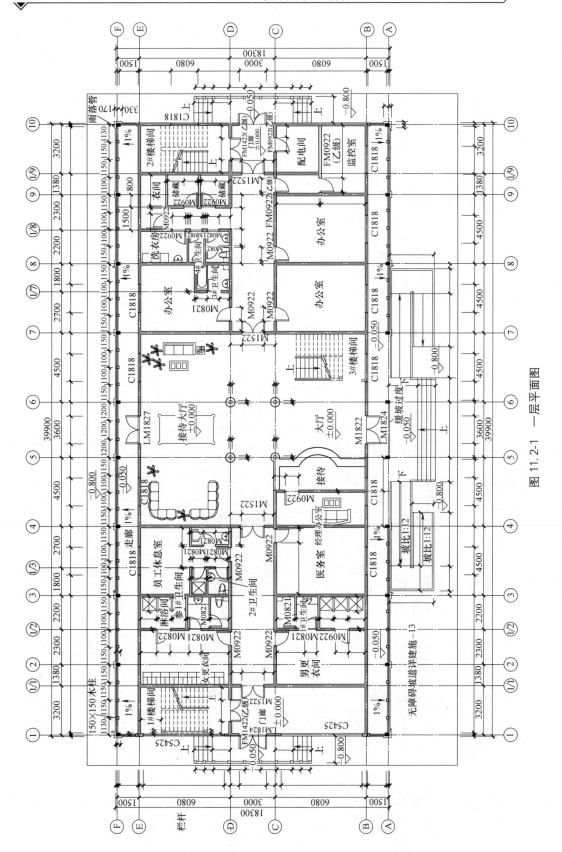

图 11.2-1 一层平面图

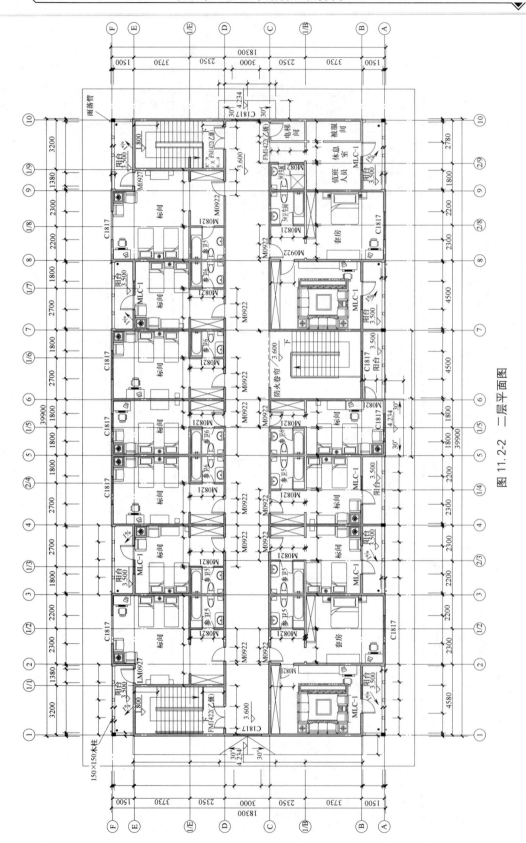

图 11.2-2　二层平面图

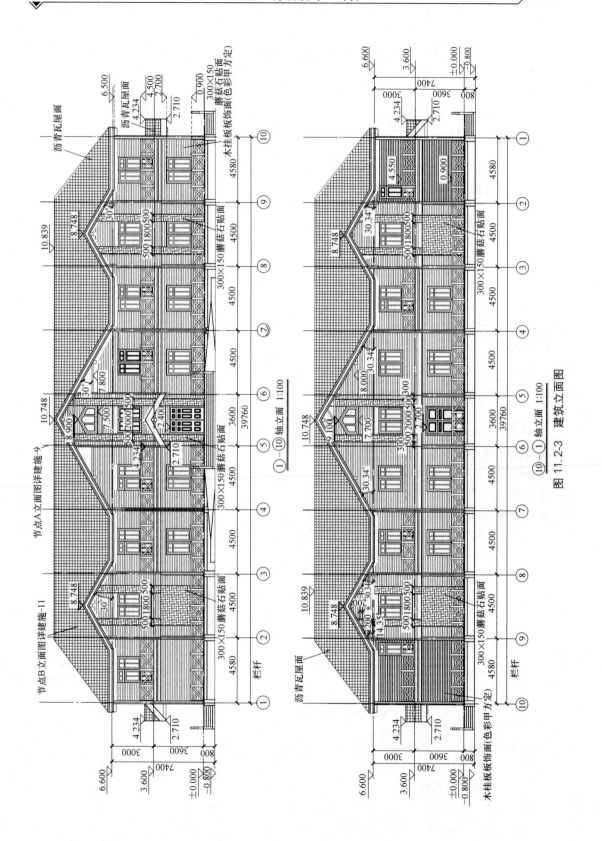

图 11.2-3　建筑立面图

2. 活荷载

卫生间、卧室、楼梯、走廊、起居室：2.0kN/m²；

不上人屋面：0.5kN/m²；

会客厅：2.5kN/m²。

3. 风荷载

基本风压 0.35kN/m²，B类粗糙度，高度系数 1.02，风振系数 1.0，体型系数按规范选取。

11.3.2　荷载计算

1. 永久荷载

1）屋面荷载标准值

屋面沥青瓦：0.14kN/m²；

沥青防水卷材：0.05kN/m²；

12mm 厚 OSB 板：0.08kN/m²；

木屋架：0.11kN/m²；

保温隔声棉：0.02kN/m²；

15mm 厚防火石膏板吊顶：0.14kN/m²；

合计：0.54kN/m²。

2）卫生间楼面荷载标准值

地砖：0.5kN/m²；

40mm 厚水泥砂浆找平层：0.8kN/m²；

钢丝网：0.04kN/m²；

SBS 防水卷材：0.05kN/m²；

15mm 厚 OSB 板：0.1kN/m²；

楼面格栅：0.1kN/m²；

PE 膜：0.01kN/m²；

15mm 厚防火石膏板：0.14kN/m²；

合计：1.74kN/m²。

3）卧室楼面荷载标准值

木地板（包括格栅）：0.4kN/m²；

15mm 厚 OSB 板：0.1kN/m²；

楼面桁架：0.15kN/m²；

保温棉：0.02kN/m²；

PE 膜：0.01kN/m²；

15mm 厚防火石膏板：0.14kN/m²；

合计：0.82kN/m²。

4）二楼露台荷载标准值

地砖：0.5kN/m²；

40mm 厚水泥砂浆找平层：0.8kN/m²；

钢丝网：$0.04kN/m^2$；

SBS 防水卷材：$0.05kN/m^2$；

15mm 厚 OSB 板：$0.1kN/m^2$；

楼面格栅：$0.1kN/m^2$；

PE 膜：$0.01kN/m^2$；

15mm 厚防火石膏板：$0.14kN/m^2$；

天花板涂料：$0.11kN/m^2$；

合计：$1.85kN/m^2$。

5）外墙荷载标准值

外墙挂板：$0.08kN/m^2$（部分是装饰砖 $0.55kN/m^2$）；

12mm 厚防腐木条：$0.08kN/m^2$；

呼吸纸：$0.05kN/m^2$；

12mm 厚 OSB 板：$0.08kN/m^2$；

140mm 厚墙体：$0.54kN/m^2$；

保温棉：$0.02kN/m^2$；

PE 膜：$0.01kN/m^2$；

15mm 厚防火石膏板：$0.14kN/m^2$；

内墙涂料：$0.08kN/m^2$；

合计：$1.08kN/m^2$（部分外墙是装饰砖 $1.55kN/m^2$）。

6）内墙荷载标准值

（1）两面都不在卫生间

内墙涂料：$0.03kN/m^2$；

12mm 厚 OSB 板：$0.14kN/m^2$；

PE 膜：$0.01kN/m^2$；

140mm 厚墙体：$0.56kN/m^2$；

保温棉：$0.02kN/m^2$；

PE 膜：$0.01kN/m^2$；

15mm 厚防火石膏板：$0.14kN/m^2$；

内墙涂料：$0.03kN/m^2$；

合计：$0.94kN/m^2$。

（2）一面在卫生间，一面不在

墙砖：$0.4kN/m^2$；

30mm 厚水泥砂浆找平层：$0.6kN/m^2$；

钢丝网：$0.04kN/m^2$；

SBS 防水卷材：$0.05kN/m^2$；

10mm 厚水泥压力板：$0.2kN/m^2$；

PE 膜：$0.01kN/m^2$；

保温棉：$0.02kN/m^2$；

140mm 厚墙体：$0.56kN/m^2$；

PE膜：0.01kN/m²；

12mm厚OSB板：0.14kN/m²；

内墙涂料：0.03kN/m²；

合计：2.06kN/m²。

（3）两面都在卫生间

计算过程略；

合计：3.18kN/m²。

7）隔墙

（1）两面都不在卫生间

计算过程略；

合计：0.72kN/m²。

（2）一面在卫生间，一面不在

计算过程略；

合计：1.84kN/m²。

（3）两面都在卫生间

计算过程略；

合计：2.96kN/m²。

2. 活荷载

1）雪荷载标准值

合肥基本雪压为0.6kN/m²。

2）屋面活荷载标准值

不上人屋面，活荷载为0.5kN/m²。屋面考虑0.5kN/m²的活荷载。

3）楼面活荷载标准值

卫生间、卧室、楼梯：2.0kN/m²；

不上人屋面：0.5kN/m²；

会客厅：2.5kN/m²。

11.4　木结构整体抗震验算

因本工程仅有2层，且为轻型木结构，故采用底部剪力法进行抗震验算，计算简图见图11.4-1。

11.4.1　地震作用

各楼层取一个自由度，集中在每一层的楼面处，第二层的自由度取在坡屋面的二分之一高度处。结构水平地震作用的标准值，按照以下公式进行计算：

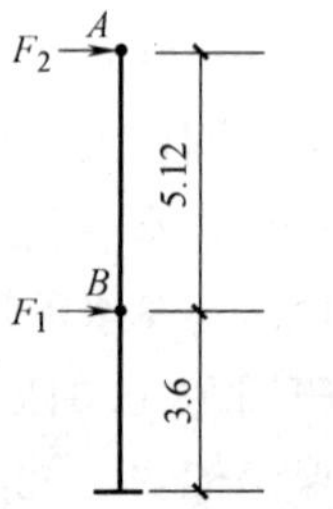

$$F_{EK} = \alpha_1 G_{eq} \qquad (11.4\text{-}1)$$

图 11.4-1　地震作用计算

$$F_i = \frac{G_i H_i}{\sum_{j=1}^{n} G_j H_j} F_{EK}(1-\delta_n) \tag{11.4-2}$$

式中 α_1——相应于结构的基本自振周期的水平地震影响系数，应根据下面的规定确定；

        G_{eq}——结构等效总重力荷载，多质点可取总重力荷载代表值得 85%。

对于轻型木结构而言，规范规定结构的阻尼比取 0.05，则地震作用影响系数曲线的阻尼调整系数 η_2 按照 1.0 取值，曲线下降段的衰减指数 γ 取 0.9，直线下降段的下降调整系数 η_1 取 0.02。结构的基本自振周期可以按照经验公式 $T=0.05H^{0.75}$ 进行估算，其中 H 为基础顶面到建筑物最高点的高度（m）。

结构的基本自振周期为：$T=0.05H^{0.75}=0.05\times10.839^{0.75}=0.299$，结构的特征周期为：$T_g=0.35$，场地设防烈度为 7 度，地面加速度 0.10g，根据规范查表可得：$\alpha_{max}=0.08$。

根据图 11.4-2 所示：$\alpha_1=\mu_2\alpha_{max}=0.08$。

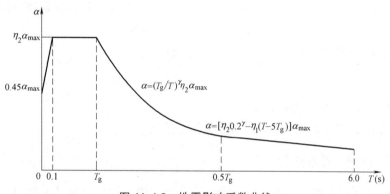

图 11.4-2   地震影响系数曲线

计算过程如下：

屋盖的自重：

$0.54\times19.5\times41.1=435.95$kN

楼盖的自重：

$[3\times39.9+3.73\times(33.36+21.68+13.58)+1.5\times(4\times4.5+12.6+3.8)+2.35\times$
$(3.68+5.4+4.5+2.7+3.68+6.88+4.6+1.8+6.8+2.825)]\times0.82+2.35\times(4+$
$3.6+1.8+4.4+4+4)\times1.74+1.5\times(4.58\times4+4.5\times6)\times1.85=647.87$kN

二层外墙自重：

$(2\times39.9+2\times18.37)\times1.08\times2.8+0.5\times12\times1.55\times4.5+0.5\times4\times1.55\times6=412.45$kN

二层内墙自重：

$(6.08\times16+39.9\times2-2.35\times7-3.6-1.8-4\times4-4.4)\times2.8\times0.94+2.35\times6\times$
$2.8\times3.18+(2.35+4\times4+3.6+1.8+4.4)\times2.8\times2.06+(4\times4+3.6+1.8+4.4+$
$2.35\times13)\times2.8\times1.84+(2.35+3.73+0.8\times12+1.2\times3)\times0.72\times2.8=971.99$kN

二层墙体自重：

$412.45+971.99=1384.44$kN

一层外墙自重：

$(39.9 \times 2 + 18.3 + 3.8) \times 1.08 \times 3.35 + 10.8 \times 3.35 \times 0.2 + 0.5 \times 8 \times 1.55 \times 3.6 + 2.8 \times 3 \times 1.55 \times 3.6 = 445.11kN$

一层内墙自重:

$(6.08 \times 9 + 3 + 6.88 + 2.7 + 5.38 + 13.58 + 3.68 + 3.2) \times 0.94 \times 3.35 + (6.08 \times 3 + 3.2 + 2.8 + 3.6 + 4 \times 2 + 1.2 + 2.2) \times 3.35 \times 2.06 + (2.8 + 2.4) \times 3.35 \times 3.18 + (2.2 \times 6 + 1 \times 4 + 1.8 + 1.68) \times 3.35 \times 2.96 + (1.8 \times 2 + 6.08 \times 2 + 2.58 \times 2 + 2.3) \times 3.35 \times 1.84 + (4.2 + 2.18 \times 2 + 3.2 + 6.08) \times 3.35 \times 0.72 = 1012.99kN$

一层墙体自重:

$445.11 + 1012.99 = 1458.1kN$

各质点重力荷载代表值为楼面(或屋面)自重的标准值、50%的楼面(或屋面)活荷载标准值以及上下各半层墙体自重标准值之和。

A 处质点: $435.95 + 0.5 \times 19.5 \times 41.1 \times 0.6 + 0.5 \times 1384.44 = 1368.61kN$

B 处质点: $647.87 + 0.5 \times (1384.44 + 1458.1) + 0.5 \times 39.7 \times 18.1 \times 2 = 2787.71kN$

则: $G_{eg} = (1368.61 + 2787.71) \times 0.85 = 3532.88kN$

$$F_2 = \frac{1368.61 \times 8.72}{1368.61 \times 8.72 + 2787.71 \times 3.6} \times 0.08 \times 3532.88 = 153.53kN$$

$$F_1 = \frac{2787.71 \times 3.6}{1368.61 \times 8.72 + 2787.71 \times 3.6} \times 0.08 \times 3532.88 = 129.11kN$$

建筑物的南北方向和东西方向均由地震作用控制。

11.4.2　剪力墙抗侧力计算

东西方向主要考虑由 3 道剪力墙承受,南北方向由 5 道剪力墙共同作用承担荷载。经计算所得的两个力分别为:

$$F_2 = 153.53kN$$

$$F_1 = 129.11kN$$

本节以一层楼为研究对象,挑选沿④轴的横向剪力墙进行抗侧力计算以及剪力墙与楼盖屋盖的连接设计,其余墙体计算过程不一一展示。

一层的剪力墙所受的荷载最大,首先对一层的剪力墙进行计算,挑选沿④轴的剪力墙进行计算,墙骨柱截面尺寸 38mm×140mm,间距 244mm,普通钢钉的直径为 3.3mm,面板边缘钉的间距 150mm,一层所受的总剪力的设计值为 $1.3 \times (153.53 + 129.11) = 367.44kN$,假设所产生的侧向力均匀地分布,则 $w_f = \frac{367.44}{39.7} = 9.26kN/m$。剪力墙所承担的地震作用按照面积进行分配,则④轴剪力墙所受的剪力为:

$$V_0 = 0.5 \times 9.26 \times 4.5 + 0.5 \times 9.26 \times 4.5 = 41.67kN$$

1. ③轴剪力墙验算

此段一层剪力墙由两段段内墙组成,长度分别为 5.94mm、5.94mm,剪力墙刚度为: $K = \sum \gamma_1 \gamma_2 \gamma_3 K_d L_w$。

5.94mm 墙段对应的单位长度水平抗侧刚度 k_d 分比为:

$$K_{d,5940} = \cfrac{1}{\cfrac{2h_w^3}{3EAL_w} + \cfrac{h}{1000G_a} + \cfrac{h_w}{L_w}\cfrac{d_n}{f_{vd}}}$$

$$= \cfrac{1}{\cfrac{2\times4500^3}{3\times9700\times38\times140\times5940} + \cfrac{3350}{1000\times3} + \cfrac{4500}{5940}\times\cfrac{5}{3.9}} = 0.437$$

各墙段对应的 $\gamma_1\gamma_2\gamma_3$ 相同，所以剪力在各墙段中与 $K_d L_w$ 成正比，即：

$$V_1 = V_2 = V_0\frac{K_{d,5940}\times L_1}{K_{d,5940}\times L_1 + K_{d,5940}\times L_2} = \frac{1}{2}V_0 = 20.84\text{kN}$$

2. 剪力墙抗剪验算

单面铺设面板有墙骨柱横撑的剪力墙，其抗剪承载力设计值按照以下公式计算：

$$V = \sum f_d l \tag{11.4-3}$$

$$f_d = f_{vd}k_1k_2k_3 \tag{11.4-4}$$

对于单面铺设的剪力墙：

$$V_1' = V_2' = f_{vd}\times k_1\times k_2\times k_3\times L_1 = 3.9\times1\times0.8\times1\times5.94 = 18.533\text{kN}$$

根据《木结构设计标准》GB 50005—2017 中的要求，在进行抗震验算时，承载力调整系数 γ_{RE} 取值 0.8，则：

$$V_1 = V_2 = 20.84\text{kN} \leqslant \frac{V_1'}{\gamma_{RE}} = \frac{18.533}{0.8} = 23.17\text{kN}$$

剪力墙抗剪承载力满足要求。

3. 剪力墙边界构件承载力验算

剪力墙的边界杆件为剪力墙边界墙骨柱，为两根 38mm×140mm Ⅲc 云杉-松-冷杉规格材。边界构件承受的设计轴向力为：

$$N_1 = \frac{(1.3\times153.53/39.7)\times4.5\times8.72 + (1.3\times129.11/39.7)\times4.5\times3.6}{5.94\times2} = 22.37\text{kN}$$

另外作用在一层内剪力墙上的竖向荷载设计值为：

二层内剪力墙：$1.3\times2.8\times0.94 = 3.42\text{kN/m}$

二层楼盖（取荷载最不利值布置）：$(1.3\times1.85 + 1.5\times2)\times4.5 = 24.32\text{kN/m}$

总计：$N_2 = 3.42 + 24.32 = 27.74\text{kN/m}$

故每根墙骨柱承受的荷载设计值为：

$$N_f = 27.24\times0.244 + 22.37 = 29.14\text{kN/m}$$

通过《木结构设计标准》GB 50005—2017 附录 J 查表可得，Ⅲc 云杉-松-冷杉规格材的顺纹抗压强度设计值 $f_t = 4.8\text{N/mm}^2$，尺寸调整系数为 1.3，顺纹抗压强度设计值 $f_c = 12\text{N/mm}^2$，尺寸调整系数为 1.1。

1）边界构件的受拉验算

杆件的抗拉承载力：$N_t = 2\times38\times140\times4.8\times10^{-3}\times1.3 = 66.39\text{kN}$

则：$N_f = 29.14\text{kN} \leqslant \dfrac{N_t}{\gamma_{RE}} = \dfrac{66.39}{0.8} = 82.99\text{kN}$

2）边界构件的受压验算

杆件的抗压承载力：$N_t = 2 \times 38 \times 140 \times 12 \times 10^{-3} \times 1.1 = 140.448\text{kN}$

则：$N_f = 29.14\text{kN} \leqslant \dfrac{N_c}{\gamma_{RE}} = \dfrac{140.448}{0.8} = 175.56\text{kN}$

3）稳定性验算

墙骨柱侧向有覆面板支撑，一般在平面内不存在失稳问题，仅验算边界墙骨柱平面外稳定。边界构件计算长度为横撑距离1.22m。

构件全截面的惯性矩：$I = \dfrac{1}{12} \times 140 \times 76^3 = 5121386.667\text{mm}^4$

构件全截面面积：$A = 140 \times 76 = 10640\text{mm}^2$

构件截面的回转半径：$i = \sqrt{\dfrac{I}{A}} = \sqrt{\dfrac{5121386.667}{10640}} = 21.94\text{mm}$

构件长细比：$\lambda = \dfrac{l_0}{i} = \dfrac{1220}{21.94} = 55.6$

$\lambda \leqslant 75$ 时，稳定系数取值为 $\varphi = \dfrac{1}{1+(\lambda/80)^2} = \dfrac{1}{1+(55.6/80)^2}$。

构件计算面积为：$A_0 = 2A = 2 \times 140 \times 76 = 10640\text{mm}^2$

$\dfrac{N}{\varphi A_0} = \dfrac{29.14 \times 10^3}{0.674 \times 10640} = 4.06\text{N/mm}^2 \leqslant k f_c = 1.1 \times 12 = 13.2\text{N/mm}^2$

平面外稳定性满足要求。

4. 局部承压验算

通过查表可得，III_c 云杉-松-冷杉规格材的横纹承压强度设计值 $f_{c,90} = 4.9\text{N/mm}^2$，尺寸调整系数为1.0。

按照下式进行验算：

$$\dfrac{N}{A_c} \leqslant f_{c,90} \tag{11.4-5}$$

式中，A_c 为承压面积，此处 $A_c = A = 2 \times 38 \times 140 = 10640\text{mm}^2$。

则：$\dfrac{N}{A_c} = \dfrac{29140}{10640} = 2.74\text{N/mm}^2 \leqslant \dfrac{f_{c,90}}{0.8} = 6.125\text{N/mm}^2$，局部承压满足要求。

5. 剪力墙顶部水平位移验算

5.94m墙段对应的顶部水平位移为：

$$\Delta_{5940} = \dfrac{v_{5940}}{K_{d,5940}} = \dfrac{3.51}{0.437} = 8.03\text{mm} \leqslant \dfrac{1}{250}h = \dfrac{1}{250} \times 3350 = 13.4\text{mm}$$

剪力墙顶部水平位移验算满足要求。

11.5 构件验算

11.5.1 楼外墙计算

对典型墙体进行竖向荷载验算，对过梁、楼面格栅、屋面檩条等构件进行验算；墙体木龙骨与上下顶梁板、墙面板之间采用钉连接，按照构造要求进行设计。

1. 墙骨柱所用材料

二楼客房卧室墙体受力最大，采用的是 38mm×140mm Ⅲc 云杉-松-冷杉规格材，间距均为 406mm。

2. 荷载

屋面自重：$0.54×9.75/\cos22° = 5.68kN/m$

外墙自重：$1.08×2.8 = 3.03kN/m$（部分外墙是装饰砖 4.34kN/m）

恒荷载总计：8.71kN/m（部分外墙是装饰砖 10.02kN/m）

屋面活荷载：$0.5×9.75 = 4.875kN/m$

风荷载的标准值：$1×0.8×1.02×0.35 = 0.286kN/m^2$

其中屋面荷载传递到墙骨柱上面时，有偏心为 $e_0 = 70-(140-38)/3 = 36mm$。

考虑两种基本组合：1.3 恒+1.5 活+1.4×0.6 风及 1.3 恒+1.5×0.7 活+1.4 风。

1）组合 1

每根墙骨柱承受的轴向荷载设计值为：

$(1.3×8.71+1.5×4.875)×0.406 = 7.57kN/m$（部分是装饰砖 8.26kN/m）

所受到的侧向风荷载的设计值为：

$w = 1.4×0.6×0.406×0.286 = 0.098kN/m$

$$M = \frac{wl^2}{8} = \frac{0.098×3^2}{8} = 0.111kN·m$$

荷载的初始偏心距引起的弯矩：

$M_1 = (1.3×7.57+1.5×4.875)×0.406×0.036 = 0.273kN·m$（部分是装饰砖 0.298kN·m）

2）组合 2

每根墙骨柱承受的轴向荷载设计值为：

$(1.3×8.71+1.5×0.7×4.875)×0.406 = 6.68kN$（部分是装饰砖 7.37kN/m）

所受到的侧向风荷载的设计值为：$w = 1.4×0.406×0.286 = 0.163kN/m$

$$M = \frac{wl^2}{8} = \frac{0.163×3^2}{8} = 0.184kN·m$$

荷载的初始偏心距引起的弯矩：

$M_1 = (1.3×8.71+1.5×0.7×4.875)×0.406×0.036 = 0.241kN·m$（部分是装饰砖 0.266kN·m）

3. 构件验算

Ⅲc 云杉-松-冷杉规格材的顺纹抗压强度设计值 $f_c = 12N/mm^2$，尺寸调整系数为 1.1，抗弯强度设计值 $f_m = 9.4N/mm^2$，尺寸调整系数为 1.3。

1）强度计算

组合 1：$\dfrac{N}{A_n f_c} + \dfrac{M+M_1}{W_n f_m} = \dfrac{7570}{38×140×12×1.1} + \dfrac{(0.111+0.273)×10^6×6}{38×140^2×9.4×1.3} = 0.361 \leqslant 1$

（部分是装饰砖 $0.387 \leqslant 1$）

组合 2：$\dfrac{N}{A_n f_c} + \dfrac{M+M_1}{W_n f_m} = \dfrac{6680}{38 \times 140 \times 12 \times 1.1} + \dfrac{(0.184+0.241) \times 10^6 \times 6}{38 \times 140^2 \times 9.4 \times 1.3} = 0.375 \leqslant 1$

（部分是装饰砖 $0.402 \leqslant 1$）

强度满足要求。

2）稳定计算

（1）平面内稳定

构件全截面的惯性矩：$I = \dfrac{1}{12} \times 38 \times 140^3 = 8689333.333 \text{mm}^4$

构件的全截面面积：$A = 140 \times 38 = 5320 \text{mm}^2$

构件截面的回转半径：$i = \sqrt{\dfrac{I}{A}} = \sqrt{\dfrac{8689333.33}{5320}} = 40.41 \text{mm}$

构件的长细比：$\lambda = \dfrac{l_0}{i} = \dfrac{2800}{40.41} = 69.29$

目测等级为 $\mathrm{I}_C \sim \mathrm{V}_C$ 的规格材，当 $\lambda \leqslant 75$ 时，采用公式 $\varphi = \dfrac{1}{1+\left(\dfrac{\lambda}{80}\right)^2}$ 计算稳定系数，

则：$\varphi = 0.572$。

① 组合 1

$k = \dfrac{M_1}{M_1+M} = \dfrac{0.273}{0.111+0.253} = 0.711$（部分是装饰砖 $k=0.729$）

$K = \dfrac{M+M_1}{W f_m \left(1+\sqrt{\dfrac{N}{A f_c}}\right)} = \dfrac{(0.111+0.273) \times 10^6 \times 6}{38 \times 140^2 \times 9.4 \times 1.3 \times \left(1+\sqrt{\dfrac{7570}{38 \times 140 \times 12 \times 1.1}}\right)} = 0.191$

（部分是装饰砖 $K=0.201$）

$\varphi_m = (1-K)^2(1-kK) = (1-0.191)^2 \times (1-0.191 \times 0.711) = 0.566$（部分是装饰砖 $\varphi_m = 0.545$）

则：

$\dfrac{N}{\varphi \varphi_m A_0} = \dfrac{7570}{0.572 \times 0.566 \times 38 \times 140} = 4.4 \text{N/mm}^2 \leqslant f_c \times 1.1 = 12 \times 1.1 = 13.2 \text{N/mm}^2$，满足要求。（部分是装饰砖 $4.98 \leqslant 13.2 \text{N/mm}^2$，满足要求）

② 组合 2

$k = \dfrac{M_1}{M_1+M} = \dfrac{0.241}{0.241+0.184} = 0.567$（部分是装饰砖 $k=0.591$）

$K = \dfrac{M+M_1}{W f_m \left(1+\sqrt{\dfrac{N}{A f_c}}\right)} = \dfrac{(0.241+0.184) \times 10^6 \times 6}{38 \times 140^2 \times 9.4 \times 1.3 \times \left(1+\sqrt{\dfrac{6680}{38 \times 140 \times 12 \times 1.1}}\right)} = 0.215$

（部分是装饰砖 $K=0.224$）

$\varphi_m = (1-K)^2(1-kK) = (1-0.215)^2 \times (1-0.215 \times 0.567) = 0.541$（部分是装饰砖 $\varphi_m = 0.515$）

则：

$$\frac{N}{\varphi\varphi_m A_0}=\frac{6680}{0.572\times0.541\times38\times140}=4.06\text{N/mm}^2\leqslant f_c\times1.1=12\times1.1=13.2\text{N/mm}^2，满$$

足要求。（部分是装饰砖 $4.703\leqslant13.2\text{N/mm}^2$，满足要求）

（2）平面外的稳定

平面外墙骨柱间设有横撑，间距为 0.61m。

构件全截面绕弱轴的惯性矩：$I=\frac{1}{12}\times38^3\times140=6.4\times10^5\text{mm}^4$

构件的全截面面积：$A=38\times140=5320\text{mm}^2$

构件截面的回转半径：$i=\sqrt{\frac{I}{A}}=\sqrt{\frac{6.4\times10^5}{5320}}=10.97\text{mm}$

构件的长细比：$\lambda=\frac{l_0}{i}=\frac{610}{10.97}=55.61$

目测等级为 $\text{I}_C\sim\text{V}_C$ 的规格材，当 $\lambda\leqslant75$ 时，采用公式 $\varphi=\dfrac{1}{1+\left(\dfrac{\lambda}{80}\right)^2}$ 计算稳定系数，

则：$\varphi=\dfrac{1}{1+\left(\dfrac{55.61}{80}\right)^2}=0.59$。

则墙骨柱平面外侧向稳定应该按照下式进行验算：

$$\frac{N}{\varphi_y A_0 f_c}+\left(\frac{M}{\varphi_l W f_m}\right)^2\leqslant1 \tag{11.5-1}$$

上式中 φ_l 为受弯构件的侧向稳定系数，取 1，$A=A_0=38\times140=5320\text{mm}^2$，$W$ 为

构件全截面抵抗矩 $W=\frac{1}{6}\times38\times140^2=1.24\times10^5\text{mm}^3$。

① 组合 1

$$\frac{N}{\varphi_y A_0 f_c}+\left(\frac{M}{\varphi_l W f_m}\right)^2=\frac{7570}{0.59\times38\times140\times12\times1.1}+\left[\frac{(0.111+0.273)\times10^6}{1\times1.24\times10^5\times9.4\times1.3}\right]^2=$$

$0.436\leqslant1$，满足要求。（部分是装饰砖 $0.47\leqslant1$，满足要求）

② 组合 2

$$\frac{N}{\varphi_y A_0 f_c}+\left(\frac{M}{\varphi_l W f_m}\right)^2=\frac{6680}{0.59\times38\times140\times12\times1.1}+\left[\frac{(0.184+0.241)\times10^6}{1\times1.24\times10^5\times9.4\times1.3}\right]^2=$$

$0.442\leqslant1$，满足要求。（部分是装饰砖 $0.475\leqslant1$，满足要求）

4. 局部承压验算

III_C 云杉-松-冷杉规格材的横纹承压强度设计值 $f_{c,90}=4.9\text{N/mm}^2$，尺寸调整系数

为 1.0。

按照下式进行验算：

$$\frac{N}{A_c}\leqslant f_{c,90} \tag{11.5-2}$$

式中，A_c 为承压面积，此处 $A_c=A=38\times140=5320\text{mm}^2$。

则：$\dfrac{N_{max}}{A_c}=\dfrac{8260}{5320}=1.56\text{N/mm}^2 \leqslant f_{c,90}=4.9\text{N/mm}^2$，局部承压满足要求。

11.5.2　一楼外墙计算

一楼外墙计算与二楼外墙类似，篇幅受限，略。

11.5.3　墙体门窗过梁计算

1. 外墙过梁计算

1）所用材料

外墙过梁长度大于1m选定材料为3根38mm×235mm的规格材；长度小于1m选定材料为3根38mm×185mm的规格材，尺寸见表11.5-1。

墙体门窗过梁尺寸表　　　　　　　　　　　　表 11.5-1

过梁编号	长度(m)	选定材料
L1	2.0	3-38×235
L2	1.0	3-38×184

2）荷载

作用在过梁上的荷载设计值为：

屋面传下自重：1.62kN/m

上部外墙自重：4.22kN/m

过梁的自重：0.2kN/m

楼面传下自重：2.78kN/m

恒荷载总计：8.82kN/m

屋面传下活荷载：0.75kN/m

楼面传下活荷载：3kN/m

活荷载总计：3.75kN/m

3）构件验算

（1）L1

将此过梁看作简支梁，承受均布荷载，计算得到最大的弯矩和剪力：

$M_{max}=0.125\times(1.5\times3.75+1.3\times8.82)\times2^2=8.55\text{kN}\cdot\text{m}$

$V_{max}=0.5\times(1.5\times3.75+1.3\times8.82)\times2=17.09\text{kN}$

① 抗弯承载力验算

$$W_n=\dfrac{bh^2}{6}=\dfrac{114\times235^2}{6}=1049275\text{mm}^3$$

$\dfrac{M_{max}}{Wf_m}=\dfrac{8.55\times10^6}{1049275\times9.4\times1.3}=0.667\leqslant1$，满足要求。

② 抗剪承载力验算

$$I = \frac{bh^3}{12} = \frac{114 \times 235^3}{12} = 123289812\text{mm}^4$$

$$S = \frac{bh^2}{8} = \frac{114 \times 235^2}{8} = 786956.25\text{mm}^3$$

$$\frac{VS}{Ibf_v} = \frac{17.091 \times 10^3 \times 786956.25}{123289812 \times 114 \times 1.4} = 0.684 \leqslant 1，满足要求。$$

③ 变形验算

跨中最大挠度为：

$$w = \frac{5ql^4}{384EI} = \frac{5 \times (8.82+3.75) \times 2000^4}{384 \times 9700 \times 123289812} = 2.19\text{mm} \leqslant L/250 = 8\text{mm}，满足要求。$$

（2）L2

此过梁为简支梁，承受均布荷载，计算得到最大的弯矩和剪力：

$$M_{max} = 0.125 \times (1.3 \times 8.82 + 1.5 \times 3.75) \times 1^2 = 2.14\text{kN} \cdot \text{m}$$

$$V_{max} = 0.5 \times (1.3 \times 8.82 + 1.5 \times 3.75) \times 1 = 8.55\text{kN}$$

① 抗弯承载力验算

$$W_n = \frac{bh^2}{6} = \frac{114 \times 184^2}{6} = 643264\text{mm}^3$$

$$\frac{M_{max}}{Wf_m} = \frac{2.14 \times 10^6}{643264 \times 9.4 \times 1.3} = 0.272 \leqslant 1，满足要求。$$

② 抗剪承载力验算

$$I = \frac{bh^3}{12} = \frac{114 \times 184^3}{12} = 59180288\text{mm}^4$$

$$S = \frac{114 \times 184^2}{8} = 482448\text{mm}^3$$

$$\frac{VS}{Ibf_v} = \frac{8550 \times 482448}{59180288 \times 114 \times 1.4} = 0.437 \leqslant 1，满足要求。$$

③ 变形验算

跨中最大挠度为：

$$w = \frac{5ql^4}{384EI} = \frac{5 \times (8.82+3.75) \times 1000^4}{384 \times 9700 \times 59180288} = 0.286\text{mm} \leqslant L/250 = 4\text{mm}，满足要求。$$

2. 内墙过梁计算

与外墙过梁计算同，略。

11.5.4 楼板搁栅的验算

楼面搁栅采用 SPF 规格材，按照《木结构设计标准》GB 50005—2017 要求设计，由于楼面搁栅与墙体之间的连接采用钉和木结构专用 U 形连接件，故搁栅可视为承受均布荷载的简支梁。现挑选最大跨度搁栅进行强度验算，最大跨度搁栅布置图参见图 11.5-1。

1. 材料

材料为加拿大进口规格材；对以下两根过梁进行验算：

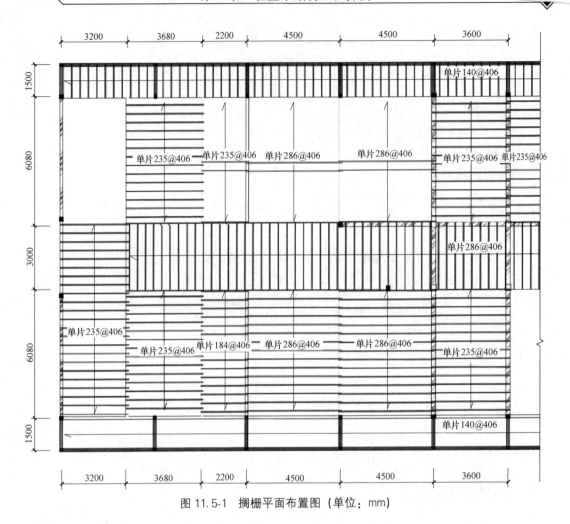

图 11.5-1　搁栅平面布置图（单位：mm）

搁栅尺寸表

表 11.5-2

过梁编号	长度（m）	选定材料及搁栅间距
GS1	2.2	1-38×184@406
GS2	3	1-38×235@406
GS3	3.2	1-38×235@406
GS4	3.68	1-38×235@406
GS5	4.5	1-38×286@406
GS6	4.65	1-38×286@406
GS7	1.5	1-38×140@406

2. 荷载

作用在搁栅上的荷载设计值如下：

间距为 406mm 的楼面传递的恒荷载：0.752kN/m

恒荷载总计：0.752kN/m

楼面传递的活荷载：0.812kN/m

活荷载总计：0.812kN/m

3. 构件验算

1）GS1 验算

搁栅为简支梁，承受均布荷载，计算得到最大的弯矩和剪力：

$M_{max}=0.125\times(1.3\times0.752+1.5\times0.812)\times2.2^2=1.33kN\cdot m$

$V_{max}=0.5\times(1.3\times0.752+1.5\times0.812)\times2.2=2.42kN$

（1）抗弯承载力验算

$$W_n=\frac{bh^2}{6}=\frac{38\times184^2}{6}=214421.34mm^3$$

$$\frac{M_{max}}{Wf_m}=\frac{1.33\times10^6}{214421.34\times9.4\times1.3}=0.508\leqslant1，满足要求。$$

（2）抗剪承载力验算

$$I=\frac{bh^3}{12}=\frac{38\times184^3}{12}=19726762.67mm^4$$

$$S=\frac{bh^2}{8}=\frac{38\times184^2}{8}=160816mm^3$$

$$\frac{VS}{Ibf_v}=\frac{2420\times160816}{19726762.67\times38\times1.4}=0.371\leqslant1，满足要求。$$

（3）变形验算

跨中最大挠度为：

$$w=\frac{5ql^4}{384EI}=\frac{5\times(0.752+0.12)\times2200^4}{384\times9700\times19726762.67}=2.5mm\leqslant L/250=8.8mm，满足要求。$$

2）GS2、GS3、GS4 验算（只需要验算 GS4 满足，要求其他便满足）

搁栅为简支梁，承受均布荷载，计算得到最大的弯矩和剪力：

$M_{max}=0.125\times(1.3\times0.752+1.5\times0.812)\times3.68^2=3.717kN\cdot m$

$V_{max}=0.5\times(1.3\times0.752+1.5\times0.812)\times3.68=4.05kN$

（1）抗弯承载力验算

$$W_n=\frac{bh^2}{6}=\frac{38\times235^2}{6}=349758.34mm^3$$

$$\frac{M_{max}}{Wf_m}=\frac{3.717\times10^6}{349758.34\times9.4\times1.3}=0.893\leqslant1，满足要求。$$

（2）抗剪承载力验算

$$I=\frac{bh^3}{12}=\frac{38\times235^3}{12}=41096604.17mm^4$$

$$S=\frac{bh^2}{8}=\frac{38\times235^2}{8}=262318.75mm^3$$

$$\frac{VS}{Ibf_v}=\frac{4050\times262318.75}{41096604.17\times38\times1.4}=0.487\leqslant1，满足要求。$$

（3）变形验算

跨中最大挠度为：

$$w=\frac{5ql^4}{384EI}=\frac{5\times(0.752\times0.812)\times3680^4}{384\times9700\times41096604.17}=9.37\text{mm}\leqslant L/250=14.72\text{mm}$$，满足要求。

GS5、GS6、GS7 验算与上相同，略。

11.5.5　屋架计算

对屋架采用 SAP2000 建模进行内力验算。

1. 屋架形式

屋面坡度为 $\alpha=22°$，跨度 $L=18.3\text{m}$，轻型屋面材料，离地面高度 10.839m，桁架间距 600mm。

荷载计算：轻型屋面恒荷载为 0.54kN/m^2，活荷载 0.5kN/m^2，雪荷载 0.6kN/m^2，基本风压 0.35kN/m^2。

风压按照 10.839m 高度计算，风压变化系数 $\mu_z=1.02$，屋面角度为 $\alpha=22°$，风载体型系数迎风面为 $\mu_s=-0.32$，背风面为 $\mu_s=-0.5$。

恒荷载：$0.54\times0.6=0.306\text{kN/m}$

活荷载：$0.5\times0.6+0.6\times0.6=0.66\text{kN/m}$

风荷载：

迎风面：$\omega_k=\beta_z\mu_s\mu_z\omega_0=1\times(-0.32)\times1.02\times0.35=-0.115\text{kN/m}^2$

$\omega=-0.115\times0.6=-0.064\text{kN/m}$

背风面：$\omega_k=\beta_z\mu_s\mu_z\omega_0=1\times(-0.5)\times1.02\times0.35=-0.1785\text{kN/m}^2$

$\omega=-0.1785\times0.6=-0.01\text{kN/m}$

由于风荷载偏小，所以这边主要考虑 1.3 恒＋1.5 活＋1.4×0.6 风。

迎风面荷载设计值：$1.3\times0.306+1.5\times0.66+1.4\times0.6\times0.064=1.442\text{kN/m}$

背风面荷载设计值：$1.3\times0.306+1.5\times0.66+1.4\times0.6\times0.01=1.396\text{kN/m}$

采用 SAP2000 计算杆件内力结果如图 11.5-2～图 11.5-4 所示。

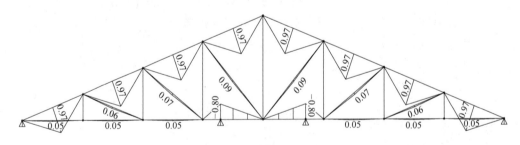

图 11.5-2　弯矩图 （kN/m）

2. 构件验算

本标准的屋架材料主要有两种截面的规格材 38mm×89mm 和 38mm×140mm，对规格材 38mm×89mm SPFⅢ$_c$，抗弯强度设计值 $f_m=9.4\text{N/mm}^2$，尺寸调整系数为 1.5。顺纹抗压及承载强度设计值为 $f_c=12\text{N/mm}^2$，尺寸调整系数为 1.15。顺纹抗拉强度设计值为 $f_c=4.8\text{N/mm}^2$，尺寸调整系数为 1.5。对规格材 38mm×140mm SPFⅢ$_c$，抗弯强度设计值 $f_m=9.4\text{N/mm}^2$，尺寸调整系数为 1.3。顺纹抗压及承载强度设计值为 $f_c=$

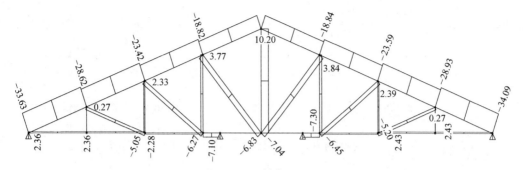

图 11.5-3 轴力图（kN）

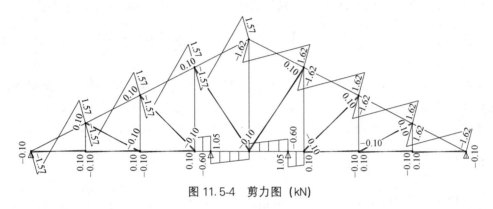

图 11.5-4 剪力图（kN）

$12N/mm^2$，尺寸调整系数为 1.1。顺纹抗拉强度设计值为 $f_c = 4.8N/mm^2$，尺寸调整系数为 1.3。顺纹抗剪强度设计值 $f_v = 1.4N/mm^2$，该强度设计值不需要尺寸调整。弹性模量 $E = 9700N/mm^2$。

1）腹杆验算

经过计算发现斜腹杆为轴心受压构件，竖直腹杆为轴心受拉构件。

（1）轴心受压腹杆验算

斜腹杆平面内计算长度 $l_{1x} = 3596.29mm$，$l_{2x} = 2941.97mm$，均选取 $38mm \times 89mm$ 截面，在腹板中间位置设置支撑，使其平面外计算长度为 $l_{1y} = 1198.8mm$，$l_{2y} = 990.7mm$。杆件轴压比为 $N_1 = 7.04kN$，$N_2 = 6.45kN$。

强度验算：

$\dfrac{N_t}{A_n} = \dfrac{7040}{3382} = 2.09N/mm^2 \leqslant f_c \times 1.15 = 12 \times 1.15 = 13.8N/mm^2$，满足要求。

稳定验算：

长细比：$\lambda_{1x} = \dfrac{l_{1x}}{i_x} = \dfrac{3596.29}{25.69} = 139.99$，$\lambda_{1y} = \dfrac{l_{1y}}{i_y} = \dfrac{1198.8}{10.97} = 109.28$

$\lambda_{2x} = \dfrac{l_{2x}}{i_x} = \dfrac{2941.97}{25.69} = 114.52$，$\lambda_{2y} = \dfrac{l_{2y}}{i_y} = \dfrac{990.7}{10.97} = 90.31$

$\lambda_1 = \max(\lambda_{1x}, \lambda_{1y}) = 139.99 \geqslant 75$

$\lambda_2 = \max(\lambda_{2x}, \lambda_{2y}) = 114.52 \geqslant 75$

稳定系数：$\varphi_1 = \dfrac{3000}{\lambda_1^2} = \dfrac{3000}{139.99^2} = 0.154$

$\varphi_2 = \dfrac{3000}{\lambda_2^2} = \dfrac{3000}{114.52^2} = 0.229$

$\dfrac{N_1}{\varphi_1 A} = \dfrac{7040}{0.154 \times 3382} = 13.52\text{N/mm}^2 \leqslant f_c \times 1.15 = 13.8\text{N/mm}^2$，满足要求。

$\dfrac{N_2}{\varphi_2 A} = \dfrac{6450}{0.229 \times 3382} = 8.33\text{N/mm}^2 \leqslant f_c \times 1.15 = 13.8\text{N/mm}^2$，满足要求。

（2）轴心受拉腹杆验算

腹杆截面为 $38\text{mm} \times 89\text{mm}$，杆件轴拉力为 $N = 10.2\text{kN}$，只需验算截面强度。

$\dfrac{N}{A} = \dfrac{10200}{3382} = 3.02\text{N/mm}^2 \leqslant f_t \times 1.5 = 4.8 \times 1.5 = 7.2\text{N/mm}^2$，满足要求。

2）上弦杆验算

上弦杆为压弯构件，选取 $38\text{mm} \times 140\text{mm}$ 截面，经过计算发现杆件上弯矩很小，因此按照轴心受压杆件公式计算，杆件的平面内计算长度为 $l_{0x} = 2467.45\text{mm}$。平面外由于有檩条作为侧向支撑，能够保证平面外稳定。杆件轴压力为 $N = 34.09\text{kN}$。

长细比：$\lambda_x = \dfrac{l_x}{i_x} = \dfrac{2467.45}{40.41} = 60.07 \leqslant 75$

压杆稳定系数：$\varphi = \dfrac{1}{1 + \left(\dfrac{\lambda_x}{80}\right)^2} = \dfrac{1}{1 + \left(\dfrac{60.07}{80}\right)^2} = 0.64$

$\dfrac{N}{\varphi A} = \dfrac{34090}{0.64 \times 5320} = 10.02\text{N/mm}^2 \leqslant f_c \times 1.1 = 12 \times 1.1 = 13.2\text{N/mm}^2$，满足要求。

3. 下弦杆验算

选取两处受力较大截面进行验算：

压弯：$N_1 = -7.31\text{kN}$，$M_1 = -0.801\text{kN} \cdot \text{m}$

拉弯：$N_2 = 2.434\text{kN}$，$M_2 = 0.0531\text{kN} \cdot \text{m}$

压弯构件验算：

由于弯矩很小，可以看成轴心受压构件。腹杆平面内计算长度 $l_{1x} = 1500\text{mm}$，均选取 $38\text{mm} \times 89\text{mm}$ 截面，在腹板中间位置设置支撑，使其平面外计算长度为 $l_{1y} = 1144\text{mm}$。杆件轴压比为 $N_1 = 7.31\text{kN}$。

强度验算：

$\dfrac{N_t}{A_n} = \dfrac{7310}{3382} = 2.162\text{N/mm}^2 \leqslant f_c \times 1.15 = 12 \times 1.15 = 13.8\text{N/mm}^2$，满足要求。

稳定验算：

长细比：$\lambda_{1x} = \dfrac{l_{1x}}{i_x} = \dfrac{1500}{25.69} = 58.39$，$\lambda_{1y} = \dfrac{l_{1y}}{i_y} = \dfrac{1144}{10.97} = 104.29$

$\lambda_1 = \max(\lambda_{1x}, \lambda_{1y}) = 104.29 \geqslant 75$

稳定系数：$\varphi_1 = \dfrac{3000}{\lambda_1^2} = \dfrac{3000}{104.29^2} = 0.276$

$$\frac{N_1}{\varphi_1 A} = \frac{7310}{0.276 \times 3382} = 7.832 \text{N/mm}^2 \leqslant f_c \times 1.15 = 13.8 \text{N/mm}^2，满足要求。$$

拉弯构件验算：

$$\frac{N_2}{A f_t} + \frac{M_2}{W f_m} = \frac{2434}{3382 \times 4.8 \times 1.5} + \frac{53100}{50166.3 \times 9.4 \times 1.5} = 0.176 \leqslant 1，满足要求。$$

11.5.6 局部胶合木框架结构计算

一层接待大厅空间为 12.6m×9m 的大空间，无法采用墙体承重，局部设计胶合木框架结构，并根据 SAP2000 建模计算所得内力取大值进行构件验算。

1. 梁验算

梁截面尺寸 300mm×600mm，长度 6080mm，采用花旗松胶合木，力学性能如下：抗弯强度 $f_m = 24\text{MPa}$，抗压强度 $f_c = 22\text{MPa}$，抗拉强度 $f_t = 17\text{MPa}$，弹性模量 $E = 9500\text{MPa}$。由 SAP2000 计算得到梁弯矩最大值为 118.23kN·m，剪力最大值为 77.78kN。

1）强度验算

$$\frac{M}{W_n f_m} = \frac{118230000}{18000000 \times 24} = 0.274 < 1，满足要求。$$

2）抗剪验算

$$I = \frac{bh^3}{12} = \frac{300 \times 600^3}{12} = 5400000000 \text{mm}^4$$

$$S = \frac{bh^2}{8} = \frac{300 \times 600^2}{8} = 13500000 \text{mm}^3$$

$$\frac{VS}{Ib f_v} = \frac{77780 \times 13500000}{5400000000 \times 300 \times 2.2} = 0.295 \leqslant 1，满足要求。$$

3）挠度验算

$$\omega = \frac{5ql^4}{384EI} = \frac{5 \times 25.59 \times 6080^4}{384 \times 9500 \times 5400000000} = 8.88 \text{mm} \leqslant L/250 = 24.32 \text{mm}$$

满足要求。

2. 柱验算

梁截面尺寸 400mm×400mm，长度 3300mm，采用花旗松胶合木，力学性能如下：抗弯强度 $f_m = 24\text{MPa}$，抗压强度 $f_c = 22\text{MPa}$，抗拉强度 $f_t = 17\text{MPa}$，弹性模量 $E = 9500\text{MPa}$。由 SAP2000 计算得到柱的内力最大值如下：$N = 222.22\text{kN}$，$M_x = 171.12\text{kN·m}$，$M_y = 45.97\text{kN·m}$。

1）强度验算

$$\frac{N}{A_n f_c} + \sqrt{\left(\frac{M_x}{W_x f_m}\right)^2 + \left(\frac{M_y}{W_y f_m}\right)^2}$$

$$= \frac{222220}{400 \times 400 \times 22} + \sqrt{\left(\frac{171120000}{10666666.67 \times 24}\right)^2 + \left(\frac{45970000}{10666666.67 \times 24}\right)^2} = 0.755 \leqslant 1$$

满足要求。

2）稳定验算

$$k=\frac{Ne_0}{Ne_0+M_0}=0$$

$$K=\frac{Ne_0+M_0}{Wf_m\left(1+\sqrt{\dfrac{N}{A_nf_c}}\right)}=\frac{171120000}{10666666.67\times24\times\left(1+\sqrt{\dfrac{222220}{400\times400\times22}}\right)}=0.532$$

$$\varphi_m=(1-K)^2(1-kK)=0.219$$

$$\lambda=\frac{l_0}{i}=\frac{3300\times0.65}{115.47}=18.576$$

$$\lambda_c=c_c\sqrt{\frac{\beta E_k}{f_{ck}}}=3.45\times\sqrt{1.05\times257.14}=56.68$$

$$\varphi=\frac{1}{1+\dfrac{\lambda^2f_{ck}}{b_c\pi^2\beta E_k}}=\frac{1}{1+\dfrac{18.576^2}{3.69\times\pi^2\times1.05\times257.14}}=0.966$$

$$\frac{N}{\varphi\varphi_mA_nf_c}=\frac{222220}{0.966\times0.219\times400\times400\times22}=0.298\leqslant1$$

满足要求。

3. 梁柱节点计算

胶合木梁柱节点采用钢夹板螺栓连接，视为铰接仅考虑端部抗剪，采用 4.8 级 16mm 普通螺栓。螺栓承载力设计值参照《木结构设计标准》GB 50005—2017 进行计算。

由于该结构设计为钢夹板，为对称双剪，故四种屈服模式仅需考虑 Ⅰ、Ⅲ、Ⅳ 三种，16mm 螺栓承载力设计值简要计算过程如下：

$$k_Ⅰ=\frac{R_eR_t}{2\gamma_Ⅰ}=0.54$$

$$k_{sⅢ}=\frac{R_e}{2+R_e}\left[\sqrt{\frac{2(1+R_e)}{R_e}+\frac{1.647(1+2R_e)k_{ep}f_{yk}d^2}{3R_ef_{es}t_s^2}}-1\right]=0.29$$

$$k_Ⅲ=\frac{k_{sⅢ}}{\gamma_Ⅲ}=0.13$$

$$k_{sⅣ}=\frac{d}{t_s}\sqrt{\frac{1.647R_ek_{ep}f_{yk}}{3(1+R_e)f_{es}}}=0.39$$

$$k_Ⅳ=\frac{k_{sⅣ}}{\gamma_{Iv}}=0.21$$

故：$k_{min}=0.13$

$$Z=k_mt_sdf_{es}=6.71kN$$

$$Z_d=C_mC_nC_tk_gZ=6.58kN$$

由于是对称双剪，故而单个 16mm 螺栓承载能力为 13.16kN。由前验算可知，梁端部剪力最大值为 77.78kN，因此节点处需至少 6 个 16mm 螺栓。钢夹板尺寸及螺栓间距布置参照《木结构设计标准》GB 50005—2017 相关条例。

11.5.7 基础设计

轻型木结构墙体下采用混凝土条形基础，通过预埋螺栓与混凝土地梁连接，螺栓设置根据构造要求完成，并在房屋角部设置抗拔件；局部胶合木框架结构采用混凝土独立基础，通过预埋螺栓钢板将胶合木框架柱与混凝土独立基础连接。详细计算过程因篇幅有限此处省略。

参 考 文 献

[1] 樊承谋，王永维，潘景龙. 木结构 [M]. 北京：高等教育出版社，2009.

[2] 潘景龙，祝恩淳. 木结构设计原理（第二版）[M]. 北京：中国建筑工业出版社，2019.

[3] 张齐生. 中国竹材工业化利用 [M]. 北京：中国林业出版社，1995.

[4] 刘伟庆，杨会峰. 现代木结构研究进展 [J]. 建筑结构学报，2019，40（2）：16-43.

[5] 肖岩，单波. 现代竹结构 [M]. 北京：中国建筑工业出版社，2013.

[6] 熊海贝，康加华，何敏娟. 轻型木结构 [M]. 上海：同济大学出版社，2018.

[7] 刘可为，许清风，王戈，等. 现代竹建筑 [M]. 北京：中国建筑工业出版社，2013.

[8] 尹思慈. 木材学 [M]. 北京：中国林业出版社，1996.

[9] 阮锡根，余观夏. 木材物理学 [M]. 北京：中国林业出版社，2005.

[10] 《木结构设计手册》编辑委员会. 木结构设计手册（第三版）[M]. 北京：中国建筑工业出版社，2006.

[11] 中华人民共和国住房和城乡建设部. 木结构设计标准 GB 50005—2017 [S]. 北京：中国建筑工业出版社，2018.

[12] 中华人民共和国住房和城乡建设部. 胶合木结构技术规范 GB/T 50708—2012 [S]. 北京：中国建筑工业出版社，2012.

[13] European Committee for Standardization. Eurocode 5：Design of timber structures Part 1-1：General rules and rules for buildings [S]. Brussels，Belgium，2004.

[14] 中华人民共和国住房和城乡建设部. 多高层木结构建筑技术标准 GB/T 51226—2017 [S]. 北京：中国建筑工业出版社，2017.

[15] 中华人民共和国住房和城乡建设部. 建筑抗震设计规范（2016 年版）GB 50011—2010 [S]. 北京：中国建筑工业出版社，2016.

[16] 中华人民共和国住房和城乡建设部. 建筑设计防火规范 GB 50016—2014 [S]. 北京：中国计划出版社，2014.

[17] 中华人民共和国住房和城乡建设部. 木结构试验方法标准 GB/T 50329—2012 [S]. 北京：中国建筑工业出版社，2012.

[18] 中华人民共和国住房和城乡建设部. 木结构工程施工质量验收规范 GB 50206—2012 [S]. 北京：中国建筑工业出版社，2012.

[19] ASTM International，ASTM D 143-14 Standard test methods for small clear specimens of timber [S]. West Conshohocken，United States，2014.

[20] Canadian Standards Association. CSA O86-14 Engineering design in wood [S]. Ottawa，ON，Canada，2014.

[21] 国家市场监督管理总局. 结构用集成材生产技术规程. GB/T 36872—2018 [S]. 北京：中国标准出版社，2018.

[22] 国家质量监督检验检疫总局. 结构用集成材. GB/T 26899—2011 [S]. 北京：中国标准出版社，2011.

[23] 国家市场监督管理总局. 木结构用单板层积材. GB/T 36408—2018 [S]. 北京：中国标准出版社，2019.

[24] 住房和城乡建设部住宅产业化促进中心. 圆竹结构建筑技术规程. CECS 434-2016 [S]. 北京：

中国计划出版社，2016.

[25] British Standards Institution. BS EN 16351-2015. Timber structure-Cross laminated lumber - Requirements. [S]. London，UK，2015.

[26] 中华人民共和国住房和城乡建设部. 木骨架组合墙体技术规范. GB/T 50361—2018 [S]. 北京：中国建筑工业出版社，2018.

[27] 中华人民共和国住房和城乡建设部. 轻型木桁架技术规范. JGJ/T 265—2012 [S]. 北京：中国建筑工业出版社，2012.

[28] Johansen K W. Theory of timber connections [C]. International Association of Bridge and Structural Engineering，1949，9（4）：249-262.

[29] Thelandersson S，Johansson M，Johnsson H，Kliger R，MÅrtensson A，Norlin B，Pousette A，Crocetti R. Design of timber structures [M]. Swedish Wood，2011.

[30] Yang H，Liu W，Ren X. A component method for moment-resistant glulam beam-column connections with glued-in steel rods [J]. Engineering Structures，2016，115：42-54.

[31] Xiao Y，Yang R Z，Shan B. Production，environmental impact and mechanical properties of glubam [J]. Construction and Building Materials，2013，44：765-773.

[32] Xiao Y，Li Z，Wang R. Lateral loading behaviors of lightweight wood-frame shear walls with ply-bamboo sheathing panels [J]. Journal of Structural Engineering，ASCE，2015，141（3）：B4014004.

[33] 肖岩，李智，吴越，单波. 胶合竹结构的研究与工程应用进展 [J]. 建筑结构，2018，48（10）：84-88.

[34] Malo K A，Abrahamsen R B，Bjertnæs M A. Some structural design issues of the 14-storey timber framed building "Treet" in Norway [J]. European Journal of Wood and Wood Products，2016，74（3）：407-424.

[35] 黄东升，周爱萍，张齐生，等. 装配式木框架结构消能节点拟静力试验研究 [J]. 建筑结构学报，2011，32（7）：87-92.

[36] 岳孔，宋旭磊，焦学凯，陈强，宋永明，刘伟庆，陆伟东. 高温预处理对足尺胶合木梁力学性能的影响 [J]. 林业科学，2020，56（4）：128-134.

[37] Zhou J，Yue K，Lu W，et al. Bonding performance of Melamine-Urea-Formaldehyde and Phenol-Resorcinol-Formaldehyde adhesives in interior grade glulam [J]. Journal of Adhesion Science and Technology，2017，31（23）：2630-2639.

[38] Yue K，Chen Z，Lu W，et al. Evaluating the mechanical and fire-resistance of modified fast-growing Chinese fir timber with boric-phenol-formaldehyde resin [J]. Construction and Building Materials，2017，154：956-962.

[39] Yue K，Cheng X，Chen Z，et al. Investigation of decay resistance of poplar wood impregnated with of alkaline copper，urea-formaldehyde and phenol-formaldehyde resin [J]. Wood and Fiber Science，2018，50（4）：392-401.

[40] 凌志彬. 胶合木植筋节点粘结锚固与抗震性能研究 [D]. 南京：东南大学，2015.

[41] 周海宾. 木结构墙体隔声和楼板减振设计方法研究 [D]. 北京：中国林业科学研究院，2006.